最新フォトレジスト材料開発とプロセス最適化技術

Advanced Technologies for Functional Resist Materials and Process Optimization

監修：河合 晃
Supervisor：Akira Kawai

シーエムシー出版

はじめに

　リソグラフィー技術は，1500年頃のルネッサンス時代の銅版エッチングに始まり，世界の産業の基盤技術として長い歴史を築いてきた。20世紀後半の半導体LSI産業の急速な発展においては，技術革新を牽引する役割を担うことで飛躍的な進歩を遂げてきた。また，リソグラフィー技術は，デバイス製造プロセスの最初の工程にあり，常にデバイス設計基準の厳しい要求に応えてきた。その中でも，フォトレジスト技術は，超微細半導体デバイス及び機能的先進デバイスを構築するための基幹技術に位置付けられる。また，近年のIoT（Internet of Things）に向けた個別半導体実装の需要が増える見込みであることから，フォトレジストの品質向上やプロセスの最適化がさらなる課題となっている。実用的な微細なレジストパターン形成は，レジスト材料，露光，プロセス，装置など多くの技術分野の集積によって構築されており，これらのバランス的な運用が必須である。さらには，この分野に携わる技術者は，高分子化学に始まり，精密制御，光学，界面化学など広範囲な技術の習得が求められる。よって，厳しいデバイス製品規格をクリアできる量産技術に完成させるには，これらの個別技術の基礎及びノウハウの習得が必須となる。

　しかしながら，近年，電子産業を担ってきた貴重な人材の多くがリタイアの年代を迎え，フォトレジスト技術の継承が危ぶまれている。最近では，80～90年代に完成された技術を，最新の学会などで報告するケースも少なからず見られる。長年構築されてきた多くの基盤技術が，若い世代に十分に継承されずに埋没の危機に直面している。よって，フォトレジストに関する基盤技術やノウハウを集約した機能的な書籍への要求が高まっている。

　このような背景から，本書では，フォトレジスト技術に関する幅広い分野をカバーし，実用書としても有意義な内容を構成している。具体的には，フォトレジスト材料，プロセス，精密制御，評価・解析，処理装置，応用展開までを幅広く網羅し，パターン欠陥などの歩留り改善に必須な技術も含まれており，フォトレジスト材料を扱う技術者の一助となるように構成されている。

　本書では，フォトレジスト分野における第一人者の方々に執筆いただいている。ご多忙の中，執筆いただき，ここに感謝申し上げる。最後に，本書の企画から編集まで細やかにサポートいただいた，シーエムシー出版の上本朋美氏に感謝申し上げる。

2017年9月

長岡技術科学大学
河合　晃

執筆者一覧（執筆順）

河合　　晃	長岡技術科学大学大学院　教授 電気電子情報工学専攻　電子デバイス・フォトニクス工学講座
佐藤　和史	東京応化工業㈱　開発本部　執行役員，開発副本部長
工藤　宏人	関西大学　化学生命工学部　教授
有光　晃二	東京理科大学　理工学部　先端化学科　教授
古谷　昌大	東京理科大学　理工学部　先端化学科　助教
髙原　　茂	千葉大学　大学院工学研究院　教授
青合　利明	千葉大学　大学院工学研究院　客員教授
岡村　晴之	大阪府立大学　大学院工学研究科　物質・化学系専攻 応用化学分野　准教授
青木　健一	東京理科大学　理学部第二部　化学科，大学院理学研究科 化学専攻　准教授
山口　　徹	日本電信電話㈱　NTT物性科学基礎研究所　量子電子物性研究部 主任研究員
藤森　　亨	富士フイルム㈱　R&D統括本部 エレクトロニクスマテリアルズ研究所　研究マネージャー
白井　正充	大阪府立大学　名誉教授
堀邊　英夫	大阪市立大学　大学院工学研究科　化学生物系専攻長， 高分子科学研究室　教授
柳　　基典	野村マイクロ・サイエンス㈱　技術企画部
太田　裕充	野村マイクロ・サイエンス㈱　技術企画部
関口　　淳	リソテックジャパン㈱　専務取締役，ナノサイエンスグループ ナノサイエンスグループ長
小島　恭子	㈱日立製作所　研究開発グループ　主任研究員
新井　　進	信州大学　工学部　物質化学科　教授
清水　雅裕	信州大学　工学部　物質化学科　助教
渡邊　健夫	兵庫県立大学　高度産業科学技術研究所　所長， 極端紫外線リソグラフィ研究開発センター　センター長，教授
佐々木　実	豊田工業大学　工学部　教授
宮崎　順二	エーエスエムエル・ジャパン㈱ テクノロジーデベロップメントセンター　ディレクター

目 次

【第Ⅰ編 総論】

第1章 リソグラフィープロセス概論　　河合 晃

1 はじめに ……………………………… 1
2 リソグラフィープロセス …………… 1
3 3層レジストプロセス ……………… 5
4 DFR積層レジストプロセス ………… 6
5 マルチパターニング技術 …………… 6
6 表面難溶化層プロセス ……………… 7
7 ナノインプリント技術 ……………… 8
8 PEB（Post exposure bake）技術 …… 8
9 CEL（Contrast enhanced lithography）法 ……………………………………… 8
10 反射防止膜（BARC）………………… 8
11 イメージリバーサル技術…………… 9
12 液浸露光技術………………………… 9
13 超臨界乾燥プロセス………………… 9
14 シランカップリング処理…………… 9
15 位相シフトプロセス………………… 10

第2章 フォトレジスト材料の技術革新の歴史　　佐藤和史

1 はじめに ……………………………12
2 技術の変遷 …………………………12
3 ゴム系ネガ型レジスト ……………14
4 ノボラック-NQDポジ型レジスト …15
5 化学増幅レジスト―i線ネガ型レジストからKrFネガ型レジスト― ………17
6 KrF化学増幅ポジ型レジスト ………18
7 ArF化学増幅ポジ型レジスト ………21
8 ArF液浸露光用化学増幅レジスト …23
9 EUVレジスト ………………………26
10 その他のリソグラフィ用材料………28
　10.1　EB ……………………………28
　10.2　DSA …………………………29
　10.3　ナノインプリント …………30
11 まとめ………………………………31

【第Ⅱ編 フォトレジスト材料の開発】

第1章 新規レジスト材料の開発　　工藤宏人

1 はじめに ……………………………35
2 極端紫外線露光装置を用いた次世代レジスト材料 ……………………………36
3 分子レジスト材料 …………………36
4 分子レジスト材料の例 ……………37
　4.1　カリックスアレーンを基盤とした分子レジスト材料 ……………………37
　4.2　フェノール樹脂タイプ ………38

4.3 特殊骨格タイプ …………………39	4.6 主鎖分解型ハイパーブランチポリア
4.4 光酸発生剤（PAG）含有タイプ……39	セタール ……………………………40
4.5 金属含有ナノパーティクルを用いた	5 おわりに ……………………………41
高感度化レジスト材料の開発 ………40	

第2章 酸・塩基増殖反応を利用した超高感度フォトレジスト材料　　有光晃二，古谷昌大

1 はじめに …………………………………43	3 塩基増殖レジスト ………………………46
2 酸増殖レジスト …………………………43	3.1 ネガ型レジストへの塩基増殖剤の添
2.1 酸増殖ポリマーの設計と分解挙動 …44	加効果 …………………………………46
2.2 感光特性評価 ………………………45	3.2 塩基増殖ポリマーの設計 ……………47
2.3 EUV レジストとしての評価…………46	4 おわりに …………………………………48

第3章 光増感による高感度開始系の開発　　髙原　茂，青合利明

1 はじめに …………………………………50	5 光電子移動反応を用いた高感度光重合系
2 増感反応 …………………………………50	……………………………………………56
3 励起一重項電子移動反応 ………………52	6 連結型分子による分子内増感 …………59
4 光誘起電子移動反応を用いた高感度酸発生系	7 光増感高感度開始系の産業分野での応用
……………………………………………53	……………………………………………61

第4章 光酸発生剤とその応用　　岡村晴之

1 はじめに …………………………………67	3 光酸発生剤の応用研究 …………………68
2 光酸発生剤の開発 ………………………67	4 おわりに …………………………………71

第5章 デンドリマーを利用したラジカル重合型UV硬化材料　　青木健一

1 はじめに …………………………………73	3.1 "ダブルクリック"反応によるデンド
2 デンドリティック高分子を利用した UV 硬	リマー骨格母体の合成～多段階交互
化材料の研究背景 ………………………74	付加（AMA）法 ………………………75
3 デンドリマー型 UV 硬化材料の大量合成	3.2 デンドリマーの末端修飾によるポリ
……………………………………………75	エンデンドリマーの合成 ……………77

4 デンドリマーを用いた UV 硬化材料の特性評価 ……………………………78	4.3 ポリノルボルネンデンドリマー系 UV 硬化材料の特性評価 ………80
4.1 エン・チオール光重合 ……………78	4.4 多成分混合系 UV 硬化材料 ………81
4.2 ポリアリルデンドリマー系 UV 硬化材料の特性評価 ……………………79	5 おわりに ……………………………………82

第6章 自己組織化（DSA）技術の最前線　　山口 徹

1 はじめに …………………………………85	2.3 化学的エピタキシ技術 ……………88
2 ブロック共重合体の誘導自己組織化技術 …………………………………………85	3 DSA 材料 ………………………………89
	3.1 高χブロック共重合体材料 ………89
2.1 ブロック共重合体リソグラフィ ……85	3.2 中性化層材料 ………………………91
2.2 グラフォエピタキシ技術 …………87	4 終わりに …………………………………93

第7章 EUV レジスト技術の現状と今後の展望　　藤森 亨

1 はじめに …………………………………96	（ネガティブトーンイメージング）） ………………………………………99
2 フォトレジスト材料の変遷 ……………96	
3 EUV レジスト材料 ……………………99	3.3 新規 EUV レジスト（非化学増幅型メタルレジスト） …………………101
3.1 化学増幅型ポジレジスト …………99	
3.2 化学増幅型ネガレジスト（EUV-NTI	4 おわりに …………………………………102

【第Ⅲ編　フォトレジスト特性の最適化と周辺技術】

第1章　最適化のための技術概論　　河合 晃

1 はじめに ………………………………… 105	4.2 接触角法による分散・極性成分の測定方法 ……………………………… 110
2 感度曲線とコントラスト ……………… 105	
3 スピンコート特性 ……………………… 107	4.3 拡張係数 S によるレジスト液の広がり評価 ……………………………… 111
4 表面エネルギーによる付着剥離性の解析 ………………………………………… 108	
4.1 分散・極性成分 ……………………… 109	4.4 拡張係数 S による液中での付着評価 ……………………………………… 112

第2章　UVレジストの硬化特性と離型力　　白井正充

1　はじめに …………………………… 116
2　UV ナノインプリントプロセス ……… 116
3　UV 硬化特性および硬化樹脂の特性評価方法 …………………………………………… 117
4　硬化樹脂の構造と機械的特性 ………… 118
5　離型力に及ぼす硬化樹脂の貯蔵弾性率の影響 …………………………………………… 119
6　おわりに …………………………… 122

第3章　多層レジストプロセス

1　多層レジストプロセスの動向 …………………………… 河合　晃…124
  1.1　はじめに ………………………… 124
  1.2　多層レジストプロセスの必要性 … 124
  1.3　3 層レジストプロセス …………… 127
  1.4　Si 含有 2 層レジストプロセス …… 130
  1.5　DFR 積層レジストプロセス ……… 131
2　ハーフトーンマスク用の多層レジスト技術（LCD） …………………… 堀邊英夫…132
  2.1　はじめに ………………………… 132
  2.2　実験 ……………………………… 134
  2.3　結果と考察 ……………………… 136
  2.4　おわりに ………………………… 140

第4章　フォトレジストの除去特性（ドライ除去）

1　還元分解を用いたレジスト除去 …………………………… 堀邊英夫…142
  1.1　はじめに ………………………… 142
  1.2　原子状水素発生装置 ……………… 143
  1.3　レジストの熱収縮，レジスト除去速度の水素ガス圧依存性，基板への影響についての実験条件 ……………… 145
  1.4　追加ベーク温度，時間に対するレジストの熱収縮率評価結果 ………… 146
  1.5　水素ガス圧力を変化させたときのレジスト除去速度 …………………… 147
  1.6　到達基板温度とレジスト除去速度との関係 ………………………… 148
  1.7　原子状水素照射による Poly-Si, SiO_2, SiN 膜のパターン形状への影響 … 150
  1.8　おわりに ………………………… 152
2　酸化分解を用いたレジスト除去 …………………………… 堀邊英夫…154
  2.1　はじめに ………………………… 154
  2.2　実験 ……………………………… 155
  2.3　結果と考察 ……………………… 158
  2.4　結論 ……………………………… 164

第5章　フォトレジストの除去特性（湿式除去）　　柳　基典，太田裕充

1　はじめに …………………………… 166
2　現状の技術 ………………………… 166
3　湿式によるレジスト除去方法の分類 … 167
  3.1　溶解・膨潤による方法 …………… 167

3.2	酸化・分解による方法 ……… 168		……………………………… 170
4	湿式によるレジスト除去特性事例 …… 168	4.5	レジスト除去速度比較 ……… 171
4.1	概要 ……………………………… 168	4.6	金属配線のダメージ比較 …… 171
4.2	物性と特徴 ……………………… 168	4.7	膜表面残留物比較 …………… 172
4.3	機構 ……………………………… 169	5	おわりに ……………………………… 174
4.4	レジスト除去のシミュレーション		

第6章 フォトレジストプロセスに起因した欠陥　　河合　晃

1	はじめに ……………………………… 175	4	ポッピング ……………………………… 181
2	レジスト膜の表面硬化層 …………… 175	5	環境応力亀裂（クレイズ）…………… 182
3	濡れ欠陥（ピンホール）…………… 179	6	乾燥むら ……………………………… 183

【第Ⅳ編　材料解析・評価】

第1章　レジストシミュレーション　　関口　淳

1	はじめに ……………………………… 187		たプロセスの最適化-1 ……………… 196
2	VLES の概要 ………………………… 187	6.1	シングルシミュレーション ……… 196
3	VLES 法のための評価ツール ……… 188	7	リソグラフィーシミュレーションを利用し
4	露光ツール（UVES および ArFES システム）		たプロセスの最適化-2 ……………… 203
	……………………………………… 189	7.1	ウェハ積層膜の最適化 …………… 203
5	現像解析ツール（RDA）…………… 190	7.2	光学結像系の影響の評価 ………… 205
5.1	測定原理 ………………………… 191	7.3	OPC の最適化 …………………… 207
5.2	現像速度を利用した感光性樹脂の現像特性の評価 …………… 195	7.4	プロセス誤差の影響予測と LER の検討 …………………………… 210
6	リソグラフィーシミュレーションを利用し	8	まとめ ……………………………… 212

第2章　EUVレジストの評価技術　　小島恭子

1	EUV リソグラフィと EUV レジスト材料 ……………………………… 214	2.1	量産向け EUV 露光装置 ………… 218
		2.2	EUV レジストの評価項目 ……… 218
1.1	EUV リソグラフィの背景 ……… 214	2.3	EUV 光透過率評価 ……………… 219
1.2	EUV レジスト材料と技術課題 … 216	2.4	EUV レジストからのアウトガス評価
2	EUV レジストの評価技術 …………… 218		……………………………………… 220

2.5 EUVレジストの感度・解像度に係わる評価 …………… 220
2.6 新プロセスを採用したEUVレジストの評価 …………… 221

第3章　フォトポリマーの特性評価　　堀邊英夫

1 はじめに ………………………… 223
2 ベース樹脂の設計―部分修飾によるレジスト特性の制御と最適化― ………… 224
　2.1 ベース樹脂の設計指針 ………… 224
　2.2 tBOC-PVPのtBOC化率とレジストの溶解速度および感度との相関 … 224
　2.3 tBOC-PVPのtBOC化率とレジスト解像度との相関 …………… 225
3 溶解抑制剤の設計（その1）―未露光部の溶解抑制によるレジスト高解像度化― …………… 226
　3.1 溶解抑制剤の設計指針 ………… 226
　3.2 プロセス条件の最適化 ………… 226
　3.3 フェノール系溶解抑制剤の融点と未露光部の溶解速度との関係 ……… 227
　3.4 溶解抑制剤の化学構造と未露光部の溶解速度との関係 ……………… 229
　3.5 カルボン酸系溶解抑制剤の分子量とレジストの溶解速度との関係 …… 229
4 溶解抑制剤の設計（その2）―露光部の溶解促進によるレジスト高解像度化― … 231
　4.1 溶解促進剤の設計指針 ………… 231
　4.2 溶解促進剤のpKaと膜の溶解速度との関係 ……………… 232
　4.3 溶解抑制剤の化学構造とレジスト特性との関係 ……………… 232
5 酸発生剤の設計―レジスト高感度化― …………… 234
　5.1 酸発生剤の設計指針 …………… 234
　5.2 レジスト感度の酸発生剤濃度依存性 …………… 235
　5.3 酸発生剤の種類とレジスト感度との相関 …………… 235
6 高感度・高解像度レジストの開発 … 236
7 おわりに ………………………… 237

第4章　ナノスケール寸法計測（プローブ顕微鏡）　　河合 晃

1 はじめに ………………………… 241
2 AFMを用いた寸法測定の誤差要因 … 241
3 高分子集合体の凝集性と寸法制御 … 243
4 LER（line edge roughness） ……… 246

第5章　付着凝集性解析（DPAT法）による特性評価　　河合 晃

1 はじめに ………………………… 249
2 DPAT法 ………………………… 249
3 レジストパターン付着性の熱処理温度依存性 …………… 251
4 レジストパターン付着性のサイズ依存性 …………… 253
5 パターン形状と剥離性 …………… 255
6 溶液中のパターン付着性 ………… 256

7　レジストパターンのヤング率測定 …… 256

【第Ⅴ編　応用展開】

第1章　フォトレジストを用いた電気めっき法による微細金属構造の創製　　新井　進，清水雅裕

1　諸言 …… 261
2　各種微細金属構造の創製 …… 261
　2.1　積層めっきと選択的溶解による微細金属構造の創製 …… 261
　2.2　電気めっき法による鉛フリーはんだバンプの形成 …… 263
　2.3　電気めっき法による金属／カーボンナノチューブ複合体パターンの形成 …… 265
　2.4　内部空間を有する金属立体構造の創製 …… 266
3　おわりに …… 268

第2章　ナノメートル級の半導体用微細加工技術と今後の展開　　渡邊健夫

1　半導体微細加工技術について …… 270
2　極端紫外線リソグラフィ技術 …… 271
3　EUVリソグラフィの現状と今後の展開 …… 272
　3.1　EUV光源開発 …… 273
　3.2　EUV用露光装置 …… 274
　3.3　EUVレジスト …… 275
4　まとめと今後の展望 …… 278

第3章　3次元フォトリソグラフィ　　佐々木　実

1　背景 …… 281
2　スプレー成膜 …… 281
3　スプレー成膜に関係する気流特性 …… 282
4　露光技術 …… 284
5　応用デバイス …… 287
6　まとめ …… 288

【第Ⅵ編　レジスト処理装置】

第1章　塗布・現像装置の技術革新　　関口　淳

1　はじめに …… 291
2　スピン塗布プロセスの実際 …… 291
　2.1　スピンプログラム …… 291
3　HMDS処理 …… 296
　3.1　HMDSの原理 …… 296
4　プリベーク …… 298

5 現像技術の概要 ………………… 299	5.3 パドル現像 ………………… 300
5.1 ディップ現像 ……………… 299	5.4 ソフトインパクトパドル現像 …… 300
5.2 スプレー現像 ……………… 300	

第2章　密着強化処理（シランカップリング処理）の最適化技術　　河合　晃

1 はじめに ……………………… 303	5 HMDS処理によるレジスト密着性と付着性
2 HMDSによる表面疎水化処理 ……… 303	制御 …………………………… 309
3 HMDS処理プロセスの最適化 ……… 305	6 おわりに ……………………… 312
4 HMDS処理装置 ………………… 307	

第3章　露光装置の進展の歴史と技術革新　　宮崎順二

1 露光装置の歴史 ………………… 313	高NA化 …………………………… 315
2 ステッパー ……………………… 313	5 最新の液浸露光装置 ……………… 316
3 超解像技術による微細化 …………… 314	6 EUVリソグラフィーの開発と最新状況
4 スキャナー方式の登場と液浸露光による超	…………………………………… 317

【第Ⅰ編　総論】

第1章　リソグラフィープロセス概論

河合　晃*

1　はじめに

　レジストプロセス技術の最適化は，フォトレジスト材料および露光技術の特長を最大限に発揮するために不可欠である。優れた特性を有する材料，素材，システムであっても，最適条件で処理しなければ，その性能は十分に発揮されることはない。リソグラフィーでは，レジスト材料と露光装置が主役として認識されがちであるが，これらを結びつける役割としてレジストプロセス技術が存在する。レジストプロセス技術は，歴史的には，図1のように多重・多層プロセス，光学コントラスト制御，表面処理・制御，分析解析技術のように幅広い分野に及び，現在でも進化しつつある。ここでは，これらのプロセス技術について概説する。

2　リソグラフィープロセス

　リソグラフィー技術の発展は目ざましく，電子デバイスの実用化において貢献度は極めて高い。図2は，ArF化学増幅型レジストパターンのSEM写真である。これらのレジストパターン形成には，レジスト材料，露光技術，現像技術，表面処理技術などの多くの技術の集積により，

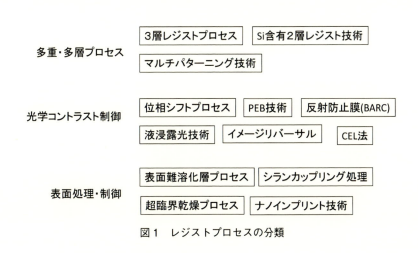

図1　レジストプロセスの分類

---

*　Akira Kawai　長岡技術科学大学大学院　教授
　　　　　　　電気電子情報工学専攻　電子デバイス・フォトニクス工学講座

確実に,かつ安定して実現できる。図3は,レジストパターンの幅と高さの寸法を基準にしてまとめた技術トレンドである。通常,解像度の指標としてパターン幅が多く用いられるが,パターン形成の観点からは,パターン高さを考慮したアスペクト比(=高さ/幅)が重要となる。図において,アスペクト比が増加する左上の方向が技術革新を意味する。図4は,光リソグラフィーの代表的なプロセスフローを示している。光リソグラフィー技術は,マスク上に形成されたLSIの各レーヤー毎の回路パターンを,高圧水銀灯による紫外光($\lambda = 200 \sim 500$ nm)などの光源を用いてレジスト膜に焼き付けて,現像によってパターン形成するものである。このプロセスは,①基板形成,②密着強化処理,③レジスト塗布およびソフトベーク,④露光,⑤現像,⑥DUV(Deep Ultra Violet)光照射とハードベーク,⑦基板エッチング,⑧レジスト除去の工程に分けることができ,この順序で基本的にプロセス処理をしていく。

(a) 141 nm　　(b) 177 nm

(c) 216 nm　　(d) 240 nm

(e) 364 nm　　(f) 405 nm

図2　ArF化学増幅型レジストパターン

① 基板形成

LSIに用いられる無機膜にはSiO$_2$,WSi$_2$など約15種類があり,CVD(Chemical vapor deposition),スッパタ,熱酸化法などで形成する。膜厚はほぼ0.01〜1 μmの範囲であり,これらの膜は,数100〜1,000℃以上の熱履歴を有している。

② 密着強化処理

レジストを塗布する前に基板表面を十分に乾燥・疎水化させて,塗布むらや現像・エッチング時のレジスト剥がれを防止する目的をもつ。これには,200℃以上の熱処理や,HMDS(Hexamethyldisilazane)といったシランカップリング剤を用いて蒸気暴露させる。

③ レジスト塗布,ソフトベーク

レジスト材料は,樹脂,感光剤および溶剤の混合物である。Si基板上にレジスト溶液を滴下し,スピナーという回転式塗布機を使って3,000〜6,000 rpmで高速回転させると,レジストは均一な膜になって基板上に形成できる。膜厚は回転数に応じて精度高く制御できる。その後,

第1章　リソグラフィープロセス概論

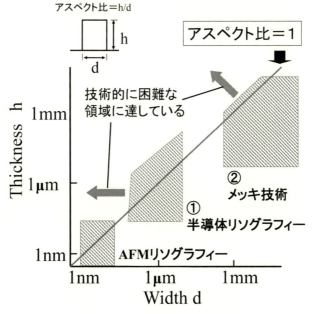

図3　アスペクト比とレジスト解像力

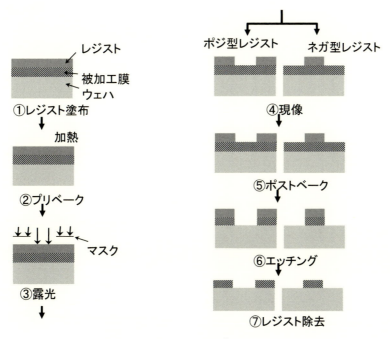

図4　リソグラフィーのプロセスフロー

レジスト膜中の溶媒を揮発させるため，90℃前後の比較的低温で熱処理を行う。これをソフトベークという。

④　露光

石英板上にクロム膜で形成した描画用の回路パターンを，フォトマスクを用いて紫外線で露光する。露光機として，レンズによりこの回路パターンを5分の1に縮小させる縮小投影露光機（ステッパー）などを用いる。光源にはエキシマレーザー，EUVなどがあり，代表的な装置メーカーとして ASML，ニコン，キヤノンなどがある。

⑤　現像

紫外線照射によってレジスト膜中に形成された潜像を顕在化させるプロセスである。現像液には，通常 TMAH（Tetramethylammoniumhydrooxide）2.38％水溶液の様な有機アルカリ（PH12）を用いる。ポジ型レジストプロセスでは，露光部が現像時に除去される。現像は，露光部と未露光部の溶解速度の差を利用してパターンを形成するものである。現像後，純水によりリンス処理が行われる。

⑥　DUV光照射，ハードベーク

ハードベークは，現像によって形成されたレジストパターンの凝集性を高めるものである。現像後のレジスト中には有機溶剤や未硬化部分が残存しているため，100～150℃前後で熱処理を行う。それによって，ドライエッチング耐性が向上する。また，耐熱性の低いレジストなどは，150℃以上の高温ベークにより熱だれを起こし，パターン形状が劣化する。そのため，ハードベークの前にDUV光（λ＝200～300 nm）を照射し，レジスト表面を硬化させて防止する。

⑦　基板エッチング

形成したレジストパターンをマスクにして基板のエッチング加工を行う。エッチングにはドライとウェットの2種類がある。ドライエッチングはCF_4，CCl_4，などのフッ素系，または，塩素系のガスを用い，エッチングする基板の種類に応じて選択する。エッチング時のレジストと基板材料のエッチングレートの差によりパターン形成を行う。このエッチングレートの比を選択比という。また，SiやSiO_2基板のウェットエッチングには，通常フッ化水素酸水溶液が用いられる。

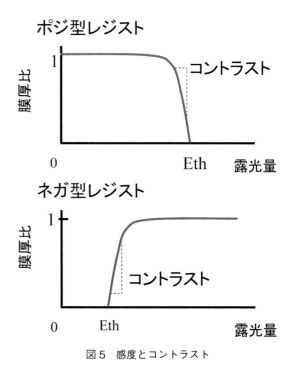

図5　感度とコントラスト

第1章 リソグラフィープロセス概論

⑧ レジスト除去

エッチング後のレジストは，酸素プラズマあるいは有機溶剤を用いて基板より除去される。近年では，このレジスト除去の高精度化が求められている。

以上で，光リソグラフィーによる基本的なパターン形成プロセスが完了する。

これらのパターン形成において，感度曲線が最適化の基本となる。図5はレジストプロセスにおける感度曲線を表している。横軸は露光量，縦軸は現像後のレジスト膜の残膜率（規格化）を示している。ポジ型レジストの場合，露光量は増加するが膜厚は減少しない。感光剤と樹脂とは溶解阻止効果があり，露光量が低い場合は，現像液への溶解性を殆ど有していない。露光量が増加し，しきい値（Eth）に近くなると膜厚は急激に減少する。この時の傾きをコントラストと定義され，レジストパターンの断面形状に大きく影響する指標となる。

3　3層レジストプロセス[1]

図6は代表的な3層レジストプロセスを示している。段差部を平坦にする下層レジスト，SOG

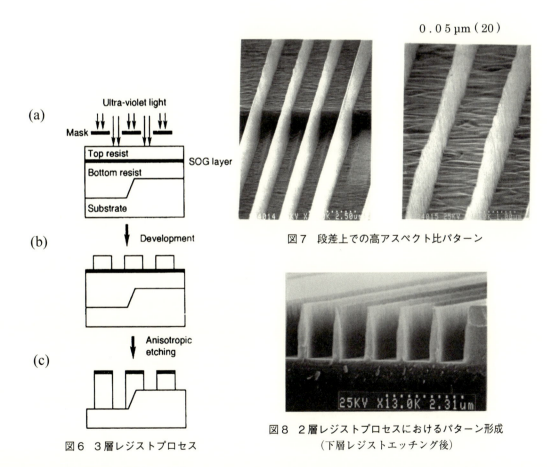

図7　段差上での高アスペクト比パターン

図6　3層レジストプロセス

図8　2層レジストプロセスにおけるパターン形成
（下層レジストエッチング後）

(spin on glass) などによる中間層，パターニングを行う上層の3層から構成されている。上層レジストは平坦になっているため，基板段差に影響されないパターン形成が可能である。また，下層レジストの膜厚が厚いため，基板からの反射光も減少しているので，膜内多重反射効果も低減できる。上層レジストをマスクとして，SOG中間層をCF_4ガスなどでエッチングしパターンを転写する。次いで，SOG中間層をマスクとして，下層レジストをO_2ガスのRIE (Reactive ion etching) によりエッチング形成する。RIEでは，パターン現像に比べて，段差による膜厚差の影響を受けにくい。よって，1層レジストプロセスが抱えていた問題点を，多層レジストプロセスによって解決することができる。図7は，アルミ基板上に3層レジストプロセスで形成したレジストパターンである。段差は1μmである。パターン幅は50 nmであるため，アスペクト比（高さ／幅）は20となる。このように，高反射基板で高段差を有する基板上においても，忠実なラインパターンを形成できる。しかし，3層レジストプロセスに起因する結果も発生する。3層レジストプロセスの工程を減らす取り組みも進んでいる。図8は，2層レジストプロセスによるパターン写真を示している。2層レジストは，上層にSi含有レジストを用いており，3層レジストのようにSOG中間層は用いない。図は下層レジストエッチングまで行っており，正確にパターン形成が行われている。

4 DFR積層レジストプロセス

図9は，ドライフィルムレジスト (DFR) を用いた積層プロセスにより形成したパターンを示している。DFRを用いた場合，溶剤系のレジストコーティングと異なり層間の溶剤ミキシングが生じない。また，レジストパターンの断面形状コントロールが可能であるなどのメリットがある。パターン解像力は高くないが，今後のIoT分野に対応できるDFR積層プロセスとして注目されている。

5 マルチパターニング技術[2]

マルチパターンニングは，複数回に分けて一連のパターン配列を形成する技術であり，1回分の解像力の要求は低減される。その代わり，工程数の増加と重ね合わせ技術の高精度化が必要になる。設備にもよるが18 nm程度のパターン解像が可能である。複数回の露光で一括現像する場合や，中間層ハードマスクを介してマルチパターンを形成し，一括で基板エッチングする方式などがある。また，サイドパターン（ウォール）を形成

図9 3層DFR積層プロセスによる
　　パターン形状制御

して，分割パターンを形成する手法もある。この場合は，重ね合わせの影響を受けにくい特徴がある。

6 表面難溶化層プロセス[3,4]

ノボラック系のレジスト膜の未露光部をTMAHなどのアルカリ現像液で処理することで，積極的に表面難溶化層を形成し，パターン上部の形状改善を目的としたプロセスが登場している。図10はLENOS（Latitude enhancement novel single layer lithography）プロセスと呼ばれる手法である。露光前にレジスト表面をアルカリ処理することで表面難溶化層を形成している。次いでPEBを施すことで，プロセスマージンを飛躍的に向上させている。図11は，LENOSプロセスによるレジストパターン形状の改善状況を示している。特に，パターン頭部の平坦性が改善されている。さらに，図12はデフォーカス時のレジストパターン形状を示している。ここでも，パターン形状における焦点深度の改善が明確に

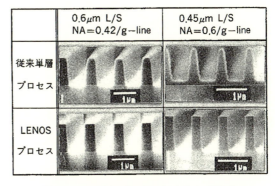

図11 LENOSプロセスによるレジストパターン形状の改善

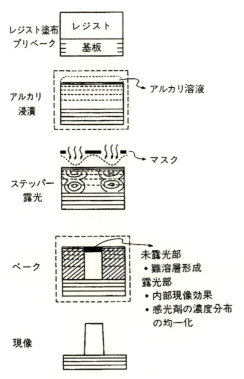

図10 LENOSプロセスフロー

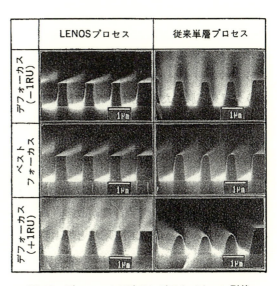

図12 デフォーカス時のレジストパターン形状

なっている。同様な技術として，露光後に加熱をしながらDUV光を照射するHARDプロセスなどもある。これらは，レジスト膜の溶解速度の低下を利用している。

7 ナノインプリント技術[5]

モールドと呼ばれる型をレジスト膜に押しつける事で，パターン転写する方法である。従来の機械的なプレス法と原理は同一であるが，ナノサイズまで転写できることから周期パターンなどの単純なパターン形成に期待できる。加熱および真空引きや紫外線照射などの最適化プロセスが必要である。また，コンタクトプロセスであるために，モールドの剥離時の欠陥，および2次欠陥の問題が生じる。

8 PEB（Post exposure bake）技術[6]

露光後のレジスト膜に対して，現像前に120℃程度の熱処理を加える手法である。i線レジストから積極的に導入が進んだ。通常の感光剤PACは溶解阻止の働きをするが，感光後に熱処理をすることで膜内を拡散することで，パターン側面の定在波の形状がフラットになる。また，寸法精度や解像力，焦点深度に対しても大幅な改善が見られる。現在の化学増幅型レジストにおいても，PEBは適用されている。

9 CEL（Contrast enhanced lithography）法[7]

露光前のレジスト膜の表面にCEL膜をコーティングして，入射する光のコントラストを増強させるプロセスである。露光することでCEL層の透過率が増加し，未露光部との光学濃度の差を顕著にする働きがある。CEL層だけを処理する工程が必要なため，複雑になる欠点がある。この技術は，レジスト膜に感光剤を多量に含有させて，独自にCEL効果を持たせる（内部CEL効果）として，その後の高解像レジストの設計に大きく影響を与えることになる。

10 反射防止膜（BARC）

基板からの反射光は，パターン形状や寸法精度，LERなどに大きく影響を与える。これを防止するために，レジストコート前に多殻芳香類などの光吸収剤を含有した膜をコーティングする。レジスト底部にBARC，レジスト上層にTARCがコーティングされる。化学増幅型レジストにおいては必須の技術となっている。

1.1 イメージリバーサル技術

ポジ型レジスト材料を用いてネガ型像を形成する画像反転プロセスである。このプロセスは、通常のポジ型レジストに触媒を反応させて反転する方法と、専用レジストを用いる方法がある。露光後に反転ベークを行い、未露光部を可溶化させるための全面露光の工程との組み合わせとなる。このプロセスでは、ホールパターンの解像性が特に向上する。垂直に近いパターンプロファイルが得られる。

1.2 液浸露光技術

露光装置の投影レンズとレジスト膜との間に屈折率の大きい純水を含浸させて、解像度の改善を狙うプロセスである。従来より光学顕微鏡の油浸プロセスとして一般的に用いられている。リソグラフィーにおいては、この技術により大幅な進歩がもたらされた。ただ、バブル欠陥などの特有の欠陥が生じる。また、レジスト膜からの溶出を防止するためにトップコート膜などが必要となる。

1.3 超臨界乾燥プロセス

レジスト現像時のパターン倒れを防止するために、古くから存在する超臨界乾燥技術をそのまま実プロセスに適用したものである。ただし、レジスト膜の変質や装置制御やスループットの面から、実用化には多くの課題を残している。現実的には、レジストパターン倒れは、アスペクト比を低下させることで解決させる方向へ進んでいる。

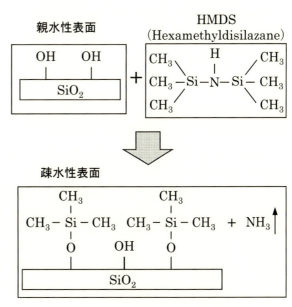

図1.3 シリコン酸化膜上でのHMDSのシランカップリング反応

1.4 シランカップリング処理

HMDSのシランカップリング反応は、図1.3のように、シリコン酸化膜表面の親水基であるOH基を、疎水基である3CH_3-SiO基へ置換する働きである。通常は、カップリング反応を促

(a)未処理基板（11度） (b) HMDS処理(85度)

図14 シランカップリング処理による濡れ性変化

進させるため，HMDSを蒸気あるいはガス状にして基板上に供給する。HMDSを液体のままで高分子膜に散布するとゲル化反応を生じ，基材を損傷させる恐れがある。また，シランカップリング反応過程においてアンモニアが発生する。アンモニアは，人体に有害だけでなく装置腐食を引き起こすため，排ガス処理を十分に行う必要がある。また，水分の影響を強く受けるため，処理プロセス中の湿度管理が重要となる。これらは，処理装置の構成において大きく影響する。このように，固体表面の疎水性および親水性の評価には，液体の濡れ性を表す接触角法が有効である。また，表面処理を定量評価するためには，表面エネルギーγ（mJ/m^2）が適している。図14は，シランカップリング処理による接触角の変化を示している。純水の接触角はシリコン酸化膜などの親水性表面では低くなるが，シランカップリング処理による疎水化によって高くなることが分かる。また，カップリング処理を行った表面の化学結合状態を調べるには，FT-IRやESCAなどの化学分析手法が有効である。

15 位相シフトプロセス

フォトマスクに位相シフターとよばれる光学フォトマスクを通過する光の位相を制御して，光学像のコントラストそのものを改善する手法である。大幅な解像力と焦点深度の改善が実現できる。従来のフォトマスクでは，パターンが微細化すると遮光領域にも光の回折によって光が回り込むため光学コントラストが低下する。位相シフト技術では，相対する透明部の一方に位相を反転する透明膜を形成し，隣接するパターンの間で互いに逆位相のため，パターン境界では光強度がゼロになることから，パターンを分離できる。独立したパターンでも，パターン周囲に位相シフターを形成することで同様な効果が得られる。

以上のように，レジストプロセス技術は，レジスト材料と露光技術をつなぐ重要な役割を担っている。レジスト材料の特長を最大限に発揮できるように，レジストプロセス技術は，常に進歩しつつある。また，レジストプロセス技術の習得には，レジスト材料および光学的な制御機構などといった幅広いシステムスキルが求められる。今後も，リソグラフィー技術の発展の牽引力になることが期待される。

第1章　リソグラフィープロセス概論

文　　献

1) J. M. Moran, D. Maydan, *J. Vac. Sci. Technol.*, **16** (5), 1620 (1979)
2) E. C. Jelks, *Appl. Phys. Lett.*, **34**, 28 (1979)
3) S. Ogawa, *1st Microprocess Conference*, **B-8-3**, 160 (1988)
4) M. Sasago, *SPIE*, **1086**, 300 (1989)
5) D. Resnick, *Solid State Technology*, **15** (2) (2007)
6) B. A. Bernard, *Philips J. Research*, **42**, 566 (1987)
7) B. F. Griffing, *IEEE Trans. Electron Devices*, **ED-31**, 1861 (1984)

第2章　フォトレジスト材料の技術革新の歴史

佐藤和史*

1　はじめに

　半導体の歴史は微細加工の歴史とも言い換えることができ，その発展を支えている技術の一つとしてフォトリソグラフィ技術がある．フォトリソグラフィは基板上に塗布されたフォトレジスト（以下レジスト）と呼ばれる材料に露光によりフォトマスクから回路を転写し，その後に回路が転写されたレジストパターンをマスクに下層の基板の加工を行う技術である．レジストには，現像後に露光部がパターンとして残るネガ型レジストと，未露光部がパターンとして残るポジ型レジストが存在する．基板の加工が終了すればレジストは除去されそのまま回路上に残ることは無い．半導体発展の歴史と共に，様々な露光波長をもつ露光技術が開発され，それに合わせてレジスト材料も変化してきた．レジストに求められる性能としては，感度，解像力，焦点深度，基板との密着性，ドライエッチング耐性などだけでなく，要求される事項の優先度，その時代の周辺技術にも大きく依存している．その結果，何種類ものレジストが開発され，半導体産業を支えてきた．本章ではレジスト材料の技術革新の概要について記す．

2　技術の変遷

　図1にそれぞれの時代の露光技術，レジスト，課題，技術的な変遷をまとめた．

　約50年に渡り半導体の量産のために使用されてきたレジストの基本メカニズムと露光装置・露光波長の関係は，

① ゴム系架橋タイプネガ型/コンタクト・プロキシミティ露光，g線（436 nm），h線（405 nm），i線（365 nm）
② ノボラック-NQD（ナフトキノンジアジド）ポジ型／ミラープロジェクション，g線縮小投影，i線縮小投影
③ 化学増幅ネガ型／i線縮小投影，KrF（248 nm）縮小投影
④ 化学増幅ポジ型（有機現像ネガ型）／KrF縮小投影，ArF（193 nm）縮小投影

の4種となる．（EUVについてはまだ量産に使用されていないので，ここには含めていないが，初期には化学増幅ポジ型レジストの使用が有力視されている．）

　特にg線ステッパ以降の縮小投影技術は半導体微細加工の進展に大きく貢献した技術である．

＊　Kazufumi Sato　東京応化工業㈱　開発本部　執行役員，開発副本部長

第2章　フォトレジスト材料の技術革新の歴史

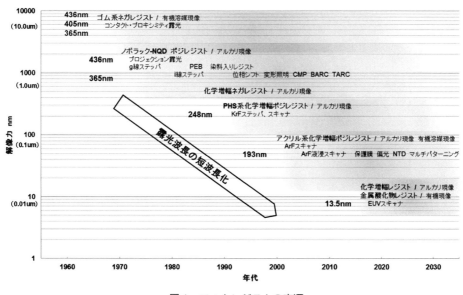

図1　フォトレジストの変遷

EUV露光については今後使用が本格的になっていくものと考えられているが，まだ課題も多い。

　図1からもわかるように，レジスト技術，材料の変遷は露光技術，特に露光波長に大きく依存している。投影光学系では，解像性能は以下の「Rayleighの式」により表される（図2）。

　　解像力 = $k_1 \cdot \lambda / NA$　　焦点深度 = $k_2 \cdot \lambda / NA^2$
　　NA：開口数 = $n \sin\theta$　　n：レンズ-レジスト間媒質の屈折率（空気 = 1）
　　λ：露光波長　　　　　　　k_1, k_2：プロセスファクター

　上式で表されるように，より微細な解像力（一般には1：1の繰り返しライン＆スペースパターンL/Sにおける解像力）を得ようとした場合，露光波長を短波長化する，NAを大きくする（= レンズを大きくする），k_1を小さくする（= レジストの高性能化，プロセスでのアシスト 0.25 が限界）方向となる。その一方で焦点深度（Depth of Focus：DOF）は小さくなる方向であり，解像性能と焦点深度の両立が基本的な課題となる。

　フォトリソグラフィは，シリコンウエハをベースとする基板にレジストを塗布し，そこにマスクを介した光を照射し，マスクパターンを転写（縮小転写）するため，露光に用いる光がレジスト膜低部まで透過する必要がある。そのため解像力向上を狙った露光波長の短波長化に合わせて，その光に対し透明性を持つ材料への変更が必要である。また，用いる光源の出力で生産に必要なスループットを実現するために高感度化も図られた。KrF，ArF露光では光源にエキシマレーザーが用いられたが，それまでのg線，i線レジストに比較し高感度が求められ，酸触媒反応を使った化学増幅という新たな像形成メカニズムのレジストが開発され，その流れは現在も続いている。レジストの高性能化，露光波長の短波長化に加え，照明系の改善，基板の平坦性向上，

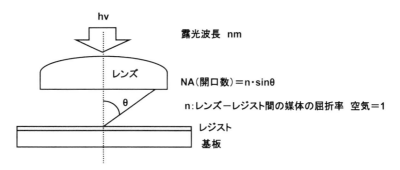

図2 縮小投影パラメータ

マルチパターニング技術などプロセス技術の発展により，半導体微細加工技術が支えられている。

3 ゴム系ネガ型レジスト

1960年代には半導体の生産が開始され，パターン形成にはレジストとマスクを密着させ露光を行うコンタクト露光装置が用いられた。露光波長はg線（436 nm），h線（405 nm），i線（365 nm）が使用された。

使用されたフォトレジストは架橋型のネガ型レジストであった。当初用いられた材料は，ポリ桂皮酸ビニルである（図3

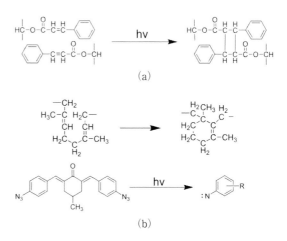

図3 ゴム系ネガレジスト
(a) ポリ桂皮酸ビニル光二量体
(b) 環化ゴムとビスアジド

(a))。構造中に二重結合をもち，露光により光二量化反応がおこり高分子同士が橋かけを形成し，現像液に不溶になる。ポリ桂皮酸ビニルレジストは基板との密着性に問題があり，環化ゴムとビスアジド化合物からなるレジストに置き換わっていった（図3(b)）[1,2]。

環化ゴムには感光性はないが，ビスアジド化合物が感光性を有しており，露光により環化ゴムと架橋反応を起こし有機溶媒（現像液）に不溶となる。この環化ゴム系ネガ型レジストは基板との密着性が良好で，薬液を用いるウエットエッチング耐性にも優れていたため広く普及した。しかしながら，現像時の膨潤が大きな問題となり，なるべく膨潤を発生させないように調整された有機溶媒での現像や，現像後のリンス液との組み合わせにより使用されている。

一方でコンタクト露光という露光技術そのものも問題となった。露光毎にレジストとマスクが密着するため，マスクに欠陥が生じてしまい，マスクを制作し直さなければならない。この対策のためにマスクへの密着力を調整したレジストの開発も行われた。

第 2 章　フォトレジスト材料の技術革新の歴史

　露光装置側からも改良がおこなわれ，レジストとマスクの距離を 10 μm～30 μm 程度離して露光するプロキシミティ露光法が開発されたが，解像力は劣化してしまうことになった。微細化を求めると，レジストとマスク間距離は短くする必要があり，結局は不用意な接触が発生することとなった。

　コンタクト露光ではマスクの欠陥発生の問題，さらには位置合わせの問題も発生し，時代の要求に合致しなくなっていった。膨潤の影響も回避できるものではなく，パターン形成不良や，ブリッジの発生が指摘され解像力の限界となった。

4　ノボラック-NQD ポジ型レジスト

　ノボラック-NQD ポジ型レジストはミラープロジェクションの時代（解像力 2 μm 程度）からg 線，i 線縮小投影露光に使用されているポジ型レジストである。このレジストは 1940 年代には存在していたが，ノボラック樹脂がもろく，コンタクト露光の使用には適さなかった。

　NQD は露光により分子中にもつ N2 を放出し，ケテン構造を経由しカルボン酸を生じる（図4(a)）。カルボン酸がアルカリ可溶であるためにノボラック樹脂のアルカリ可溶性を促進する。

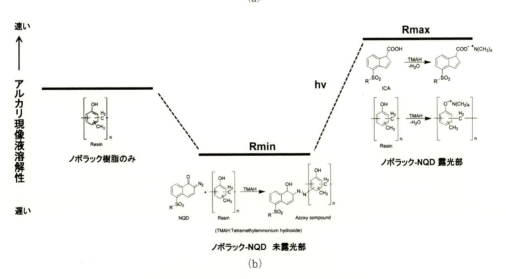

図 4　ノボラック-NQD レジストの光反応
(a) NQD の光反応
(b) ノボラック-NQD レジスト　溶解特性

最新フォトレジスト材料開発とプロセス最適化技術

一方，未露光部は現像時にNQDとノボラック樹脂との間でアゾカップリングが生じ溶解を抑制する効果が得られ，結果として未露光部と露光部の現像液に対する溶解コントラストが大きくなり，良好なパターンが形成可能となる。ノボラック-NQDレジストの溶解コントラストの概念を図4(b)に示す[3]。

また，レジストパターンは矩形性が求められるが，そのためには露光部は露光に用いる波長の光に対し透明性が高いほうが良い。ノボラック-NQDレジストの感光剤であるNQDはg線，i線に対しては光吸収を持つが，露光部のみが退色して透過性が向上し，光学的なコントラストも得られるという非常に優れた材料であった[4]。またノボラック樹脂はg線，i線には十分な透明性を示すが，その構造は主鎖にベンゼン環を含んでおり，ドライエッチング耐性が良い材料であった。

開発当初はノボラック樹脂そのものにNQDを付加させたものが使用されたが，感度が悪く改良され，フェノール性化合物（バラスト）へNQDを付加させた感光剤（Photo Active Compound：PAC）とノボラック樹脂との混合という組成に代わり，g線ステッパが開発されてからは，フォトレジストの代表となった。

現像には初期には無機アルカリ水溶液も用いられたが，主に有機アルカリ水溶液（テトラメチルアンモニウムハイドロオキサイド TMAH 2.38% 0.26N）が用いられ，ゴム系ネガ型レジスト＋有機溶媒現像と異なり，膨潤の非常に少ない良好なパターニングが可能である。

NQDは2,3,4,4'-テトラヒドロキシベンゾフェノンのようなバラストに付加させてPACとして使用されている（図5）。この付加率の変更と共に，バラスト材料の変更，ノボラック樹脂の構造をなすm-クレゾール，p-クレゾールなどの比率，分子量，分散度，樹脂に対するPAC添加量などが検討され高解像度化，高感度化が図られた。

g線レジストは0.5μm L/S程度の解像性能を持つに至ったが，プロセス側での変更が大きく寄与している。従来は，レジストを塗布，ベーク（加熱）の後に露光を行い，現像というプロセスであったが，露光後にもう一度ベークを行うPEB（Post Exposure Bake）プロセスが導入された[5]。非常に簡便なプロセスであり，当初の目的としては，単一露光波長の多重干渉による定在波の影響で発生するレジスト側壁の縞模様を消すことであったが，その効果は高く，レジスト

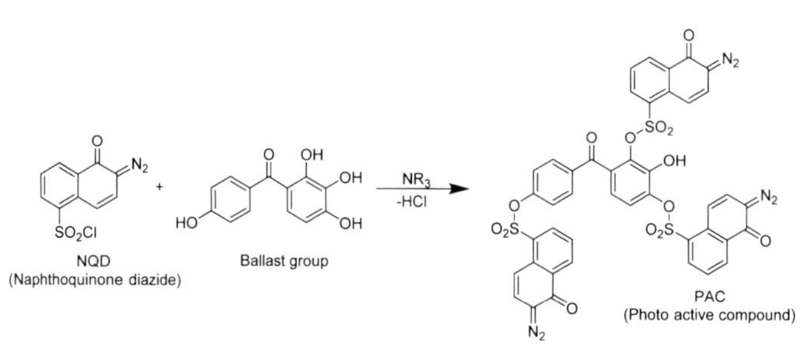

図5　感光剤（PAC）例
バラスト剤：2,3,4,4'-テトラヒドロキシベンゾフェノン

第 2 章　フォトレジスト材料の技術革新の歴史

形状のみならず，解像性能を大きく改善する結果となった。これは露光後のベークによる，露光部のインデンカルボン酸と未露光部のNQD化合物の相互拡散による効果であり，これ以降のレジストプロセスにはPEBプロセスが標準プロセス化されることとなった。

　g線リソグラフィでの解像性能に限界が訪れ，解像性能の向上を目的とし，Rayleighの式で示されるように露光波長の短波長化の方向となり，i線ステッパが開発され，合わせてi線レジストの開発が行われた。

　i線レジストにはg線リソグラフィでも使用されたノボラック-NQDレジストの使用が継続されたが，PACの光吸収特性の変更が必要であった。g線レジストに多く用いられていたベンゾフェノン系材料をバラストとしていたPACでは，露光後の退色が不十分で，垂直性の良いパターンが得られなかった。それゆえi線向けには，露光後の透過率を向上させる目的で，構造中にケトン構造をもたない非ベンゾフェノン系のバラストにNQDを付加させたものが使用された。PACの構造も積極的に研究がなされ，立体配置からの溶解抑制効果などが検討され，より溶解コントラストが大きくなる設計のPACが使用されるようになる。一方，樹脂もより単分散化したうえで低分子構造体を添加したタンデム型の樹脂が用いられ，未露光部の溶解阻害効果が大きくなるような構造が導入され，現像液への溶解性能の最適化が図られた[6]。

　g線，i線レジストではAl，Poly-Siなどの高反射基板の段差からの反射による影響および定在波の影響を低減するために，露光波長に光吸収を持つ添加剤を加えた「染料入りレジスト」が開発されている。しかしながら，解像性能は劣化する方向となるため，下層反射防止膜（Bottom Anti Reflective Coating：BARC，Bottom Anti Reflective Layer：BARL）や上層反射防止膜（Top Anti Reflective Coating：TARC）の開発がおこなわれ，量産に使用されることとなった[7,8]。

　i線リソグラフィでは露光装置照明系側（変形照明）[9]，マスク側（位相シフトマスク）[10,11]からの高解像度化への取り組み，またCMP（Chemical Mechanical Polishing）による基板の平坦化の後押しもあり，投影レンズの高NA化が加速され，0.30 μm L/S程度の解像性能を示すに至る。

5　化学増幅レジスト―i線ネガ型レジストからKrFネガ型レジスト―

　位相シフトマスク，特に渋谷-レベンソン型の位相シフトマスク提案に合わせ，i線ステッパで露光可能な新規のネガ型レジストの要望があった。これは渋谷-レベンソン型位相シフトマスクにはネガ型マスクの方が都合が良いということもあった。

　この要望に対し開発されたのが，化学増幅ネガ型レジストである。構成成分としては，樹脂とバインダー（架橋剤）および光酸発生剤（Photo Acid Generator：PAG）の3成分である。像形成のメカニズムとしては，露光されることによりPAGから酸（プロトン）が発生，その酸によりバインダーが活性化し，樹脂を架橋し，現像液への溶解を阻害することによりネガ像を形成す

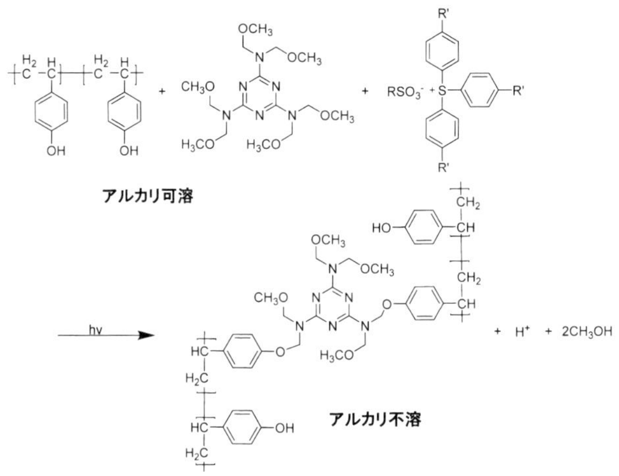

図6 化学増幅ネガレジストの例

るものである。ゴム系ネガ型レジストとは異なり，ノボラック-NQD レジストと同じアルカリ現像液が使用できた（図6）[12]。

ネガ型レジストの場合，矩形性を実現するためには露光波長に対し透明性が高い方が良い。露光波長に光吸収があると逆台形形状となってしまう。そのため，樹脂にはノボラック樹脂だけではなく 365 nm でも非常に透明性の高いポリヒドロキシスチレン（PHS）も用いられた。この PHS をベースとしたネガ型レジストは KrF（248 nm）縮小投影露光装置にも用いられることとなり，KrF 露光時代の初期を支える材料となった。

6　KrF 化学増幅ポジ型レジスト

i 線リソグラフィからさらに高解像力を実現すべく，露光波長の短波長化が進められ，KrF エキシマレーザーを光源とする縮小投影露光装置，KrF ステッパが開発された。

KrF レジストとしては前述の 3 成分系のネガ型レジストが先行したが，技術の主流は化学増幅ポジ型レジストへと移行した。KrF 化学増幅ポジ型レジストは IBM の伊藤らが提唱したもので，樹脂にはその光吸収からノボラック樹脂が使用できないため，保護基によりその水酸基を部分的に保護した PHS を用い，光酸発生剤を加えたものである。像形成のメカニズムは，露光により発生した酸が，保護基を攻撃し脱保護を起こし，フェノール性水酸基が発生することにより現像液（アルカリ水溶液）への溶解性を得るものである。未露光部は保護基によって保護されているため現像液への溶解が極めて小さく，この溶解コントラストの差によりパターンを形成するというものであった（図7(a)）[13]。

伊藤らが考案した KrF 化学増幅ポジ型レジストは，PHS の水酸基を tBoc と呼ばれる保護基で部分的に保護した物を樹脂とし，PAG にはオニウム塩を用いたものである。露光後 PEB を行

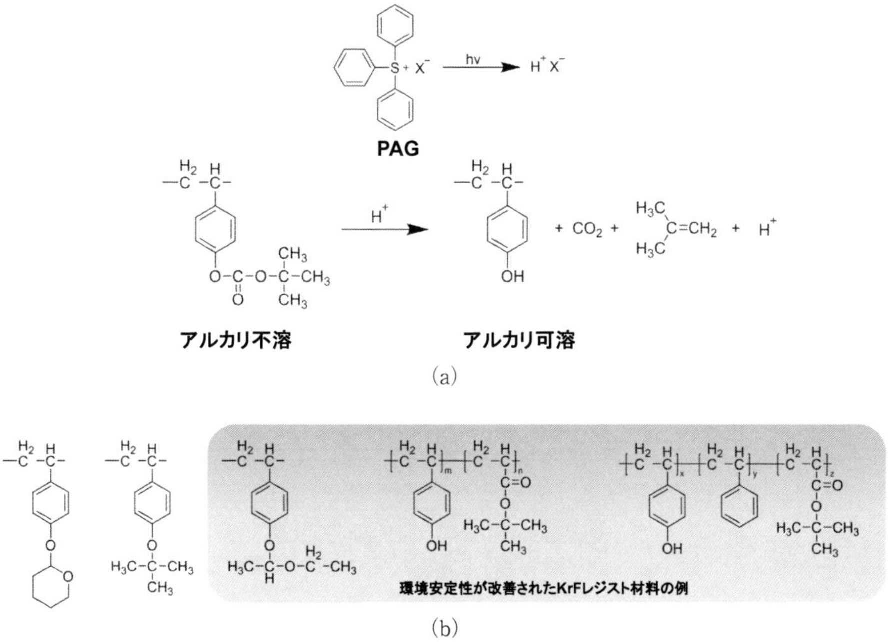

第2章　フォトレジスト材料の技術革新の歴史

図7　KrF 化学増幅ポジレジストの例
(a) KrF 化学増幅ポジ型レジストの例
(b) KrF 化学増幅ポジ型レジスト用樹脂の例

い，TMAH 水溶液のアルカリ現像液で現像するとポジ像が得られ，アニソールなどの有機溶媒で現像するとネガ像が得られた。矩形性も高く，良好な解像性能を示し，かつ高感度であった。しかしながら，露光後しばらく放置した後に PEB を行い，アルカリ現像液で現像すると，解像不良が発生してしまうという問題があった。パターン上部に庇のような突起が発生し，放置時間が長いほど顕著となり，数時間も放置すると庇が完全につながりパターンが形成できない現象が発生した[14]。また SiN や TiN，BPSG といった基板上では裾引き形状となってしまった（図8(a)）。これらの現象は，露光により発生した酸がクリーンルーム中の大気に含まれる塩基性物質（アンモニアなど）および基板中に存在する不対電子により中和されてしまうためであることがわかり，レジスト側，補助材料，そして環境側（装置側）からも対策が図られた。

レジスト側からは2系統の改善が示された（図7(b)）。一つは保護基を極めて脱保護しやすいものとしたことである。一般にはアセタールと呼ばれる保護基で，酸が発生すれば室温でも脱保護する材料である。この保護基を用いた場合，発生した酸がある程度失活してしまっても残りの酸で十分脱保護が可能であり，環境依存が改善される。低温で脱保護するため，PEB 温度依存性も小さいレジストとなった。ただし，脱保護のためには水分が必要で，PEB 時環境の湿度コントロールが必須であった。また，露光後室温でも脱保護が開始され，保護基が分解しアウトガスとなることから，初期に用いられたレンズとウエハ（レジスト）との距離が短い露光装置ではレンズ最下面が汚染される現象が発生した。（この問題は装置側の改良で改善された。）

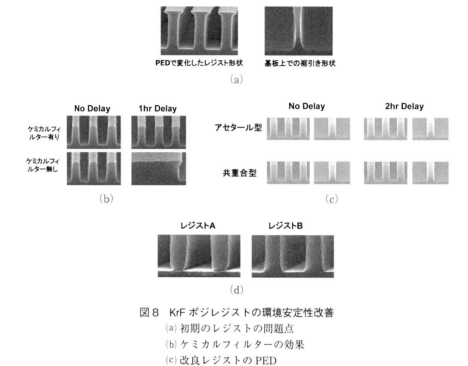

図 8　KrF ポジレジストの環境安定性改善
(a) 初期のレジストの問題点
(b) ケミカルフィルターの効果
(c) 改良レジストの PED
(d) 同一 BARC 上での形状の差

　もう一つは高温ベークで処理されるレジストである。樹脂には PHS とアクリル酸 tert-ブチルエステルの共重合体，PAG には高耐熱性の材料が用いられた。高温ベークによりレジスト中の自由体積を減少させ，アミンの浸透を防ぐというコンセプトであった。また，大気中のアミン成分により一旦中和してしまった酸が高温 PEB により分解し，再度酸として働くという実験結果も示された[15,16]。

　さらに，光の回折により本来であれば未露光部としたい部分に発生してしまった酸を中和し，酸濃度のコントラストを高め，さらには PEB 時に未露光部へ熱拡散する酸を制御する目的で，クエンチャーと呼ばれる添加剤が添加され，この効果により，KrF 化学増幅ポジ型レジストの特性を大幅に改善することとなった（図 9）。添加により酸を中和することになるため，感度がやや劣化するが使用には許容範囲内とすることができる[17,18]。

　環境面では露光装置に塩基性物質を取り除くためのケミカルフィルターが装着されたことが大きい[19]（図 8(b)）。ケミカルフィルターは標準装備となり，露光装置内を塩基性物質が極めて少ない環境に制御可能となり，レジストの環境依存が改善し，また開発された 2 系統のレジストも標準的な KrF ポジ型レジストとなった（図 8(c)）。

　環境依存を解決するための他の手段としては，保護膜を塗布することであった。この保護膜は TARC を兼用することが可能であった。上層膜を酸性とし，大気中の塩基性物質により露光し

第 2 章　フォトレジスト材料の技術革新の歴史

図 9　添加剤の効果

て発生した酸を中和させることが無いような設計とされた[20,21]）。

　KrF においてはレジストが露光波長に対し高透明性を示すということもあり，BARC の使用がほぼ必須である。塗布型の BARC も様々な仕様の材料が提案され，レジストとの相性を考慮し，比較的強い酸性を示す材料もあり，レジスト側の組成で BARC への合わせ込も行われるようになった（図 8(d)）。BARC を用いることができない工程としてイオン打ち込み工程があり，この工程には g 線，i 線レジスト同様，染料入り KrF 化学増幅ポジ型レジスト，もしくは光吸収の大きい材料で設計された KrF 化学増幅ポジ型レジストが使用されたケースもある。

　KrF 化学増幅レジストが使用され始めたころには，メモリーデバイスに要求されるような繰り返しパターンの解像性能より，ロジックデバイスのゲート長のほうが微細化され始めた時期と重なり，従来のような 1：1 の L/S での解像性能だけでなく，比較的孤立線に近いパターンでの特性が得られるレジストに要望が出始めるなど，目的とするパターンごとにレジストをデザインする必要が生じた。その要望に応えるためにレジスト組成の最適化が図られ，多くのレジスト種が生まれることとなった[22]）。

　KrF 化学増幅ポジ型レジストは半導体製造に広く使用され，露光装置も高 NA 化とともにスキャン型の露光装置も開発され，解像性能が向上していった。一般的には加工が可能となるのは露光波長と同程度の寸法と考えられていたが，KrF では波長以下のパターン形成まで可能となり，露光波長の半分以下の 110 nm 程度の加工にまで延命されることとなった。KrF 化学増幅ポジ型レジストへの開発ニーズは現在でも存在し，最近はその透過性を生かし，厚膜が求められる加工へ使用されるなど，現在でも製品開発が継続されている。

7　ArF 化学増幅ポジ型レジスト

　KrF 露光装置の後継として ArF（193 nm）露光装置が候補となったが，ArF 用レジスト開発に大きな課題があった。g 線，i 線にはノボラック，KrF には PHS という，樹脂構造中にベンゼン骨格を持つ材料が使われてきた。構造中に二重結合を持ち環状構造をとるベンゼン骨格は優れたドライエッチング耐性を示し，レジストの基材としては非常に優れた材料であった。ところが

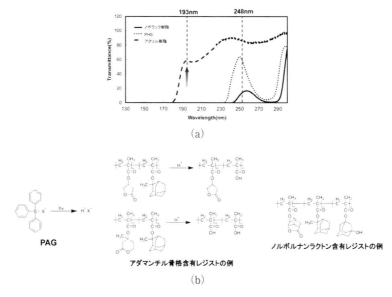

図10 樹脂の透過率とArFレジストの例
  (a) 各種樹脂の透過率
  (b) ArFポジ型レジストの例

この構造は193 nmには非常に強い光吸収を持ちほとんど193 nmの光を透過させないことから，これらの既存の樹脂は使用できない（図10(a)）。そこで，193 nmの光に対して透明性が確保できる，単純な直鎖状のアクリル（メタクリル）樹脂から，ポリノルボルネンに代表されるようなシクロオレフィン系，無水マレイン酸との共重合など様々な材料が樹脂として提案された[23]。直鎖状アクリルは，合成も容易で透明性も確保できるがエッチング耐性が悪い。シクロオレフィン系は透明性が高く，主鎖に環状骨格を持つためエッチング耐性が高いが，特殊な重合技術が必要で汎用性に欠ける材料であった。また，マレイン酸との共重合系は安定性が問題となった。

このような状況を打破したのは富士通の武智らが開発したアダマンタン骨格[24,25]，NECの長谷川らが開発したノルボルナンラクトン[26]を代表とする脂環式骨格をもつアクリル系レジストであった（図10(b)）。アダマンタンやノルボルナンラクトンのような多環構造を持つ構造は比較的エッチング耐性も良好であり，アクリルベースという取り回しの良さからも様々な誘導体も合成された。アダマンタン構造そのものを保護基として使用できるようにしたメチルアダマンチル，エチルアダマンチルや，水酸基を付加させたアダマンタノール構造がその代表例であろう。一方でアクリル系は基板との密着性が悪いという問題もあったが，これも前述の脂環式骨格のラクトン構造を持つモノマーの導入や先に述べたアダマンタノールの使用などで解決された。またこれらの材料はTMAH 2.38%の標準現像液を用いることが可能であり，ArF化学増幅ポジ型レジストの基本形となった。

ArF化学増幅ポジ型レジストの開発の遅れ，KrFリソグラフィの延命もあったため，ArFリ

第 2 章　フォトレジスト材料の技術革新の歴史

ソグラフィでは最初から波長以下の寸法を解像することが要求されることとなった。脂環式骨格の導入によりエッチング耐性はある程度は確保されたものの，ノボラックや PHS ベースのレジストに比較すると若干劣るのはもちろんで，エッチング時の表面荒れなど課題もあった。また測長 SEM での寸法測定時に線幅変化が観察されるなど品質管理面での問題も生じていた。これらは多層リソグラフィの確立や，測長 SEM の観察時の電圧設定変更などで回避され，ArF リソグラフィの時代が始まった。

8　ArF 液浸露光用化学増幅レジスト

　ArF 露光装置導入と同時期，またはそれ以前からもポスト ArF リソグラフィについて検討されており，当初は F_2 を光源とする露光装置（露光波長 157 nm）が本命視されていた。レジストも 157 nm で高透明な材料が検討され，F（フッ素）含有樹脂がその候補の一つとなった[27]。コンソーシアムなどでも F_2 露光装置，材料が検討されたが，露光機に用いるレンズ材料の開発，レジストのエッチング耐性，さらにはマスク用のペリクルも大きな問題となり，F_2 露光によるリソグラフィは開発中止となった。

　そこに提案されたのが ArF 液浸露光であった[28]。対物レンズと観察対象物の間に高屈折率の媒体を入れると解像性能が良くなることが顕微鏡技術で知られており，ArF 液浸はその応用となる。レンズとウエハ（レジスト）との間に空気より屈折率の大きい媒体を入れることにより，見かけ上の短波長効果を得る，というものである。媒体に水（超純水）を選択した場合，その屈折率が約 1.44 のため 193 nm の波長を用いても，134 nm の露光に匹敵することとなり，F_2 露光より高解像度が期待できる露光方法となる。

　超純水による液浸が提案されたことにより，より高屈折の媒体を提案する動きもあったが[29]，投影レンズやレジストも高屈折率にする必要もあり，この材料の採用は見送られ，超純水液浸露光に絞られることとなった。目標の解像力としては 50 nmL/S 以下，38 nmL/S 程度までの解像性能が求められた。

　液浸の場合の初期の問題点は以下の 3 点であった（図 11(a)）。
① 　高速スキャン中にウエハ（レジスト）上にいかに水を保持するか。
② 　レジストから超純水への成分溶出。
③ 　水の浸透

　液浸の方法はいくつかの提案があったが，最終的にはレジストの撥水性を利用してレジストとレンズの間のみに液浸水を保持する方法となった[30]。問題になったのはレジストの純水接触角である。単純な静的接触角だけではなく，スキャン露光も考慮した動的接触角（図 11(b)）が議論された。レジストは有機溶媒を使用しており，成膜後もある程度疎水性を示す。一方，あまりに疎水性が高いと現像液の濡れ性すら悪くなってしまい，現像不良，リンス不良によるパターン欠陥が発生してしまうため，現像プロセスにおいて最適な接触角を持つような設計がなされてい

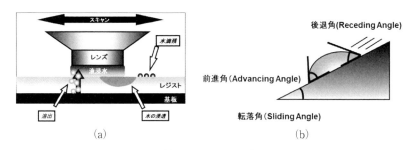

図 11　液浸リソにおける検討項目
　(a) 液浸リソグラフィの懸念点
　(b) 動的接触角

た。そのため，より高い撥水性を求められる液浸露光に，従来のArFレジストをそのまま使用することは難しいと判断された。

　液浸水への成分溶出については，レジスト中にはPAGなど低分子材料も混合されており，その溶出によるレンズへのダメージが懸念されたため，厳しいスペックが設けられた。PAGの構造，添加量によってはスペックをクリアできないものも存在したため，液浸プロセス専用の化学増幅レジスト開発が必要であった。

　レジストの開発に時間がかかることが危惧されたが，まずは従来のレジストを生かすべく保護膜の開発がおこなわれた[31~33]。レジストにダメージを与えることなく，レジストから液浸水への成分溶出を抑え，また純水を保持するだけの接触角も持つ材料が保護膜として開発され量産にも使用されることとなった。

　保護膜の併用によって量産には成功したものの，プロセスコストの観点からも保護膜無しで使用できるレジストの開発が強く要望された。露光時の撥水性，現像後の親水性，低溶出をクリア出来なければならない。特に撥水性に関しては，生産性の向上のためにスキャン速度が上がっており，従来よりも撥水性の高いレジストが求められるように移行している。この要望に対し，レジスト側からの改良として添加剤による改良が検討された。塗布後には超純水に対し高接触角，現像後には低接触角となるような材料が開発され，レジストに添加することにより，高速スキャン中でも水を保持し，かつ低欠陥を実現できるレジストが開発されている[34,35]。また，PAGについても，レジスト特性改善のために短拡散長化が検討され，その構造は大型化し，樹脂のユニットとの親和性も検討，改善され，液浸水への溶出も問題ないものが開発された[36]。

　ArF液浸露光によりL/Sなどのパターンについては高解像性能を得ることができたが，液浸露光でも露光面積の非常に小さいホールパターンやスリットパターンについては従来のポジ型レジストで高解像性能を得るには不十分となった。

　そこで，小さい露光面積ではパターニングに十分な光学像が得られないため，より良い光学像を得るために，パターンとして残る部分を露光で形成するネガ像によるホール形成，スリット形成が提案された（図12(a)）。富士フィルムの樽谷らは，従来のポジ型レジストを使用し，有機溶

第 2 章　フォトレジスト材料の技術革新の歴史

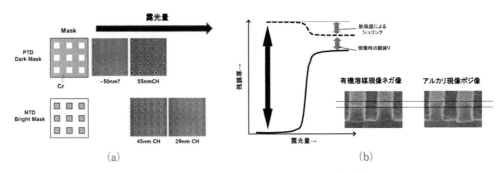

図 12　有機溶媒現像によるネガ像形成（NTD）
　(a) マスクによるコントラストの差
　(b) アルカリ現像と有機溶媒現像（NTD）の差

媒で現像することでネガ像を得る NTD（Negative Tone Development），NTI（Negative Tone Imaging）と呼ばれる方法を提唱した[37]。脱保護を伴う極性変化によるパターニングを行う化学増幅レジストでは，IBM の伊藤らの発案当初からアルカリ現像ではポジ像，有機溶媒現像ではネガ像が得られることは知られていたが，ArF リソグラフィで本格的に有機溶媒現像によるネガ像形成の使用が検討され始めた。

有機溶媒によるネガ像形成では以下の点がレジストの課題となった。（液浸露光が前提であり，露光時の撥水性は当然要望される項目となっている。）

①　脱保護した部分がパターンとして残るため，塗布膜厚より膜厚が減少する。
②　脱保護した部分がパターンとして残るため，エッチング耐性に懸念が残る。

①については PEB により保護基が外れることによる体積収縮が原因で膜厚が減少し，塗布膜厚の 70％ 程度の膜厚になってしまうことが指摘された（図 12(b)）。また②についてもパターンとして残る部分が脱保護した部分となるため，脂環式骨格の保護基を用いていれば，エッチング耐性は悪くなる方向となる。

これらの懸念点を改善するため，保護基の構造，保護基割合などが検討され，またネガパターン特有の逆テーパー形状も改善，エッチング耐性についても当初懸念されていたほど劣化は無く，エッチング側からの条件見直しもあり，量産に使用され，徐々に適用範囲が広がっている。

ArF 液浸露光によるリソグラフィでは最新の露光装置を用い，強い超解像技術を併用すれば，38 nmL/S パターン程度までは解像することが可能となっている。露光装置の NA も既に 1.35 となっており，超純水を用いた液浸露光装置ではこれ以上の高 NA 化は難しく，ArF 液浸リソグラフィの限界と考えられた。ArF 液浸露光の後継として有力視されているのは波長 13.5 nm の EUV 露光となるが，技術的課題が多く，量産にはまだ時間が必要という状況である。しかしながらデバイスのパターンシュリンク要望は次世代露光装置の確立を待っていてはくれない。そこで ArF 液浸露光装置を使用してのさらなる微細化をめざし，ダブルパターニング，クアドロプルパターニングといったマルチパターニングが提案され[38〜41]，14 nm，10 nm というパターンサ

イズ加工までArF液浸リソグラフィによる延命が図られてきている。そのため，求められるパターンの線幅制御が重要となり，L/Sパターンでは低LER（Line Edge Roughness）・低LWR（Line Width Roughness），ホールパターンではパターン寸法の均一性（CDU），そして全般的な課題として「低欠陥」がレジスト開発の大きな課題となっており，ArFレジストの改良は現在も継続されている。

9 EUVレジスト

ArF後の次世代の露光技術としてはEUV 13.5 nmによる縮小投影露光が有力といわれている。有力といわれ続け，早数年が経過しているが，EUVリソグラフィには以下の大きな問題点が存在する。

① 光源の出力
② EUV用レジスト
③ 無欠陥マスク製造技術（ペリクル，リペア含む）

特に①の遅れはEUVへの移行を大きく遅らせる結果となったが，近年出力の向上が図られ，生産するデバイス種によっては使用可能な領域に近づいてきている。また③についても検査技術などは改善され，欠陥の少ないマスクが製造できはじめている。残る問題はレジストとなりつつある。

EUVレジストにはRLSトレードオフという問題が指摘されている（図13(a)）[42]。解像度（Resolution），LER・LWR，感度（Sensitivity）がトレードオフの関係にあり，この3点を満足させるレジストの開発が強く要望されている。特にLER・LWRと感度の改善は大きな問題である。

EUVの光子（フォトン）のもつエネルギーはArF光の約14倍である。露光エネルギーをある値に固定した場合，EUVはArFの1/14の光子数となる[43]。ArFレジストと比較した場合，反応の開始点がかなり少ないこととなる。この光子数によるノイズの影響が大きく，LWRの低

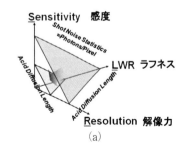

①: Polymer ＋ hv(13.5nm) ⇒ Polymer⁺• ＋e⁻
②: Polymer⁺• ⇒ deprotonation （H⁺）
③: e⁻ + AG ⇒ Fragment + Counter Anion⁻
④: H⁺ + Counter Anion⁻ ⇒ Acid

Polymer⁺•:Polymer ラジカルカチオン　AG:酸発生剤

(a)　　　　　　　　　　　　　(b)

図13　EUVリソグラフィ　課題
(a) RLSトレードオフ
(b) EUVによる酸発生機構

第 2 章　フォトレジスト材料の技術革新の歴史

減が大きな課題となる。

　さらにはレジスト露光中に発生するアウトガスが懸念された。アウトガスによりミラーにカーボンコンタミが蓄積し反射率低下につながり，スループットが低下する恐れがあるためである。またマスクにカーボンコンタミが堆積すると解像性能も劣化する。このためレジストからのアウトガスを低減する必要があった[44~46]。また微細加工のために薄膜化が必要であり，エッチング耐性の改善も必要となっている。

　EUV レジストは今までのレジストとは結像メカニズムを異にするものとなる。EUV は当初「軟 X 線」とも呼ばれ，多くのものを透過してしまう性質を持つ。今までのレジスト材料のように露光波長による透明性を確保する必要はなく，この高エネルギーの透過してしまう光を如何にうまく捕まえ，結像のための反応に使用するかが方針となる。

　化学増幅レジストの場合，EUV 光による PAG の直接励起による酸発生は非常に少なく，一旦樹脂などで光を吸収し，そこから発生するプロトンによって PAG が活性化され酸が発生する。それゆえ樹脂中にプロトンソースとなり得るユニットを持たせることが必要となる（図13(b)）[47]。また目標のパターンサイズは ArF のシングル露光では形成できない 35 nm 以下のパターン，特に 20 nm 以下が目標となるため，今まで以上に酸の拡散長制御が必要とされた。さらに，アウトオブバンド（Out of Band OoB）と呼ばれる 13.5 nm 以外の光の影響や，フレア（迷光）の影響が大きく，未露光部への光の回り込みが大きいため，未露光部の溶解阻害が重要となる。

　EUV レジストとして多くの低分子レジストが検討されている。LER，LWR 改善のためには高分子ではなく低分子が優位となると考えられたためである。研究開発当初は，比較に用いられた PHS 系樹脂によるレジストに比較し，良好な解像性能が得られる結果が示された。その一方で化学増幅レジストの場合は酸拡散を制御するために高 Tg 化が必要とされ，低分子レジストの課題となっているが，剛直な構造を持つ環状化合物も提案されており，優れた分子レジストとして期待されている（図14(a)）[48,49]。

　高分子によるレジストでも特性の改善が検討されている。特に，酸拡散長を制御する目的で，樹脂に酸発生剤を付加させた材料が提案された[50,51]。KrF，ArF レジストのような，PAG と樹脂を混合したレジストの場合，塗布，ベーク後に PAG が膜中に不均一に存在する可能性も高い。また PEB 時の酸拡散距離も長くなってしまう。この点を改善するため，樹脂構造中に酸発生剤を付加し，膜中の存在確率を均一にし，またアニオン部を樹脂に付加させることにより酸拡散距離もきわめて短くすることが可能となる Polymer bound PAG が提案されている（図14(b)）。この材料により，従来型の PHS ベースの樹脂/PAG 混合型レジストに比較し，良好な LWR を示すことが報告されている。しかしながら，材料合成の難しさや，改善されたとはいってもまだ目標値に達成していないということもあり，高分子レジストにおいても改善が継続されている。

　このような状況下で，近年注目を浴びているのが，金属酸化物を使用した非化学増幅レジストである[52~56]。EUV に吸収を持つ金属をコアとする低分子量の材料となっている（図14(c)）。金属として Hf，Zr，Ti，Co，Cr，Sn などが検討されている。EUV に対し光吸収が大きいため，

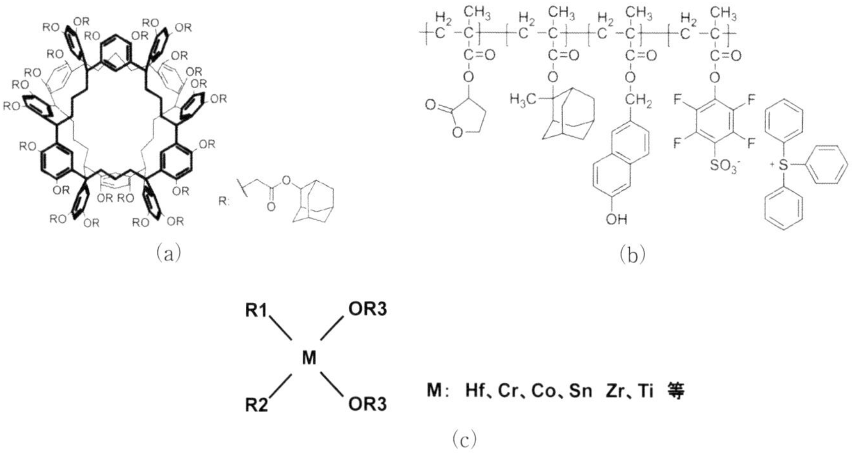

図14 EUVレジストの例
(a) 低分子レジストの例　Noria
(b) Polymer bound PAG（Anion bound type）の例
(c) 金属酸化物レジストの例

光子の持つエネルギーを有効に使うことができる。非化学増幅であるため，感度にはまだ問題があるが，比較的良好なLWRを示し，また最大の特徴としてエッチング耐性が良好である点が挙げられる。20 nm以下程度のパターン形成には，レジストも30 nmまたはそれ以下の膜厚にしなければパターン倒れが発生してしまう。従来の有機系レジスト（化学増幅レジスト）では，下層膜加工のためのエッチング耐性が不足となる。金属酸化物レジストは金属を抱合していることもあり，エッチング耐性が高く，膜厚は20 nm程度でも下層の加工が可能と考えられる。一方で，金属を含むがゆえにエッジバックリンス（Edge Back Rinse：EBR），リワーク（re-work）などの周辺プロセス確立が難しい点[57]，EUV露光の際のアウトガス懸念，レジストの安定性など課題も存在すると言われ，解決に努力が続けられている。

10　その他のリソグラフィ用材料

10.1　EB

EB（電子ビーム）によるリソグラフィは主にマスク制作に使用されてきた。最大の問題点は露光処理に非常に長時間が必要な点である。そのため，解像性能としては20 nm以下をパターニング可能であり，孤立線であれば10 nm以下のパターンも描画可能であるが，半導体の「量産」に使用されているケースは無い。このスループットの問題を解決しようと，マルチカラム方式やマルチビーム方式などが提案されており，コンソーシアムでの検討も継続されている[58]。

EBは露光（描画）面積の関係からラインパターンはネガレジスト，ホールパターンにはポジレジストが使用される。古くは架橋型，主鎖分裂型のレジストから，エポキシ系，ノボラック-

第 2 章　フォトレジスト材料の技術革新の歴史

NQD レジスト系，化学増幅ネガ型，化学増幅ポジ型と様々な像形成の材料が用いられている。近年は，EB での像形成メカニズムが EUV に近いということもあり，EUV レジスト開発のために，高価な EUV 露光装置に代わり EB 露光（描画）装置が使用されることが多く，EUV 用に開発した材料を EB 用として転用するケースも出てくる可能性がある。

10.2　DSA

　近年，DSA（Directed Self Assembly　誘導自己組織化）によるリソグラフィが検討されている。この技術は従来の露光によるパターン転写ではなく，ミクロ相分離と呼ばれる分子の配列を利用したものである（図15(a)）[59,60]。

　レジストとなる材料の代表的なものとしてはポリスチレン-ポリメチルメタクリレートのジブロック共重合体（PS-b-PMMA）であり，PS と PMMA が 1 点で結合した単分散の樹脂となる。この樹脂を溶媒に溶解したものを基板に塗布し，加熱（アニーリング）すると同一成分同士が集合し，PS と PMMA がミクロ相分離を起こす。相分離後に UV 露光し，イソプロピルアルコール（IPA）などで現像する，もしくは O_2 系ガスでエッチングすると PMMA 部分だけが除去可能で PS 部分だけが残りパターンが形成される。分子量により形成されるパターンサイズが決まり，PS/PMMA の比率で，ラメラ（L/S に相当）もしくはシリンダー（ホールに相当）が形成可能である。高価な露光装置を用いることが無く，比較的簡便に微細パターンが形成できる技術として注目を集めた。

　半導体リソグラフィで使用するために平面基板上に垂直方向にラメラ構造，シリンダー構造を形成することが必要であり，かつ所望の位置に所望のパターンが形成されるようにミクロ相分離を「誘導」することが必要となる。そのためにガイドと呼ばれる型枠を利用する，もしくは基板の表面エネルギーを制御することにより所望の位置に垂直方向にラメラ構造，シリンダー構造を

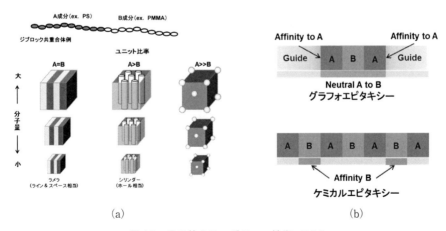

図 15　その他のリソグラフィ技術　DSA
(a) ジブロック共重合体によるミクロ相分離
(b) DSA 方式 2 種

形成することが必要となる。ガイドを利用する場合はグラフォエピタキシーと呼ばれ，基板表面の改質のみの場合はケミカルエピタキシーと呼ばれている（図15(b)）。

グラフォエピタキシーの場合，基板の表面エネルギーを制御するために，中性化膜と呼ばれるものが使用される。表面エネルギーがジブロック共重合体の一方に近い場合，配向が水平方向に発生してしまう。そのため構成するポリマーの中間的な表面エネルギーの状態にする必要があり，中性化膜と呼ばれている。相分離に用いるジブロック共重合体がPS-b-PMMAであれば，PS/PMMAのランダム共重合体などが用いられる。一方のケミカルエピタキシーの場合は，中性化膜の使用に加え，基板表面を何らかの加工が必要であり，この加工の工程には露光プロセスが用いられることが多い。例えばArF露光により表面にPS親和パターンをあらかじめ形成し，その後ブロック共重合体を塗布，アニーリングを行うプロセスとなる[59]。

DSAの課題としてはパターンの位置ずれと欠陥である。露光技術のようなアライメント工程が無く，ガイドや表面処理のみでのミクロ相分離によるパターン形成のため，形成されるパターンに位置ずれが生じることがある。欠陥は，L/Sパターンでは配列が破綻するDisorder欠陥が発生する場合があり，ホール形成の場合にはガイドパターンからの位置ずれ，また上層からの観察ではパターンが問題なく形成できているように見えていても，膜下層でパターン形成が破綻しているケースが存在する。これらの問題を解決するためにより相分離性能の良い材料が求められている。

相分離性能を表す指標としてχパラメータがある。このパラメータが高い方が，相分離性能が良好になる。材料としてはPS-b-PDMS（ポリジメチルシロキサン）などが提案されている[61,62]。PDMSの場合はSiを含有しているため，O_2プラズマでエッチングするとPS部分がエッチングされPDMS部分がパターンとして残る。解像性も10 nm以下程度のL/S形成が確認されている。ただしこの材料は表面エネルギーが高く，空気中でのベーク処理では水平ラメラ，水平シリンダーを形成してしまうため，溶媒雰囲気下での処理（溶媒アニーリング）が必要など課題も存在する[63]。そのため通常の空気中でのベーク処理による高解像度を達成する目的で，PS-b-PMMAにイオン性液体を加え，相分離性能を改善する報告もなされている[64]。DSAを半導体製造プロセスに使用するにはまだ課題が多い状況であるが，コンソーシアムなどでも研究，改良が継続されており，今後の動向に注目したい。

10.3 ナノインプリント

ナノインプリントはナノスケールの「型」を使った押印の技術となる。熱ナノインプリントと光ナノインプリントが知られている。半導体リソグラフィに検討されているものは光ナノインプリントである（図16）。

レジストとしてはUV硬化樹脂が用いられ，基板に塗布の後，"テンプレート"あるいは"モールド"と呼ばれる紫外線透過型の型を押し当て，紫外線を照射，レジストを硬化した後にテンプレートを剥がしパターンを形成する。等倍リソグラフィのため，解像性能はテンプレートの性能，

第2章 フォトレジスト材料の技術革新の歴史

品質に依存する。EUV露光装置に比較し安価となりトータルコストが下げられる点，得られるパターンのLWRが良好な点などが優位点とされている[65]。

ナノインプリントは接触式のパターン形成のため，特に欠陥，位置合わせ精度，マスターテンプレート（EB露光により作成）に加えレプリカテンプレートが必要など課題も多い。またスループット改善のためにPFP（ペンタフルオロプロパン）といった特殊な凝集性ガスの使用も検討されている[66]。近年この欠陥の問題も改善されてきており，メモリーデバイスへの使用の可能性が探られている[67]。

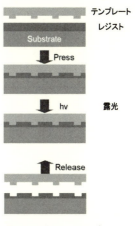

図16 光ナノインプリント

11 まとめ

レジスト材料の変遷について述べてきた。レジストはパターニングに使用する露光波長に大きく依存し，露光波長に合わせて材料の変更が行われてきた。また工業製品として高性能，高品質かつ安価な材料が求められ，その時代，周辺技術に合わせたレジストの開発がおこなわれ，半導体産業を支えてきた。リソグラフィによる加工の寸法はすでに10nm以下のサイズとなり，分子レベルの制御，管理が必要となっている。さらなる微細加工へ提案されているプロセスにはそれぞれ課題も多く，レジストに求められる特性の目標値も非常に高く，困難なものになっている。レジストは，金属酸化物レジストなど従来の有機材料から離れた新しい材料の検討も開始されており，非接触式で位置合わせ精度も期待できる「フォトリソグラフィ」への期待はまだ大きい。過去の開発経緯を見直すことにより新規開発・改良への一助となれば幸いである。

文　　献

1) 楢岡清威，二瓶公志，フォトエッチングと微細加工，総合電子出版社（1977）
2) 岡崎信次，鈴木章義，上野巧，はじめての半導体リソグラフィ技術，p.230，工業調査会（2003）
3) 永松元太郎，乾英夫，感光性高分子，講談社（1977）
4) 上野巧，岩柳隆夫，野々垣三郎，伊藤洋，C. G. Willson，有機エレクトロニクス材料研究会編，短波長フォトレジスト材料，ぶんしん出版（1988）
5) Y. Satoh et al., Proc of SPIE, **1086**, 352 (1989)
6) M. Hanabata et al., Proc. of SPIE, **920**, 349 (1988)
7) C. A. Mack et al., J. Vac. Sci. Technol., **B9** (6), 3143 (1991)

8) T. Tanaka et al., *J. Electrochem. Sci.*, **137**, 3900 (1990)
9) 堀内, 鈴木, 第32回応用物理学会, 講演予稿集, p.294 (1985)
10) M. D. Levenson et al., *IEEE Trans.* ED-29, 1829 (1982)
11) 渋谷, 特許公報　No.62-50611 (1987)
12) W. Conley et al., *Proc. of SPIE*, **1466**, 53 (1991)
13) H. Ito et al., US Patent No.4491628 (1985)
14) S. A. MacDonald et al., *Proc. of SPIE*, **1466**, 2 (1991)
15) H. Ito et al., *Proc. of SPIE*, **2438**, 53 (1995)
16) T. Tanabe et al., *Proc. of SPIE*, **2724**, 61 (1996)
17) K. J. Przybilla et al., *Proc. of SPIE*, **1925**, 76 (1993)
18) 東京応化, 特開平 09-006001
19) 北野淳一, 半導体・液晶ディスプレイフォトリソグラフィ技術ハンドブック, p.56, リアライズ理工センター (2006)
20) T. Kumada et al., *Proc. of SPIE*, **1925**, 31 (1993)
21) A. Oikawa et al., *Proc. of SPIE*, **1925**, 92 (1993)
22) Y. Arai et al., *Proc. of SPIE*, **3049**, 300 (1997)
23) 岡崎信次, 鈴木章義, 上野巧, はじめての半導体リソグラフィ技術, p.251, 工業調査会 (2003)
24) Y. Kaimoto et al., *Proc. of SPIE*, **1672**, 66 (1992)
25) K. Nozaki et al., *J. Photopolymer Sci. Technol.*, **10**, 545 (1997)
26) E. Hasegawa et al., *Polym. Adv. Technol.*, **11**, 560 (200)
27) 緒方寿幸, 微細加工技術［基礎編］, (社)高分子学会編, p.173, エヌ・ティー・エス (2002)
28) B. J. Lin, *Proc. of SPIE*, **5377**, 46 (2004)
29) T. Miyamatsu et al., *Proc. of SPIE*, **5753**, 10 (1996)
30) S. Owa et al., *Proc. of SPIE*, **4691**, 724 (2003)
31) M. Khojasteh et al., *Proc. of SPIE*, **6519**, 651907-1 (2007)
32) M. Terai et al., *Proc. of SPIE*, **6519**, 65191S-1 (2007)
33) Y. Takebe et al., *Proc. of SPIE*, **6519**, 65191Y-1 (2007)
34) D. P. Sanders, et al., *Proc. of SPIE*, **6519**, 651904 (2007)
35) M. Irie et al., *J. Photopolymer Sci. and Technol.*, **19** (4), 565 (2006)
36) Y. Utsumi et al., *J. Photopolymer Sci. and Technol.*, **21** (6), 719 (2008)
37) S. Tarutani et al., *Proc. of SPIE*, **6923**, 69230F (2008)
38) S. D. Hsu et al., *Proc. of SPIE*, **4691**, 476 (2002)
39) C-M Lim et al., *Proc. of SPIE*, **6154**, 615410-1 (2006)
40) M. Hori et al., *Proc. of SPIE*, **6923**, 69230-H (2008)
41) W. J. Jung et al., *Proc. of SPIE*, **6156**, 61561J-1 (2006)
42) D. van Steenwinckel, *Proc. SPIE*, **5753**, 269 (2005)
43) J. J. Biafore et al., *Proc. of SPIE*, **7273**, 727343-1 (2009)
44) S. Kobayashi et al., *J. Photopolymer Sci. Technol.*, **21** (4), 469 (2008)
45) I. Pollentier et al., *Proc. of SPIE*, **7972**, 7972-08 (2011)

46) I. Takagi et al., *J. Photopolymer Sci., Technol.*, **26** (5), 673 (2013)
47) T. Kozawa et al., *J. Vac. Sci. Technol. B*, **22**, 3489 (2004)
48) 上田充監修，西久保忠臣，工藤宏人，フォトレジスト材料開発の新展開，シーエムシー出版（2009）
49) 上田充監修，平山拓，フォトレジスト材料開発の新展開，シーエムシー出版（2009）
50) J. W. Thackeray, *Proc. of SPIE*, **7972**, 797204 (2011)
51) Y. Fukushima et al., *J. Photopolymer Sci. Technol.*, **21**, 465 (2008)
52) http://ieuvi.org/TWG/Resist/2013/100613/8_Molecular_Organometallic_Resists_for_EUV_MORE_Robert_Brainard_CNSE.pdf#search=%27Metal+oxide+Resist%27
53) http://sematech.org/meetings/archives/litho/8715/pres/O-APM-03_Trickeriotis_Cornell.pdf#search=%27Hf+oxide+Resist%27
54) http://spie.org/newsroom/6534-novel-metal-oxide-photoresist-materials-for-extreme-uv-lithography
55) https://www.euvlitho.com/2016/P79.pdf#search=%27Metal+oxide+Resist%27
56) T. Itani et al., *Jpn. J. Appl. Phys.*, **52**, 010002 (2013)
57) https://spcc2016.com/wp-content/uploads/2016/04/03-12-Hu-SPM-Strip-of-Metal-Oxide-PR.pdf#search=%27Metal+oxide+Resist%27
58) E. Slot et al., *Proc. of SPIE*, **6921**, 69211P (2008)
59) D. B. Millward et al., *Proc. of SPIE*, **9423**, 942304 (2015)
60) K. Kihara et al., *Proc. of SPIE*, **6921**, 692126 (2008)
61) C. Girardot et al., *ACS Appl. Mater. Interfaces*, **6**, 16276 (2014)
62) H-Y. Tsai, *Proc. of SPIE*, **9779**, 977910-1 (2016)
63) 早川晃鏡，ネットワークポリマー，**32** (5) (2011)
64) A. Kawaue et al., *J. Photopolymer Sci. Technol.*, **29** (5), 667 (2016)
65) T. Higashiki et al., *Proc. of SPIE*, **7970**, 797003 (2011)
66) H. Hiroshima et al., *J. Vac. Technol. B*, **25**, 2333 (2007)
67) NIKKEI ELECTRONICS 2017年05月号，p.24 (2017)

【第Ⅱ編　フォトレジスト材料の開発】

第1章　新規レジスト材料の開発

工藤宏人*

1　はじめに

　レジスト材料は，露光システムの進化に対応させるため，様々な構造のポリマーが用いられてきた。例えば，g線やi線（λ=365 nm）に対応したレジスト材料はノボラック樹脂が用いられ，KrF線（λ=248 nm）の場合はポリヒドロキシスチレンが用いられている。さらにArF線（λ=193 nm）の場合には，ポリメチルメタクリレート共重合体が応用されている（図1）。

　これらのポリマーは，露光波長に対する透明性や光反応性を考慮して分子設計されてきた。しかしながら，求められるレジストパターン幅が25 nm以下の高解像性となってきたところで，新たな問題が生じるようになってきた。それは，高解像性パターンを作成すると，パターンのラフネスが問題となってきたことである。さらに，高解像性パターンを得るためには，レーザーの露光時間を長くして，多くの露光量を必要とされる。すなわち，レーザーの露光量（感度），レジストパターンの解像度，レジストパターンのラフネスの三者には，トレードオフの関係があることが指摘されている（図2）。

　レジスト材料を設計する場合，解像度とラフネスがよくても，感度が悪い（露光量が多い）ことが多い。それらのレジスト材料は，コストパフォーマンスの観点からも，実用化には多くの困難を要することになり，実用的ではないと考えられる。

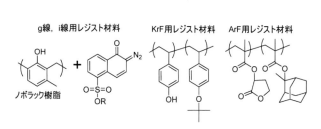

図1　フォトレジスト材料の例

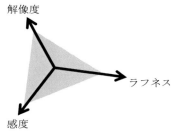

図2　感度，ラフネス，解像度のトレードオフ

＊　Hiroto Kudo　関西大学　化学生命工学部　教授

2　極端紫外線露光装置を用いた次世代レジスト材料

現在，極端紫外線（extreme ultraviolet：EUV；λ = 13.5 nm）を用いた，EUV 露光システムが，次世代型として期待されている。EUV の短い波長の大きさから，10～15 nm 程度のレジストパターンの作成が期待されている。これらのレジスト材料を設計するには，まずは透明性が重要になる。図3に示すように，EUV 光の透明性は，元素の種類に依存し，官能基の構造には依存しない[1]。すなわち，水素，炭素，窒素，酸素原子を組み合わせた一般的な有機化合物であれば，EUV 光に対する透明性が確保され，ArF レジスト材料で苦労したような透明性と，耐エッチング性の両方を兼ね備えるような苦労は生じない。しかしながら，図2で示したように，感度，解像度，ラフネスの三者の関係を改善するには，慎重な分子設計が必要であり，現在もいろいろと検討されている。言い換えれば，現在のところ，EUV レジスト材料の開発は研究段階である。

3　分子レジスト材料

10 nm 級のレジストパターンにおいて，そのパターン幅は高分子のサイズとほぼ同程度となり，パターンを維持する高分子は，その分子量を抑えても2～3分子となり，パターンを維持することが困難になる。また，高分子には分子量分布が存在し，分子量の大きさの僅かな差が，パターンの形状に大きな影響を及ぼすことが懸念される。このことは，図4に示すように，高分子の場合と低分子の場合におけるレジストパターンの概念図として示される。以上のことから，高分子レジストに代わる，分子レジスト材料の開発が検討されてきた。分子レジストは，高分子レジストの場合と同じように，ポジ型やネガ型パターンを形成させる光反応性基を有し，良好な成膜性や，耐エッチング性，耐熱性などの特性が求められ，慎

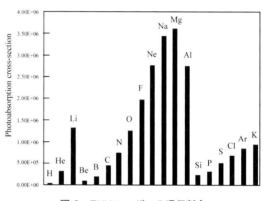

図3　EUV レーザーの吸収割合

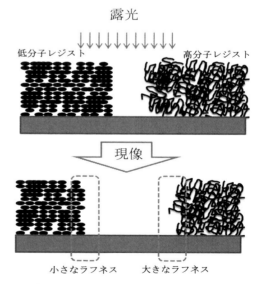

図4　分子レジストと高分子レジスト材料のパターンニング特性

第1章　新規レジスト材料の開発

重な分子設計が必要である。

4　分子レジスト材料の例

　電子線（EB）露光によりレジストパターンに関する研究も幅広く実施されているが，EB露光によるレジストパターンの作成には，長時間を要するため，半導体用フォトレジストパターンの作成には応用できない。そこで，EB露光システムは，レジストパターンの作成に用いられるマスクの作成に用いられる。また，EB露光によりパターンニングが成功すれば，EUV露光においてもパターンニングが成功する傾向があることから，新たに開発されたレジスト材料は，EB露光とEUV露光の両方を検討している場合が多い。分子レジスト材料は，当初EB露光用レジスト材料として検討された。

4.1　カリックスアレーンを基盤とした分子レジスト材料

　カリックスアレーンは側鎖に多数の水酸基を有する環状オリゴマーであり，フェノール樹脂と同様に容易に合成可能である。カリックスアレーンの誘導体は溶解性や成膜性に優れている場合があり，その中で，カリックスレゾルシン[4]アレーン（CRA）誘導体がよく分子レジストとして応用されている。例えば，側鎖水酸基に*tert*-ブチルオキシカルボニル（*t*-BOC）基で保護した誘導体が合成され，光酸発生剤（PAG）を含有させた薄膜を調製し，UV露光により1.5μmのレジストパターンの形成がはじめて報告されている（図5)[2~4]。

　EUV用レジスト材料としてもCRA誘導体が検討されている。しかし，*tert*-BOC基や*tert*-ブチルエステル基は保護基としての使用は好ましくない。なぜならば，EUV露光によるパターンニングは真空下で行うため，*tert*-BOC基や*tert*-ブチルエステル基は分解すると，CO_2やイソブチレンガスが，アウトガスとして露光装置のレンズを汚染してしまう。そこで，EUVレジスト材料は，アダマンチルエステル残基が保護基として用いられることが多い。例えば，アダマンチルエステル残基を有するCRA誘導体は，EUV露光により，45 nm-hpのパターンニング特性を示す[5]。解像性能として優れているとは言えないが，露光感度が10.3 mJ/cm^2と比較的高く，分子レジスト材料の大きな可能性を示した。さらに，側鎖の水酸基に脱保護基を導入したCRA誘

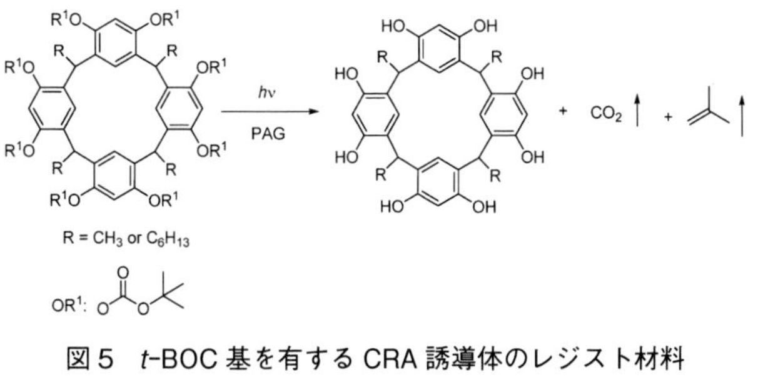

図5　*t*-BOC基を有するCRA誘導体のレジスト材料

導体の場合，22 nm-hp までの解像性の可能性を示した（図6）[6]。

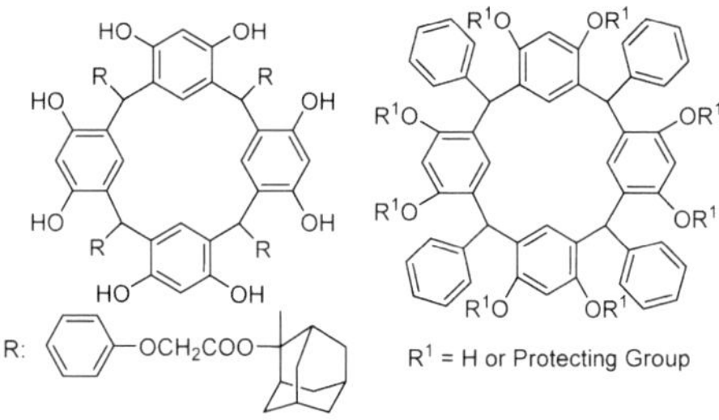

4.2 フェノール樹脂タイプ

多官能性フェノールとして6,6',7,7'-テトラヒドロキシ-4,4,4',4'-テトラメチル-2,2'-スピロビクロマンを用い，テトラキス（メトキシメチル）グリコーリル（TMMGU）を架橋剤として用い，光酸発生剤存在下，EUV 露光によるネガ型レジストパターンとして，35 nm 程度の解像度を示すことが報告されている（図7）[7]。

図6 CRA 誘導体の EUV レジスト材料への応用

さらに，水酸基の一部を tert-BOC 基で保護した様々なフェノール樹脂のレジスト特性について検討され，分子レジストの水素結合力とガラス転移温度（T_g）の関係が，レジスト特性に影響を及ぼすことが明らかにされた。T_g が低い方が解像性能としては優れ，50 nm のポジ型

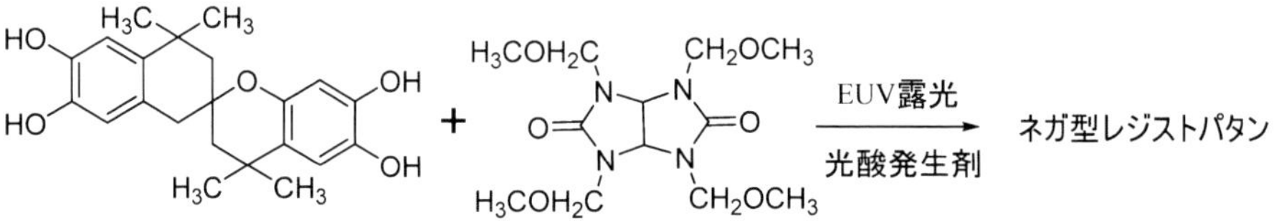

図7 フェノール樹脂を基盤とした EUV 露光によるネガ型レジストパターン

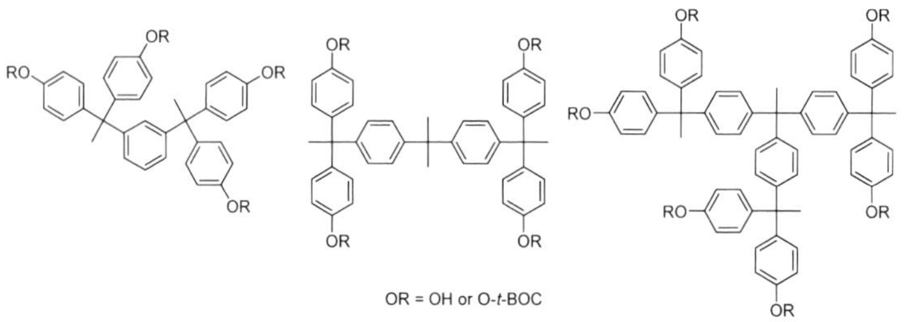

図8 フェノール樹脂を基盤とした EUV 露光用ポジ型レジスト材料

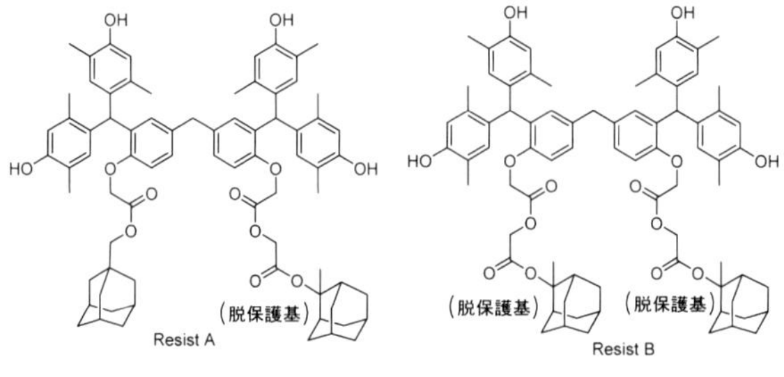

図9 脱保護基の導入数が異なるフェノール樹脂を基盤とした EB 露光用ポジ型レジスト材料

EUVLレジストパターンの形成が可能であることが報告されている（図8）[8,9]。

さらに，アダマンチルエステル残基の導入が一個の場合（レジストA）と二個の場合（レジストB）のフェノール樹脂誘導体を用いて，EBレジスト特性について検討した結果，レジストAの場合は，20 nmまでの解像性を示し，レジストBよりも優れていることを明らかとした（図9）[10]。このことは，保護基の一個の差が，レジストの解像性に大きな影響を及ぼすことを示しており，分子レジスト材料では，構造の僅かな違いを合成的手法でコントロールすることが可能である。

4.3 特殊骨格タイプ

C_{60}で知られるフラーレンをレジスト材料として応用されている。この場合，優れた耐酸素プラズマエッチング特性が期待される。*tert*-BOC基を有するフラーレン誘導体を合成し，そのEUVレジスト特性について評価検討した結果，26 nm-hpまでの解像性が報告された（図10）[11]。

また，分子内に大きな空孔を有するラダー型環状オリゴマー［noria＝水車（ラテン語）］が合成され，それらの誘導体をEBおよびEUVレジスト材料として評価，検討を行った。その結果，EBレジストとして，30 nmまでの解像性を示し，EUVレジ材料として，15 nmまでの解像性を示すことが明らかとされている。さらに，光反応性基の導入率が低いほど，感度，解像度，およびLERが優れていることが明らかとされている（図11）[12~19]。

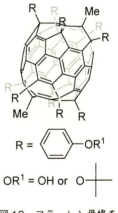

図10 フラーレン骨格を基盤としたEUV用レジスト材料

4.4 光酸発生剤（PAG）含有タイプ

EUVレジストの感度と解像度を上昇させる方法として，経験的に光酸発生剤とクエンチャーの含有量を多くし，光酸発生剤の分子構造も露光感度に大きな影響を及ぼすことが知られている。しかし光酸発生剤の含有量を多くすると成膜性能は低下し，解像性能も悪化する。そこで，光酸発生剤の骨格を分子内に有する分子レジスト

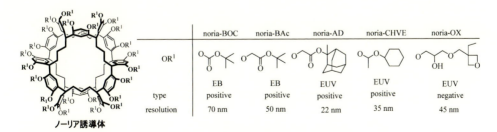

図11 ノーリア誘導体を用いたレジスト材料

を合成し，そのパターンニング特性について検討されている。トリフェニルスルフォニウム塩誘導体（イオン系）や，ノルボルネンジカルボキシイミド誘導体（非イオン系）を合成し，EBおよびEUVレジスト特性について評価した結果，イオン系において，EUV露光で50 nmまでの解像性を示し，非イオン系においてはEBにより40 nmまでの解像性を示した。また，光酸発生剤含有分子レジストはLERの値が比較的改善される傾向が示されている（図12）[20]。

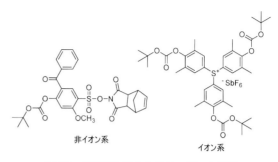

図12　光酸発生剤含有分子レジスト材料

4.5　金属含有ナノパーティクルを用いた高感度化レジスト材料の開発

金属元素を基盤としたナノパーティクルを合成し，それはEUVレジスト材料として超高感度化を示すことが報告されている（図13）[21]。このことは，EUVが吸収可能な金属を含有させることで感度が大幅に上昇したと考えられる。

4.6　主鎖分解型ハイパーブランチポリアセタール

高感度化EUV用レジスト材料の分子設計として，主鎖分解型ハイパーブランチポリアセタールが合成され，レジスト特性について評価検討されている。多分岐骨格にすることでフォトレジスト材料の密度が低下し，主鎖分解型にすることで従来型の側鎖分解型ポリマーの分子サイズに起因した弱点であるラフネスを改善させることに成功した（図14）[22,23]。1,4-ジビニルオキシシクロヘキサンと種々の多官能性水酸基化合物の重付加反応により，アセタール結合を主鎖に導入したハイパーブランチ型ポリアセタールは，EUV露光において超高感度を示している。さらに，EB露光によるパターンニングでは，解像度20 nmのレジストパターンの形成に成功した。これらのことは，EUV露光による15 nm以下の高解像度レジストパターンの形成が期待された。

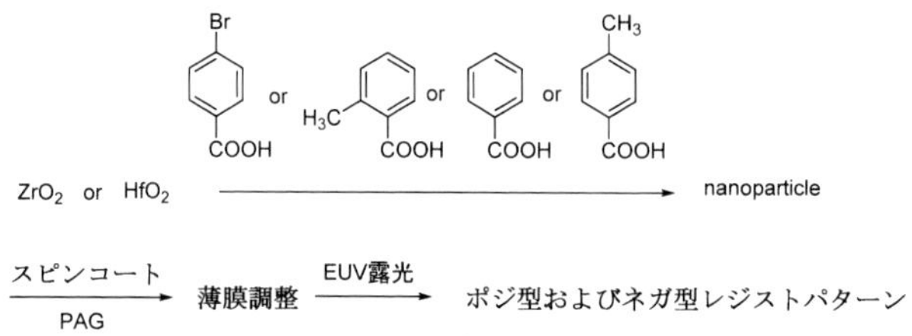

図13　金属含有ナノ粒子を用いたEUVレジスト材料

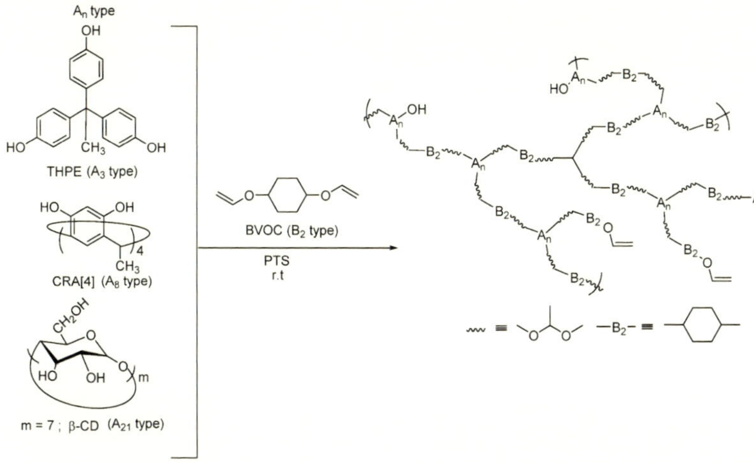

第1章　新規レジスト材料の開発

図14　主鎖分解型ハイパーブランチポリアセタールを用いたEUV用レジスト材料

5　おわりに

　レジスト材料の開発は，露光システムの進歩と合わせて，開発されてきた。ArFレジスト材料の開発において，透明性と耐エッチング特性の両方を兼ね備えさせるために，少なからずの工夫が必要であった。次世代レジスト材料として，EUVレジスト材料の開発傾向は高分子から低分子系レジストへと研究対象が推移した。その理由は，ラフネスの改善が期待されたからであった。しかし分子レジストでも，当初期待されていたラフネスの改善がほとんど確認されていないのが現状である。さらに，露光感度を大幅に上昇させるために有効であった化学増幅型レジストシステムも，高解像レジストパターンの形成には限界にきているのではないかと考えられ始めている。感度，解像度，ラフネスのトレードオフの関係を打ち破る究極のレジスト材料は，今後も試行錯誤が続くと考えられるが，合成化学の分野のみでは限界があると思われる。新たな分子設計指針を構築させるためには，光化学，物理化学，理論化学，精密工学などの多方面から検討する必要があると思われる。

文　　　献

1) C. K. Ober *et al., Polym. Adv. Tech.*, **17**, 94 (2006)
2) M. Ueda *et al., J. Mater. Chem.*, **12**, 53 (2002)
3) H. Kudo and T. Nishikubo *et al., Bulletin of the Chemical Society of Japan*, **77**, 2109 (2004)
4) H. Kudo and T. Nishikubo *et al., Bulletin of the Chemical Society of Japan*, **77**, 819 (2004)

5) M. Echigo *et al.*, *SPIE*, **7273**, 72732Q-1 (2009)
6) T. Owada *et al.*, *SPIE*, **7273**, 72732R-1 (2009)
7) C. K. Ober *et al.*, *J. Mater. Chem.*, **16**, 1693 (2006)
8) C. K. Ober *et al.*, *J. Mater. Chem.*, **20**, 1606 (2008)
9) C. K. Ober *et al.*, *Adv. Mater.*, **20**, 3355 (2008)
10) T. Watanabe and H. Kinoshita *et al.*, *J. Photopolym. Sci. Technol.*, **22**, 649 (2010)
11) H. Oizumi *et al.*, *Jpn. J. Appl. Phys.*, **49**, 06GF04 (2010)
12) H. Kudo and T. Nishikubo *et al.*, *J. Photopolym. Sci. Technol.* **23**, 657 (2010)
13) H. Kudo and T. Nishikubo *et al.*, *J. Mat. Chem.*, **20**, 4445 (2010)
14) T. Nishikubo *et al.*, *Jpn. J. Appl. Phys.*, **49**, 06GF06, 1 (2010)
15) T. Nishikubo and H. Kudo *et al.*, *J. Photopolym. Sci. Technol.*, **22**, 73 (2009)
16) M. Tanaka *et al.*, *J. Mat. Chem.*, **19**, 4622 (2009)
17) H. Kudo and T. Nishikubo *et al.*, *J. Mat. Chem.*, **18**, 3588 (2008)
18) H. Yamamoto, H. Kudo, T. Kozawa, *Microelectronic Engineering*, **133**, 16 (2015)
19) H. Yamamoto, S. Tagawa, T. Kozawa, H. Kudo, K. Okamoto, *J. Vac. Sci. & Technol.*, B, **34** (4), 041606/1 (2016)
20) C. L. Henderson *et al.*, *SPIE*, **6923**, 69230K (2008)
21) C. K. Ober *et al.*, *J. Photopolym. Sci. Technol.*, **28**, 515 (2015)
22) H. Kudo *et al.*, *J. Polym. Sci., Part A : Polym. Chem.*, **53**, 2343 (2015)
23) H. Kudo *et al.*, *J. Photopolym. Sci. Technol.*, **28**, 125 (2015)

第2章　酸・塩基増殖反応を利用した超高感度フォトレジスト材料

有光晃二[*1]，古谷昌大[*2]

1　はじめに

　光酸発生反応と酸触媒反応，あるいは光塩基発生反応と塩基触媒反応を組み合わせることで様々な光反応性材料が調製される。筆者らは，このような酸・塩基触媒反応を利用した光反応性材料の感度を飛躍的に向上させるべく，連鎖的に酸・塩基触媒を発生する酸・塩基増殖反応を組み込むことを提案している（図1）[1,2]。この概念によれば，光化学的に発生した酸および塩基触媒の濃度を加熱により2次的に増大させることができるので，飛躍的な感度の向上が期待できる。このような酸および塩基増殖反応を引き起こす化合物を酸および塩基増殖剤とよぶ。以下に，酸・塩基増殖反応を利用した超高感度フォトレジスト材料に関する筆者らの最近の研究例を概説する。

2　酸増殖レジスト

　現在，22 nmハーフピッチ世代以降のリソグラフィー技術として波長13.5 nmの極端紫外線（EUV）を用いたEUVリソグラフィーが注目されている[3~5]。この次世代のEUVレジストとして光酸発生剤（PAG）と酸分解性ポリマーからなる化学増幅レジストの利用が検討されている。しかし，酸の拡散による解像度の低下を防ぐこと，エネルギー線源の強度不足を補うための高感度化などが課題となっている[6~9]。これらの解決策として，ポリマーバウンドPAGレジスト[3,10,11]や分子レジスト[4,12]，微粒子型の有機無機ハイブリッドレジスト[5] などが提案されているが，未

図1　酸・塩基増殖反応を組み込んだ光反応性材料

＊1　Koji Arimitsu　東京理科大学　理工学部　先端化学科　教授
＊2　Masahiro Furutani　東京理科大学　理工学部　先端化学科　助教

だ目標値のハーフピッチ22 nm以下,感度10 mJ/cm² 以下の実現は難しいとされる。

　当グループではこれまでにPAGから発生した酸をトリガーにして自己触媒的に分解し系中の酸濃度を飛躍的に増大させる酸増殖剤の開発を行い,化学増幅レジストに組み込むことで高感度化に成功している[1,13,14]。しかし,ポストベイク(PEB)時の酸の拡散による解像度の低下が問題となっている[15,16]。

　そこで,本研究では酸増殖反応の進行によって発生するスルホン酸を高分子主鎖に固定した新規な酸増殖ポリマーを合成した[17]。そして,高感度かつ高解像度が期待できる酸増殖ポリマーを用いた酸増殖レジストの感光特性評価を行い,EUVレジストへの応用を検討した。

2.1　酸増殖ポリマーの設計と分解挙動

　筆者らが設計した酸増殖ポリマー1,2の構造とその反応をスキーム1に,感光特性評価に用いた低分子酸増殖剤3とPAG4,5の化学構造を図2に示す。酸増殖ポリマー1,2はPAGから発生した酸をトリガーとして自己触媒的に分解し,側鎖のスルホン酸濃度が増大する。このような自己触媒的な分解挙動は,触媒量の酸を含む1または2のフィルムについてFTIRスペクトルを用いて確認した[17]。

　続いて,酸増殖剤の高分子化の意義を確認するために,次のような手順で酸の拡散挙動を確認した。まず,酸増殖能のないモデルポリマーESCAPにPAG4(1 wt%)と低分子酸増殖剤3(20 wt%)を添加した膜に対し,直径3 mmの円状に露光した後,120℃で加熱したときの膜の干渉色の変化を観察した。ポリマー膜の分解反応が進行すると膜厚が減少し干渉色が変化するた

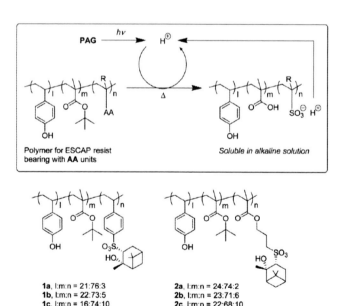

スキーム1　酸増殖基(AA unit)を有する酸増殖ポリマー1および2の構造とその分解反応

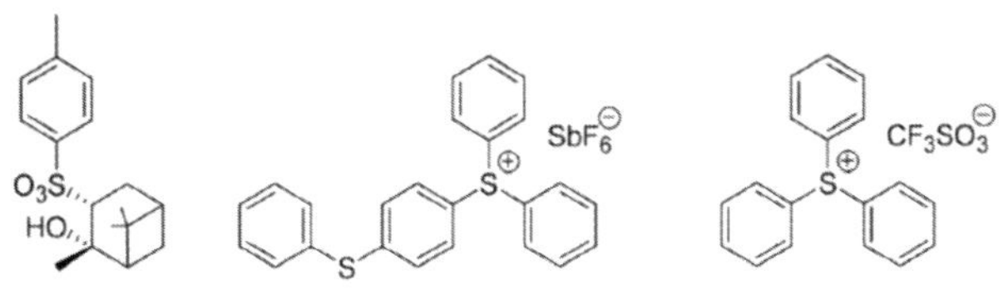

第2章 酸・塩基増殖反応を利用した超高感度フォトレジスト材料

図2 用いた低分子酸増殖剤3および酸発生剤4, 5

め,ポリマー膜の酸触媒反応の進行は目視で観察することができる。このとき加熱時間が2分から8分に延びると,露光により反応した円部分の直径が3.1 mmから4.7 mmに拡大した(図3(a)(c))。これは酸増殖剤3から連鎖的に発生したp-トルエンスルホン酸が露光部から未露光部へ移動し,ESCAPの分解を進行させたためと考えられる。一方,PAG4(1 wt%)を含む1cの膜に同様な実験をしたところ,露光部の拡大は確認されなかった(図3(b)(d))。このことから,酸増殖剤から発生する酸を高分子主鎖に固定することで酸の拡散が大きく抑制されていることがわかる[17]。さらに加熱時間を延ばすと,低分子酸増殖剤3を含むESCAP膜の露光による分解部位が顕著に拡大していく様子が確認できた(図3(e))。一方,PAG4(1 wt%)を含む1cの膜では,露光による分解部位の拡大は観測されなかった。

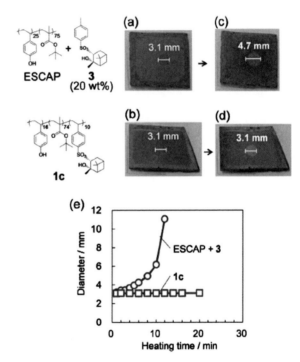

図3 UV照射・加熱120℃,2分のとき酸分解領域の拡大現象 (a) ESCAP+3 (b) 1c,または8分のときの酸分解領域の拡大現象 (c) ESCAP+3 (d) 1c, (e) UV照射後,120℃で加熱したときの酸分解領域拡大の時間変化

2.2 感光特性評価

PAG5(1 wt%)を含む酸増殖ポリマー1a, 2a,およびモデルポリマーESCAPの膜に254 nm光を照射後,140℃で2分間加熱し,アルカリ現像したとき感度評価結果を図4に示す[17]。ESCAPでは100 mJ/cm^{2}以上の露光でも残膜しているが,1aおよび2aの感度はそれぞれ15 mJ/cm^{2}および1.4 mJ/cm^{2}であり極めて高感度であることがわかる。高感度であった2a系を

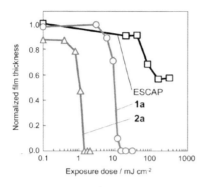

図4 1 wt%のPAG5を含むポリマー1a, 2a, およびESCAPの膜に254 nm光を照射し, 140℃で2分加熱したときの感度曲線

図5 酸増殖ポリマー2系のEUVレジストとしての評価

用いて予備的な光パターニング実験を行ったところ, わずか4 mJ/cm² の露光と続く140℃, 110秒の加熱で鮮明な 1×4 μm のL&Sパターンを得ることに成功した[17]。

2.3 EUVレジストとしての評価

これまでの結果を踏まえて酸増殖ポリマー2の共重合比を調整した 2d を用いて, EUV露光でパターン形成を確認したところ, ラインパターンのラフネスに改善の余地があるものの, 感度 4.5 mJ/cm² でL&Sパターンを得ることができた（図5）。10 mJ/cm² 以下でパターンが得られたことは画期的である。今後のラフネスの改善が期待される。

3 塩基増殖レジスト

酸触媒系の化学増幅レジストが盛んに研究されている一方で, 塩基触媒を使った同様な系の研究開発は非常に遅れている。現在の塩基触媒系フォトポリマーが抱える本質的問題である感度の低さが研究開発の進行を妨げている。ここでも, 塩基触媒系フォトポリマーに塩基増殖反応を組み込むことで飛躍的な高感度化が可能となる。

3.1 ネガ型レジストへの塩基増殖剤の添加効果

光塩基発生剤6と塩基反応性ポリマー7からなるネガ型レジストに塩基増殖反応を組み込んだときの効果を表1に示す。塩基増殖剤8, 9を添加することで感度が飛躍的に向上しているのがわかる[18]。この系では, 2級アミンを増殖する化合物8よりも1級アミンを増殖する化合物9を用いた方が, より少ない添加量で高感度化が可能である。

第2章　酸・塩基増殖反応を利用した超高感度フォトレジスト材料

表1　塩基増殖剤の添加によるレジストの感度向上度[*a]

No.	塩基増殖剤	添加量（mol%）	感度（sec）[*b]
1	8	0	13
2	8	2.1	5
3	8	4.2	4
4	8	9.3	0.8
5	9	0	40
6	9	0.5	10
7	9	1.1	2
8	9	2.1	0.8

[*a] 6：2.5 mol%，評価条件：UV光照射後，110℃で15分間加熱．
[*b] 残膜率が0.5になるのに要する光照射時間（sec）

3.2　塩基増殖ポリマーの設計

　塩基触媒反応を利用したフォトポリマーに塩基増殖剤を組み込む場合，その添加量に応じて感度が向上していくのは容易に想像できる。しかしながら，高分子膜に低分子化合物である塩基増殖剤を添加するには限度がある。そこで，高濃度の塩基増殖ユニットを含み，かつ高分子としての性質を兼ね備えた化合物として以下の塩基増殖型ポリマー10[19]，11[20]，12[21]，13[22]，14[23]が開発された（図6）。ポリマー10～13は塩基増殖ユニットのみからなり，14は塩基増殖ユニットと光塩基発生ユニットからなる。これらのポリマーは高濃度の塩基増殖ユニットを含んでおり，超高感度化が期待できる。さらに，増殖するアミノ基が高分子主鎖に固定されているため，高分子膜中で過度に拡散することがなく，光パターニングに好適である。これに加えて，それぞれのポリマーは分解前後で溶解性が大きく変化するので，塩基増殖型ポリマー自身をレジストのベース樹脂として用いることができる。これらの塩基増殖型ポリマーの感光特性を表2にまとめる。Fmoc基を有するポリマー系の感度は数 mJ/cm^2 前後であり，従来の塩基触媒系化学増幅レジスト（感度；数十～数百 mJ/cm^2）よりも極めて高感度であることがわかる。これらの結果はまだ原理確認を終えた段階であり，評価条件の最適化により，感度・解像度ともに大きく向上することが期待される。

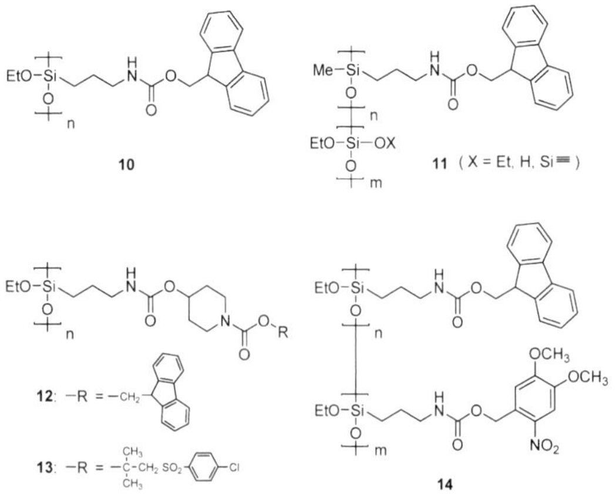

表2 塩基増殖型ポリマーの感光特性[*a]

No	ポリマー	感度 (mJ/cm²)	解像性
1	10	4.7[*b]	4〜10 μm L&S ネガ型
2	11	2.5[*b]	4〜10 μm L&S ネガ型
3	12	0.3[*c]	10 μm L&S ポジ型
4	13	50[*b]	10 μm L&S ポジ型
5	14	8.1[*b]	10 μm L&S ネガ型

[*a] 光塩基発生剤 10 wt%, [*b] 365 nm 光照射, [*c] 254 nm 光照射

図6 塩基増殖型ポリマー

4 おわりに

レジストパターンの微細化に伴い，エネルギー線源も大きく変わってきた。エネルギー線源の出力強度が不十分なことも多く，量産性を確保するにはレジスト材料の高感度化が必須である。筆者らはレジスト材料の超高感度を目指して酸・塩基増殖ポリマーを提案し，その有効性を実証した。超微細加工用レジストには，極めて繊細な分子設計が求められる。本研究を実用レベルに持っていくには，酸・塩基増殖ポリマーのさらなるチューニングが必要である。今後の展開に期待したい。

文　　献

1) K. Arimitsu, K. Kudo, K. Ichimura, *J. Am. Chem. Soc.*, **120**, 37 (1998)
2) K. Arimitsu, M. Miyamoto, K. Ichimura, *Angew. Chem. Int. Ed.*, **39**, 3425 (2000)
3) H. Yamamoto, T. Kozawa, S. Tagawa, *J. Photopolym. Sci. Technol.*, **25**, 693 (2012)
4) T. Nishikubo, H. Kudo, *J. Photopolym. Sci. Technol.*, **24**, 9 (2011)
5) M. Trikeriotis, M. Krysak, Y. S. Chung, C. Ouyang, B. Cardineau, R. Brainard, C. K. Ober, E. P. Gianneils, K. Cho, *J. Photopolym. Sci. Technol.*, **25**, 583 (2012)
6) J. Hackeray, V. Jain, S. Coley, M. Christianson, D. Arriola, P. LaBeaume, S. Kang, M. Wagner, J. Sung, J. Cameron, *J. Photopolym. Sci. Technol.*, **24**, 179 (2011)
7) J. F. Cameron, S. L. Ablaza, G. Xu, W. Yueh, *J. Photopolym. Sci. Technol.*, **12**, 607 (1999)
8) L. Schlegel, T. Ueno, N. Hayashi, T. Iwayanagi, *Jpn. J. Appl. Phys.*, **30**, 3132 (1991)
9) T. Shioya, K. Maruyama, T. Kimura, *J. Photopolym. Sci. Technol.*, **24**, 199 (2011)

10) T. Watanabe, Y. Fukushima, H. Shiotani, M. Hayakawa, S. Ogi, Y. Endo, T. Yamanaka, S. Yusa, H. Kinoshita, *J. Photopolym. Sci. Technol.*, **19**, 521 (2006)
11) J. Thackeray, J. Cameron, M. Wanger, S. Coley, V. Labeaume, O. Ongayai, W. Montgomery, D. Lovell, J. Biafore, V. Chakrapani, A. Ko, *J. Photopolym. Sci. Technol.*, **25**, 641 (2012)
12) H. Kudo, Y. Suyama, H. Oizumi, T. Itani, T. Nishikubo, *J. Mater. Chem.*, **20**, 4445 (2010)
13) S.-W. Park, K. Arimitsu, S. Lee, K. Ichimura, *J. Photopolym. Sci. Technol.*, **13**, 217 (2000)
14) S. Kruger, C. Higgins, B. Cardineau, T. R. Younkin, R. L. Brainard, *Chem. Mater.*, **22**, 5609 (2010)
15) T. Naito, T. Ohfuji, M. Endo, H. Morimoto, K. Arimitsu, K. Ichimura, *J. Photopolym. Sci. Technol.*, **12**, 509 (1999)
16) K. Kudo, K. Arimitsu, H. Ohmori, H. Ito, K. Ichimura, *Chem. Mater.*, **11**, 2126 (1999)
17) K. Arimitsu, M. Yonekura, M. Furutani, *RSC Advances*, **5**, 80311 (2015)
18) K. Arimitsu, K. Ichimura, *J. Mater. Chem.*, **14**, 336 (2004)
19) K. Arimitsu, Y. Morikawa, T. Gunji, Y. Abe, K. Ichimura, *Proc. RadTech Asia '03*, 312 (2003)
20) Y. Morikawa, K. Arimitsu, T. Gunji, Y. Abe, K. Ichimura, *J. Photopolym. Sci. Technol.*, **16**, 81 (2003)
21) K. Arimitsu, H. Kobayashi, M. Furutani, T. Gunji, Y. Abe, *Polym. Chem.*, **5**, 6671 (2014)
22) K. Arimitsu, S. Inoue, T. Gunji, Y. Abe, K. Ichimura, *J. Photopolym. Sci. Technol.*, **18**, 173 (2005)
23) M. Furutani, H. Kobayashi, T. Gunji, Y. Abe, K. Arimitsu, *J. Polym. Sci. Part A : Polym. Chem.*, **53**, 1205 (2015)

第3章 光増感による高感度開始系の開発

髙原　茂[*1], 青合利明[*2]

1　はじめに

　半導体デバイスの集積度は所謂ムーアの法則（Moore's law）に従い，これまで約3年に4倍のペースで増大し続けて来た。次世代EUV（13.5 nm）リソグラフィーでは10 nm以下のパターンサイズでの量産化が目標となっている。現状ではEUV光源の低出力（量産時250 Wを要するのに対し100 Wレベル）が大きな課題であり，レジスト材料から高感度化が検討されている[1]。

　しかしながら，LSI-IC生産に永く使用されて来た化学増幅型レジストにおいては，高感度化のための材料研究は比較的少ない。光発生酸の量を増殖する材料（酸増殖剤）の研究例[2]はあるが，半導体デバイス工程には実用されていない。微細パターン形成に光発生酸の拡散と酸触媒反応を利用するが故に，レジスト感度と解像度／矩形なパターンプロファイル／ラフネス（LWR）との間にトレードオフ関係が存在することが大きな要因と考えられる。さらに，①微細化に伴い使用される光源波長が短波長になること，②熱プロセス（露光後加熱，PEB）による増幅反応が組み込まれていること，③要求される感度が数～数十 mJ/cm^2 レベルであることも理由として挙げられる。

　一方，デジタル印刷分野では可視光レーザー対応のための長波長への光増感材料系が必須であり，また高生産性の要求から 0.1 mJ/cm^2 以下の高感度化が必要となる。プリント配線基板用レジスト，ドライフィルムレジストにおいても高感度化の要望から，化学増幅型レジストで用いられる光酸発生剤の増感研究が行われている。

　本章では，高感度化の手法として光増感反応について解説し，特に励起一重項電子移動反応に基づく光酸発生剤の例を述べるとともに，デジタル印刷材料などでの超高感度化ニーズを踏まえ，増感色素を利用し重合開始剤への電子移動機構に基づく高感度系に注目して，その反応と有効な化合物を整理し解説する。

2　増感反応

　光反応では，励起分子内の原子団間や，励起分子と基底状態の分子間でエネルギーや電子のやりとりが生じ，反応が促進されることがある。これは増感（sensitization）と呼ばれ，広く光反

[*1] Shigeru Takahara　千葉大学　大学院工学研究院　教授
[*2] Toshiaki Aoai　千葉大学　大学院工学研究院　客員教授

第3章 光増感による高感度開始系の開発

応材料に利用されている基本的な技術でもある。増感反応を用いることで，直接，光開始剤などが吸収できない光で反応を起こすことや，同じ光源を用いても光反応効率の向上をもたらすことができる。この現象は励起分子を失活させる消光（quenching）反応と表裏一体であり，増感を引き起こす物質を増感剤，消光を引き起こす物質を消光剤という。

光励起状態の分子から励起エネルギーが近くの分子に移動し，別の分子の励起状態を生成するエネルギー移動が起こる。狭い意味ではエネルギー移動だけが増感反応と分類されることもあるが，一般にはエネルギー移動と電子移動，励起錯体形成反応が主な増感反応機構とされることが多い。典型的な有機分子（S）では基底状態は電子スピン状態が一重項状態（^1S）であるので，光吸収によって生成する励起状態は一重項励起状態（$^1S^*$）である。色素などの比較的大きな分子や重原子を含む分子では $^1S^*$ から項間交差の過程を経て容易に電子スピン状態が異なる三重項励起状態（$^3S^*$）に移る（(1)式）。

$$^1S + h\nu \rightarrow {}^1S^* \rightarrow {}^3S^* \tag{1}$$

エネルギー移動には，一重項励起状態から一重項励起状態を生成するエネルギー移動過程と，三重項励起状態から三重項励起状態を生成するエネルギー移動過程がある。前者を一重項エネルギー移動，後者を三重項エネルギー移動という。増感される被増感分子を Q とすると，

$$^1S^* + {}^1Q \rightarrow {}^1S + {}^1Q^* \tag{2}$$

となる。一方，三重項エネルギー移動では，

$$^3S^* + {}^1Q \rightarrow {}^1S + {}^3Q^* \tag{3}$$

が，一般的な反応となる。

電子移動においても同様に，一重項励起状態から生じる電子移動と三重項励起状態から生じる電子移動がある。また，励起状態の分子から基底状態の分子へ電子が供与される反応と，励起状態の分子が基底状態の分子から電子を受け取る反応がある。電子移動による増感反応では中性分子同士からはラジカルカチオンとラジカルアニオンが反応中間体として生じる。

$$^{1\,or\,3}S^* + Q \rightarrow S\cdot^+ + Q\cdot^- \tag{4}$$

または

$$^{1\,or\,3}S^* + Q \rightarrow S\cdot^- + Q\cdot^+ \tag{5}$$

励起錯体形成反応は，励起状態の分子が基底状態の分子と錯体を生成し，錯体から水素引き抜きによるラジカル生成や，電子移動によるラジカルイオンの生成がなされる。

$$S^* + Q \rightarrow [S\cdots Q]^* \begin{cases} S\cdot^- + Q\cdot^+ \\ HS\cdot + Q'\cdot \end{cases} \tag{6}$$

増感反応は一般には分子間反応なので，溶液や固体の中の分子の動きによって異なった現象が観察される。気体や液体の中で分子が動いて，衝突などにより増感反応が起きる動的な過程と，固体のように分子が動けない状態での静的な増感過程がある。一般に，溶液などでの分子間反応において，動的な過程が主の場合には寿命の長い三重項励起状態の増感反応への関与が大きいとされる。また，この場合の反応には拡散による律速過程が存在する。一方，フォトレジストなどの高分子中では，固体に近く，濃度が高い状態であるので，増感剤近傍に存在する被増感分子との静的な増感過程が主となり，一重項励起状態の増感反応への寄与が大きくなるものと考えられる。

3 励起一重項電子移動反応

電子移動反応は，生体内など自然界における物質やエネルギー循環に深く関わっている反応である。光誘起電子移動反応もまた自然界では重要な反応である。励起一重項電子移動反応の電子軌道間の電子の移動は，励起体側に電子が移動する場合には，図1のように書くことができる。

電子移動反応の場合，電子を出す供与側がドナー，電子を受け入れる受容側がアクセプターとも呼ばれ，図1の場合は励起体が電子のアクセプターとなる場合となる。光誘起電子移動反応の特徴は反応中間体としてラジカルアニオン $S^{\cdot -}$ やラジカルカチオン $Q^{\cdot +}$ が生成し，それらから反応が開始されることである。また，電子移動反応では，電荷分離後，すぐ近くに反対の電荷をもつラジカルイオンが存在することになるので逆電子移動が起こりやすい。図2に示すように，電子移動直後の状態は，ラジカルイオン対モデルにおいて近接ラジカルイオン対（CRIP）と呼ばれる[3]。CRIPからの逆電子移動はおおむね正方向の電子移動の二分の一程度と言われ，逆電子移動が速いと，電子移動反応全体は進まないことになる。

したがって，逆電子移動反応を抑えることが電子移動反応を効率的に進めるには必須である。溶液の中では，動的な過程で増感反応が起こり，溶媒和などによってCRIPから遊離されたラジカルイオンが生成すると考えられる。ラジカルイオンが遊離されることにより逆電子移動反応は抑えられる。しかし，固体に近いレジ

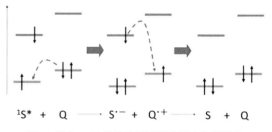

図1 励起一重項状態電子移動反応と逆電子移動反応における電子の授受

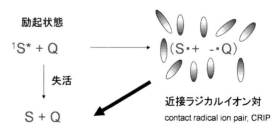

図2 近接ラジカルイオン対と逆電子移動

第3章 光増感による高感度開始系の開発

ストやフォトポリマーの中では，主に静的過程で増感反応が起きることや，励起一重項状態の寿命が短いことから，遊離されたラジカルイオンが生成する過程は考えにくい。フォトレジストなどの光反応材料中において，逆電子移動を抑える考え方のひとつとしては，人工光合成の研究などで有名なtriadと呼ばれる三成分の電子移動反応系がある[4]。これを図3に示す。光を吸収する物質S（増感剤）がドナー

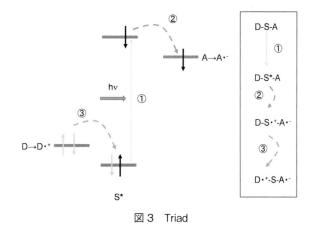

図3 Triad

となる励起一重項電子移動反応とともに，SのラジカルカチオンS·$^+$に電子を供給するドナーDからなる三成分からなり，これによりSは再生され，電荷は離されていく。

また，ラジカルイオンからの反応が速いと電子移動反応の高効率化につながる。電子の授受により不安定なラジカルイオン，すなわち分解などの反応性の高いラジカルイオンが生成すると，電子移動反応を用いた高感度開始系となることが期待できる。

4 光誘起電子移動反応を用いた高感度酸発生系

代表的な励起一重項電子移動反応としては，図4に示すようにナフタレンの励起一重項から，アクセプター，ドナーに電子移動が起こる反応がある。このように，光誘起電子移動反応では励起に伴い，電子を供与する分子軌道の準位と受け入れる準位の関係で，ナフタレンのラジカルカチオンもラジカルアニオンも生成させることができる。

電子移動反応が起きているかは中間種であるラジカルカチオンまたはラジカルアニオンを直接観測することでも確認できる。代表的な一重項増感剤であるメチルアントラセン（MA）とオキシム系光酸発生剤 2-(4-methoxyphenyl)-2-[(4-methylphenylsulfonyl) oxyimino]-acetonitrile (PAIOTos) や 2-[2,2,3,3,4,4,5,5-octafluoro-1-(nonafluorobutylsulfonyl oxyimino)-pentyl)]-fluorene (ONPF) を高分子中 (PMMA) 中でレーザーフラッシュフォトリシス法により過渡吸収を測定するとMA由来と考えられるスペクトルが得られる[5,6]。図5に示されるようにPAIOTosとONPFを用いてもほぼ同じ形の吸収スペクトルが測定され，図6のような励起一重項電子移動反応が生じた結果，MAのラジカルカチオンが観察されていると考えられる。しかし，ONPFの系ではPAIOTosと比べて相対的に過渡吸収の吸収強度が小さく，MAのラジカルカチオンの生成量が少ない。また，典型的な化学増幅型ポジ型レジスト用ベースポリマーを用いて評価した感度や，酸発生効率を測定するとPAIOTosとONPFとでは，直接励起の場合とMAによる増感反応では挙動が異なってくる。PAIOTosの直接励起の場合の感度が14.60 mJ/cm^{2}に対して，

MAによるPAIOTosの増感反応では0.83 mJ/cm^{2}の高い感度が得られている。酸発生の量子収率は，直接励起の場合，PAIOTosが0.09に対してMAによる増感反応では0.176となり感度の向上と対応している。ONPFでは逆に，直接励起の場合の感度が7.90 mJ/cm^{2}に対してMAによる増感反応では9.62 mJ/cm^{2}と低下し，酸発生の量子収率比（MAによる増感反応／直接励起）は0.11と非常に小さかった。このような増感反応の違いは電子移動によって生成する酸発生剤分子のラジカルアニオンの反応性の違いにあると考えられた。

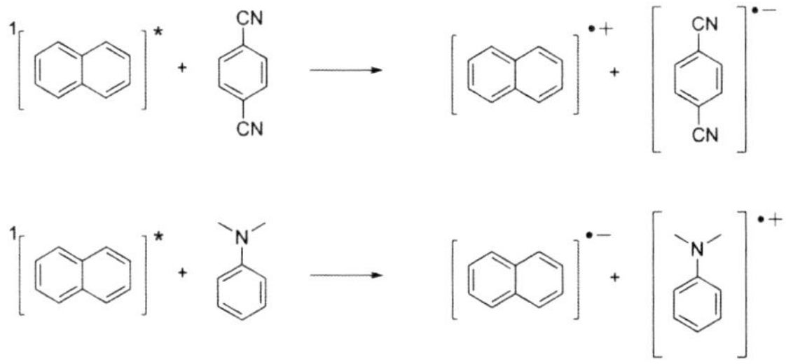

光誘起電子移動反応を用いた特徴のひとつは，分子軌道間の電子の授受であるため，分子軌道の電位の関係によって，比較的低い励起エネルギー，例えば可視光や近赤外光でも反応が進むことである。ピロメテン系色素2,6-diethyl-8-phenyl-1,3,5,7-tetramethylpyrromethene BF$_2$ complex（EPP）[7]を用いても一重項励起状態からナフタルイミド系光酸発生剤[8,9]や前述のPAIOTosに電子移動し，ラジカルアニオン中間体から分解が進み，超強酸が発生する[6]。EPPは540 nm付近の可視域に光吸収極大があることから，この増感系から可視光照射により酸が発生する。EPPとナフタルイミド系光酸発生剤の例としてNIOTosの構造を図7に示す。

ナフタルイミド系光酸発生剤もオキ

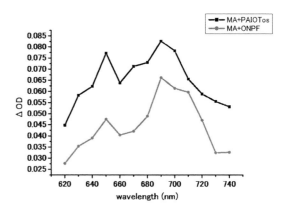

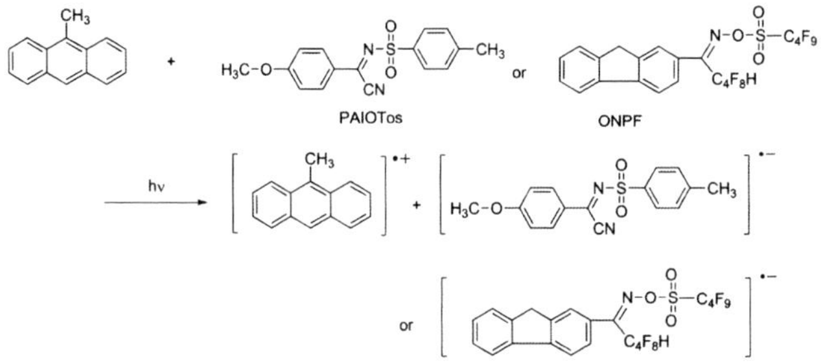

図4 ナフタレンの励起一重項電子移動反応

図5 メチルアントラセンと酸発生剤PAIOTos，またはONPFとの増感系の過渡吸収スペクトル（PMMA中，355 nm励起後1 μs後）

図6 メチルアントラセンからの酸発生剤PAIOTosやONPFへの励起一重項電子移動反応

第3章 光増感による高感度開始系の開発

シム系光酸発生剤と同様，そのラジカルアニオンから結合の弱い N-O 結合が開裂して反応が進む。PAIOTos については前述した MA による増感と同様に，直接励起よりも EPP による増感反応を起こしたときのほうが，高い分解の量子収率および高感度を有する。PAIOTos の直接励起の酸発生の量子収率が 0.09 に対し EPP による増感反応では 0.660 と非常に大きな値を示した。この値は，NIOTos の場合の EPP による増感反応の酸発生の量子収率 0.007 よりはるかに大きいことがわかった。

そこで，PAIOTos と NIOTos のラジカルアニオンのスピン密度の比較（図8）と，PAIOTos の励起状態とラジカルアニオンの構造について，分子モデリングからの考察を行った[6]。

PAIOTos の励起状態とラジカルアニオンではスピン密度の分布が大きく異なり，ラジカルアニオンを形成した場合には，開裂部である N-O 結合付近にスピン密度が集中し，これによって N-O 結合が伸張されることが予想された。その結果，PAIOTos のラジカルアニオンでは N-O 結合がほぼ開裂した構造となる。さらに，図9 に示したラジカルアニオンからラジカルとアニオンへの開裂反応にお

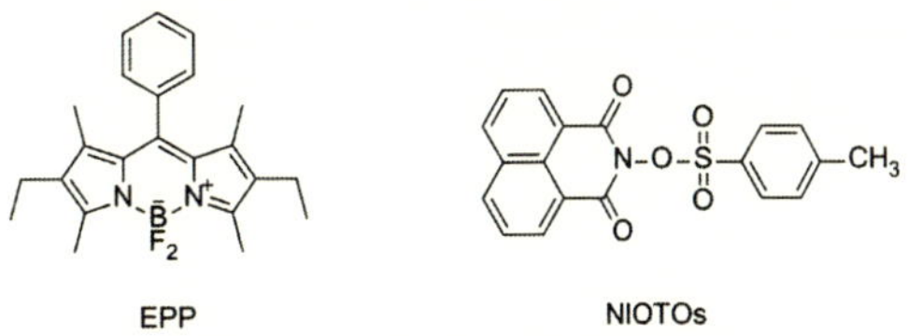

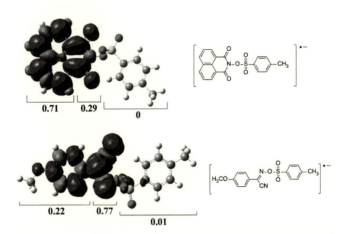

図7 ピロメテン系増感色素 EPP とナフタルイミド系光酸発生剤 NIOTos の化学構造式

図8 PAIOTos と NIOTos のラジカルアニオンのスピン密度の比較[6]

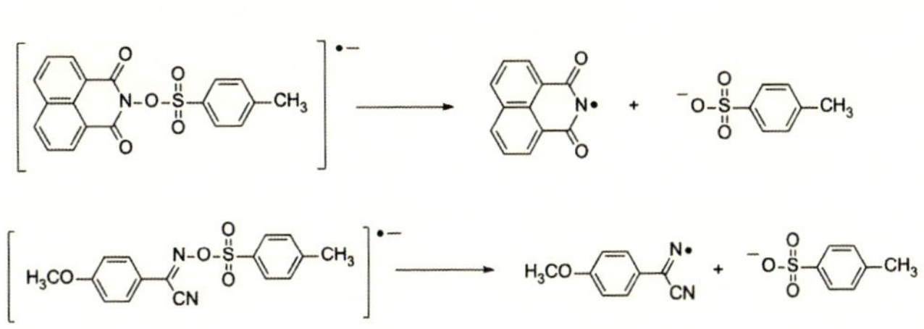

図9 NIOTos（上式，ΔH＝−5.01 kcal/mol（計算値））と PAIOTos（下式，ΔH＝−21.6 kcal/mol（同計算値））のラジカルアニオンからの開裂反応

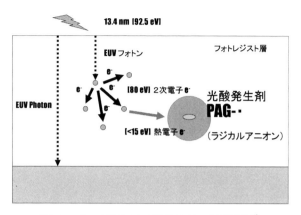

図10　EUV光源での光酸発生剤の分解機構[12]

いて，ΔHをPAIOTosとNIOTosとでそれぞれ算出するとNIOTosが－5.01 kcal/mol，PAIOTosが－21.6 kcal/molとなり，PAIOTosのラジカルアニオンがラジカルとアニオンへ開裂しやすいことが予想された。

　ピロメテン系増感色素EPPとナフタルイミド系光酸発生剤NIOTOsとアルカリ現像型の化学増幅型レジスト用のベースポリマーポリマーからフォトレジストを構成し，アルゴンイオンレーザー（514.5 nm）を光源として$1.6\,mJ/cm^2$程度の感度が得られた。これに対し，同様な組成でピロメテン系増感色素EPPとオキシム系光酸発生剤PAIOTosでは$18\,\mu J/cm^2$程度の感度が得られた[10]。レジスト材料の単純な比較は難しいが，高感度化のひとつの手法として分解性の高いラジカルアニオンの設計は有効であると考えられる。分解性の高いラジカルアニオンの設計には，β-位ラジカル効果[11]などラジカル中間体の挙動がヒントとなると思われる。しかしながらまだまとまった知見が得られているとは言い難く，ラジカルイオンについても今後反応が整理されていくことが期待される。特に，EUV光源（波長13.5 nm）でのフォトリソグラフィーではベースポリマーからの2次電子から発生する電子により光酸発生剤のラジカルアニオンが直接生成することが考えられており[12]，ラジカルイオンの反応の重要性は増している（図10）。

5　光電子移動反応を用いた高感度光重合系

　光源波長とのマッチングや高効率な重合開始種の発生の観点から，増感色素と重合開始剤を組み合わせた光増感開始系が幅広く研究・開発されている。一般的に組み合わせ方は，電子供与性増感色素／電子受容性開始剤（Type-1），電子受容性増感色素／電子供与性開始剤（Type-2）の2通りがある（図11）。増感色素の光吸収・光励起に伴い，開始剤との間で電子移動が生じ，生成したカチオンラジカルまたはアニオンラジカルが引き続き解裂を起こして重合開始種を生成する（図12）。

第3章 光増感による高感度開始系の開発

<Rehm-Weller Equation>

$$\Delta G = E(D/D^{+\cdot}) - E(A^{-\cdot}/A) - e^2/\varepsilon R_{DA} - E^* \tag{7}$$

$E(D/D^{+\cdot})$：ドナー分子の酸化電位
$E(A^{-\cdot}/A)$：アクセプター分子の還元電位
$e^2/\varepsilon R_{DA}$：ラジカルイオン種間のクーロンエネルギー
ε：媒体の誘電率　R_{DA}：ラジカルイオン種間の距離
E^*：増感剤の励起エネルギー

電子移動の起こり易さは, Rehm-Weller式((7)式) から算出した自由エネルギー変化ΔGによって見積もることができる。ΔGがある程度以上の負であれば, 電子移動は拡散律速速度で進行するようになるが[13], あまりにも負が大きくなると, 電子移動前の原系と電子移動後の生成系でポテンシャルエネルギー関数の重なり合いが乏しくなり, 反対に速度が遅くなる (Marcus

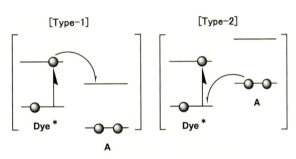

図11　増感色素励起に伴う電子移動機構

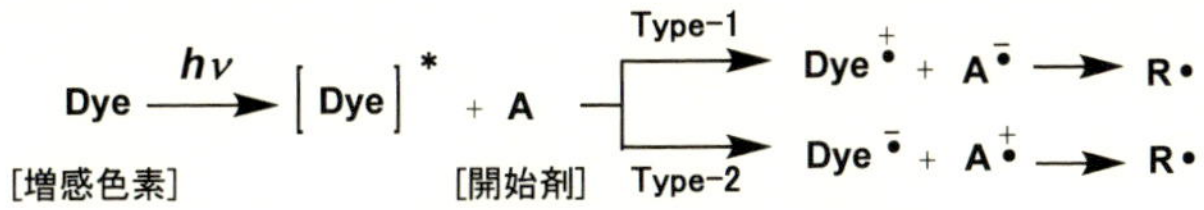

図12　光増感による電子移動開始系

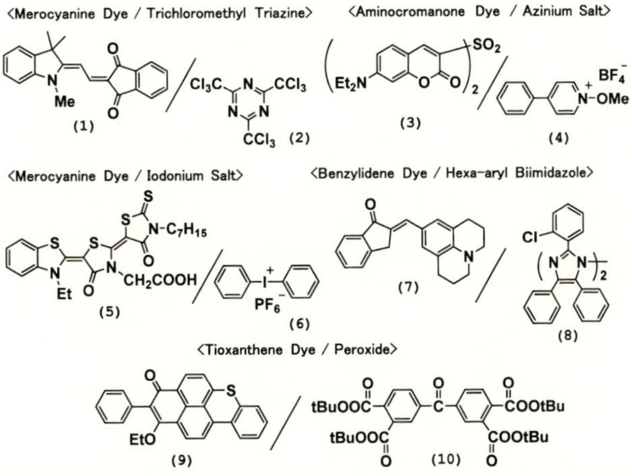

図13　電子供与性増感色素／電子受容性開始剤の組合せによる重合開始系例

の逆転領域：inverted region[14]）。

このような［Type-1］型開始系（電子供与性増感色素／電子受容性開始剤）としては，メロシアニン色素(1)／トリクロロメチルトリアジン開始剤(2)[15]，アミノクマリン色素(3)／アジニウム塩(4)[16]，メロシアニン色素(5)／ヨードニウム塩(6)[17]，ベンジリデン色素(7)／ヘキサアリールビイミダゾール(8)[18]，チオキサンテン色素(9)／過酸化エステル化合物(10)[19] の組み合わせなどが知られている（図13）。

また［Type-2］型開始系（電子受容性増感色素／電子供与性開始剤）としては，シアニン系色素のボレート塩開始剤(11)[20]（図14），チオキサンテン色素(9)／N-フェニルグリシン開始剤(12)[21] の組み合わせが報告されている。

さらに増感効率向上のため，電子移動後の逆電子移動を抑制する目的で，電子受容型と電子供与型の開始剤を併用する混合開始系が検討されており，具体的にはチオキサンテン色素(9)／N-フェニルグリシン(12)／ヨードニウム塩系が報告されている（図15）。この開始系では励起増感色素からヨードニウム塩への電子移動により，ヨードニウム塩が還元分解し開始種のラジカルを発生すると同時に，N-フェニルグリシンは増感色素のカチオンラジカルへの電子移動により酸化分解を起こし，二酸化炭素を放出して同じく開始能を有するラジカルを発生する。チオキサンテン色素(9)により，可視光域（490 nm）まで感光させることが可能な系となっている。この他，ケトクマリン色素／アミン化合物／ヨードニウム塩，カチオン色素／ボレート塩／過酸化物の組み合わせなどが知られている[21]。

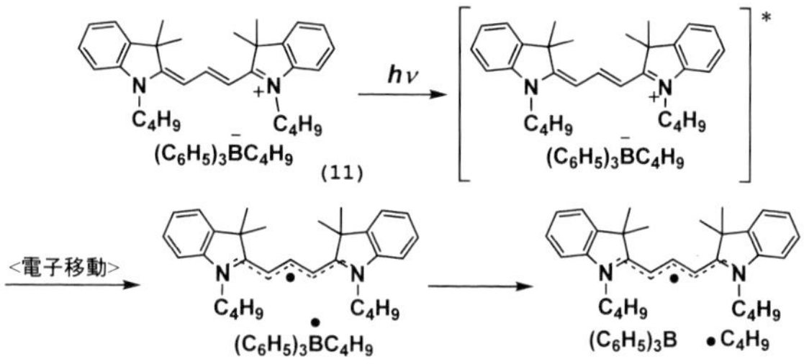

図14　電子受容性増感色素／電子供与性開始剤の組合せによる重合開始系例

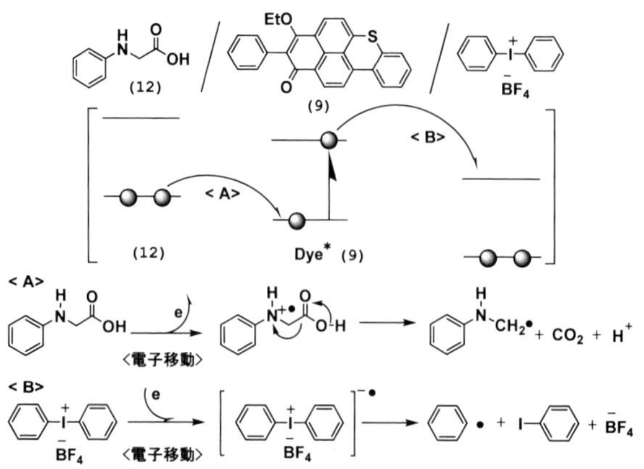

図15　電子供与型開始剤／電子受容型開始剤の組合せによる増感効率向上

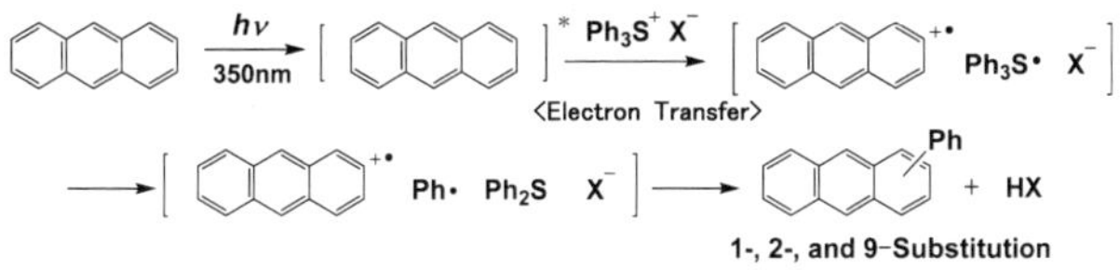

第3章　光増感による高感度開始系の開発

図16　アントラセンによるトリフェニルスルホニウム塩の増感機構

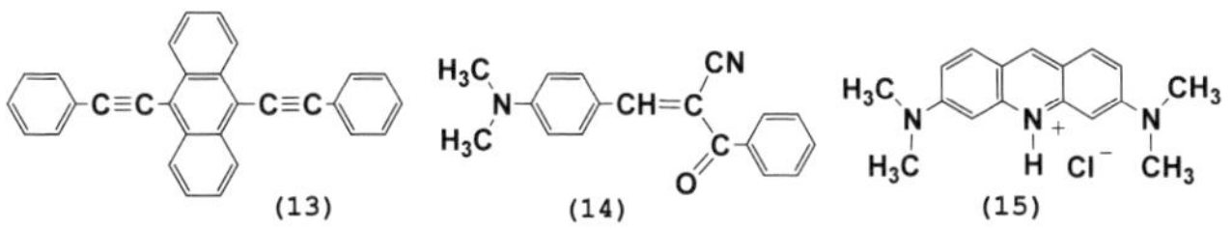

図17　光励起電子移動に用いられる増感色素

　一方，カチオン重合開始剤として使用されるトリアリールスルホニウム塩，ジアリールヨードニウム塩はアントラセンにより増感され，本来吸収を持たない波長域にも感度を有するようになる。N. P. Hackerらは，アントラセン／トリアリールスルホニウム塩系でアントラセンが光吸収する350 nm露光による生成物に対し，ジフェニルスルフィドと酸の他，フェニルアントラセンが生成することを確かめた。アントラセン，トリフェニルスルホニウム塩の三重項エネルギーが各々42 kcal/mol，74 kcal/molでありアントラセンからのエネルギー移動が不利であることなどを考え合わせ，反応機構はアントラセンの励起一重項からトリフェニルスルホニウム塩への電子移動によるものと考えた（図16）[22]。

　アントラセンの他にも，多環芳香族化合物としてナフタレン，ピレン，ペリレン，フェノチアジンなどの多環芳香族化合物により増感され，何れも同様な電子移動増感機構が提唱されている。さらに長波長域への増感色素として，9,10-ビス（フェニルエチニル）アントラセン(13)や2-ベンゾイル-3-(4-ジメチルアミノフェニル)-2-プロペネニトリル(14)により，Arレーザー対応（488 nm）感材の研究が行われている[23]。この場合も同様に増感色素からの電子移動による分解機構が提案されている（図17）。またヨードニウム塩ではアクリジンオレンジ(15)などのシアニン色素により可視光域に分光増感されるが，スルホニウム塩ではこの増感は認められない[24]。電子移動機構を考えた場合，ヨードニウム塩とスルホニウム塩の還元電位の差（ジフェニルヨードニウム塩：-0.2 V，トリフェニルスルホニウム塩：-1.2 V vs. SCE）が反映された結果と推定される。

6　連結型分子による分子内増感

　光反応分子や光励起活性種の自由拡散が制限された高分子マトリックス塗膜中において，効率よく光増感反応を起こさせるためには，増感反応を生起する色素と開始剤の距離を予め小さくする組成物設計が必要となる。これに対し，電子供与性色素と電子受容性開始剤を共有結合で連結する試みがなされている。一般に自由拡散が制限された塗膜中での電子移動・エネルギー移動に

よる光励起分子の消光に対する取り扱いには Perrin の式（(8)式）が有効に用いられる。

<Perrin Equation>

$$\ln I_0 / I = N V [Q] \tag{8}$$

I_0, I：蛍光強度　　N：アボガドロ数
$V = 4/3 \pi R_q^3$　$R_q =$ 消光半径　　$[Q] =$ 消光剤濃度

　Perrin の式は，光励起分子（増感色素）に固有の距離（消光半径）以内に消光分子（開始剤）が存在する場合にのみ，確率1で消光され，存在しない場合は確率0，即ち全く消光されないという仮定の元で導かれている。例えば，増感色素(16)とトリクロロメチル-s-トリアジン開始剤(17)を有する感光膜の消光半径は，Perrin の式より14 Åと見積もられた。即ち増感色素(16)と開始剤(17)が14 Åの距離以内に存在しないと効率のよい増感反応が起こらないことを示している。川村らは実際に，14 Å以内になるように両分子をアルキレン基で結合した化合物(18)を合成し評価したところ，色素の蛍光消光の効率が増大し，未連結の(16)／(17)混合系に比べ約10倍に感度が向上することを確認した（図18）。未連結の場合，感光膜中の(16)-(17)間の平均距離は約20 Åと算出されることから，この感度向上は(16)-(17)間の距離を小さくした効果と考えられた[25]。

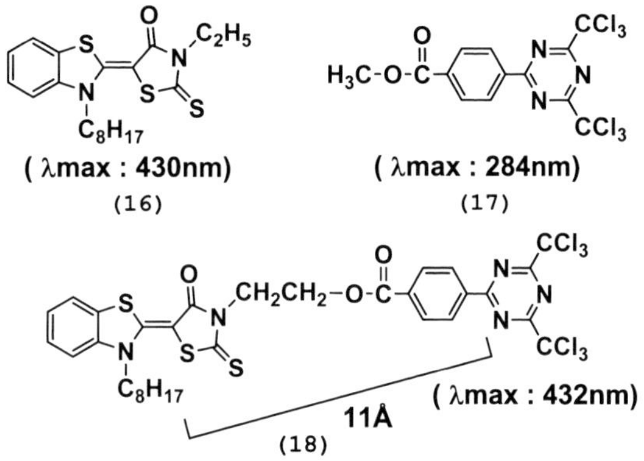

　酸発生能を有するオニウム塩化合物においても同様な検討がなされている（図19）。例えば近紫外用酸発生剤として，3-(9-アンスリル)プロピルジフェニルスルホニウム塩(19)が合成され，9-アンスリルメチル-ブチレートで増感したトリアリールスルホニウム塩より感度が向上することが報告された[26]。また F. D. Saeva らは，アントラセン基を導入したスルホニウム塩(20)やアンスリルフェニルメチル基で置換したスルホニウム塩(21)の光分解反応の研究を行った[27]。スルホニウム塩(21)ではアントラセン基とスルホニウム基が構造的に近くに配置されることから，励起アントラセン基からの効率的な電子移動が進行することを考えている。ヨードニウム塩においても，2位にフェネチルチオメチル基が置換した化合物(22)

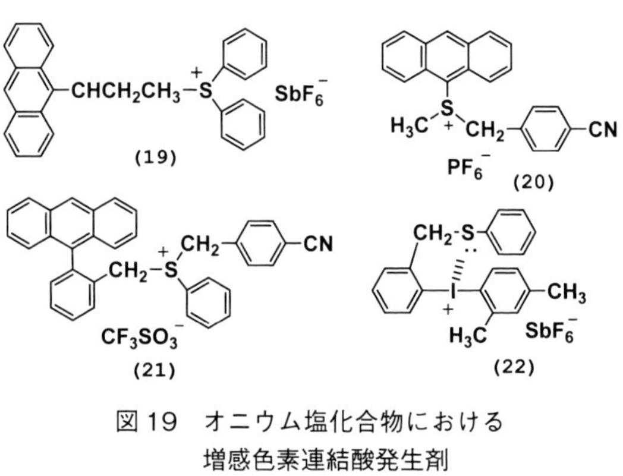

図18　増感色素連結型分子による分子内増感の例

図19　オニウム塩化合物における増感色素連結酸発生剤

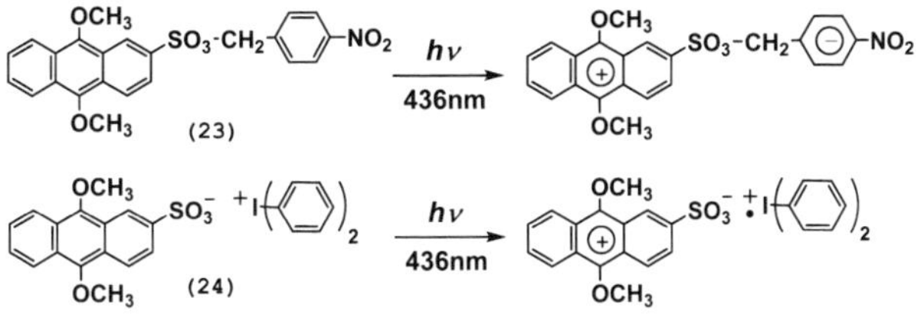

第3章 光増感による高感度開始系の開発

図20 分子内電子移動による増感

が，366 nm 光照射でのエポキシ硬化実験で特異的に高感度を示すことが調べられた[28]。この場合フェニルチオ基のS原子上の孤立電子が近接するヨードニウム塩に配位し，UV 露光によりヨードニウム基への分子内電子移動を経由して分解する機構を推定している。

また山岡らにより，p-ニトロベンジル 9,10-ジメトキシアントラセン-2-スルホネート(23)などの化合物が合成され，詳細に分解機構が調べられた。各種構造の交差実験，蛍光の消光実験，分解生成物の解析に加え，光分解で濃度効果が認められなかったことから，9,10-ジメトキシアントラセン基の励起一重項からp-ニトロベンジル基への分子内電子移動により，分解が進行する機構を提案している[29]。

さらに共有結合以外に色素／酸発生分子を積極的に近づける方法として，イオン結合の利用が報告されている。ジフェニルヨードニウム 9,10-ジメトキシアントラセン-2-スルホネート(24)では，対アニオン部は酸前駆体と同時に分光増感剤として作用することが期待される。事実，化合物(24)の蛍光寿命が 9,10-ジメトキシアントラセン-2-スルホン酸の Na 塩より小さく約 1/4 であること，酸化・還元電位測定により 9,10-ジメトキシアントラセン部からジフェニルヨードニウム部への電子移動の自由エネルギー変化が $\Delta G = -150$ kJ/mol と見積もられること，レーザー閃光光分解（355 nm）実験により 9,10-ジメトキシアントラセン-2-スルホネートのカチオンラジカル由来と推定される遷移吸収が観測されることなどから，イオン対による分子内電子移動が生起しているものと判断された（図20）[30]。

7 光増感高感度開始系の産業分野での応用

グラフィック材料分野では 1990 年代後半からデジタル化が進展し，パソコン上で作成した原稿・画像をリスフィルムなどの中間部材を介することなく，レーザー光により印刷版上へ直接描画する方式（CTP：Computer To Plate）が使用されるようになった。レーザー光源としては初期の 488 nm アルゴンイオンレーザーから，532 nmFD-YAG レーザー，405 nm バイオレットレーザー，また明室対応の観点から 830 nm IR レーザーなどが用いられている。特に短波長レーザーでは，小型・高速のスピナー（例えば 40,000 rpm）との組み合わせが可能となり，超高速の走査露光を可能している（図21）。このような周辺システムの進展に伴い，光重合技術が急速に向上した[31]。材料研究においては，紫外域から可視域のレーザー光源へ対応した新規の光増感

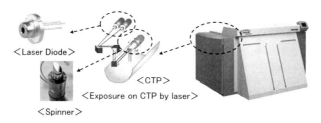

図21 バイオレットレーザーCTP露光システム例（富士フイルムセッター）

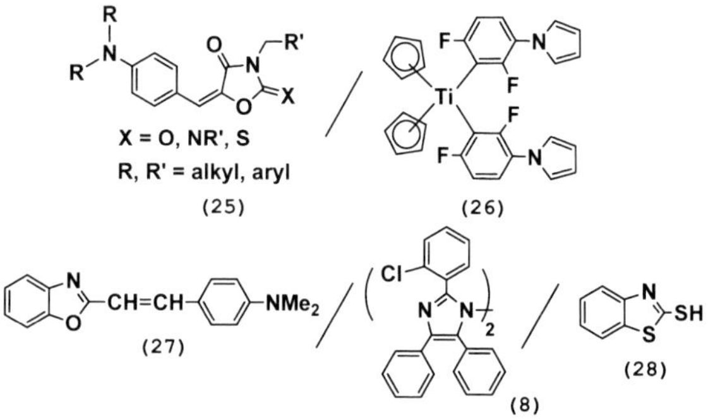

開始系が開発され，フォトポリマー型CTPとして実用されている[31(a)〜(c), 32, 33]。例えば，アミノスチリル系色素(25)／チタノセン開始剤(26)，増感色素(27)／ビイミダゾール化合物(8)／メルカプト化合物(28)の組み合わせ系において，405nmレーザーで高感度な開始系を実現している（図22）[34]。

後者の場合，重合感度が色素の励起酸化電位と相関し，負に大きい程高感度化すること，メルカプト化合物の併用が必須であることから，図23の機構により発生した硫黄ラジカルが開始種となり，重合反応を生起させているものと推定される。

図22 UV〜可視レーザーに適切な光増感開始系

これら印刷材料の開発においては，印刷物の高生産性の観点から低出力レーザー光に適合する高感度化（コンベンショナルPS版の1000倍以上）が課題であり，重合開始系の吸収波長適合化（増感色素の吸収波長制御）と開始種の高効率発生の観点から材料設計が進められている。

一方，良好な印刷性能を安定的に発現するためには，印刷版材料に対する保存安定性の付与が必須であり，材料の高感度を原資として，感度と安定性のバランスを図ることが進められている。

例えば國田らは，増感色素に電子受容型開始剤／電子供与型開始剤を組み合わせた3元系として，メロシアニン色素(29)／2,4-ビストリクロロメチル-s-トリアジン化合物(30)／アミノケトン化合物(31)の開始系を開発した。アミノケトン(31)の酸化電位がメロシアニン色素(29)のカチオンラジカルの電位よりも安定化した位置にあり，電子移動を吸熱的にすることで保存安定性を向上させている（図24）[35]。

また830nm IRレーザー対応の明室CTP材料においても，シアニン色素(32)と2,4,6位にアルコキシ基を導入した新規ヨードニウム塩(33)を使用した開始系が開発されている[36]。従来の無置換または4,4'-ジアルキル置換ヨードニウム塩開始系では，ヨードニウム塩が感光層中の塩基性化合物により求核反応を受けて分解し，保存性に問題が生じた。ヨードニウム塩(33)では，I^+周りに立体障害を導入することで求核分解に対する安定性を向上させている。電子供与性のアルコキシ基の導入は励起シアニン色素からの電子移動には不利に働くが，C-I結合の解裂時にI^+周り

第3章　光増感による高感度開始系の開発

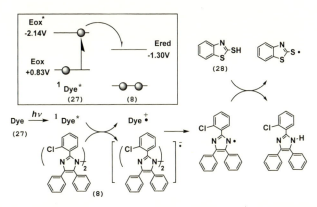

図23　増感色素／ビイミダゾール化合物の組合せによる重合開始機構

の歪みが解消される効果で補償し，感度と安定性の両立を図っている（図25）。

一方，屋外展示物やサインディスプレーなどのワイドフォーマット印刷，さらに液晶ディスプレー用カラーフィルターや微細配線などの素子作成に，インクジェット方式が適用されており，使用されるインクとして環境適性・耐久性などの観点から，UV硬化型インクが注目されている。通常，光ラジカル重合型インクが使用されるが，プラスチックフィルムなどの種々の基材との密着性付与（硬化時の膜収縮抑制）にはカチオン重合型が有利で

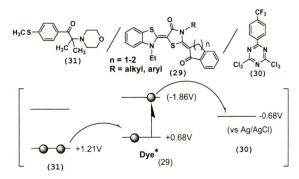

図24　増感色素／トリアジン／アミノケトン3元系による高感度＆安定な開始系

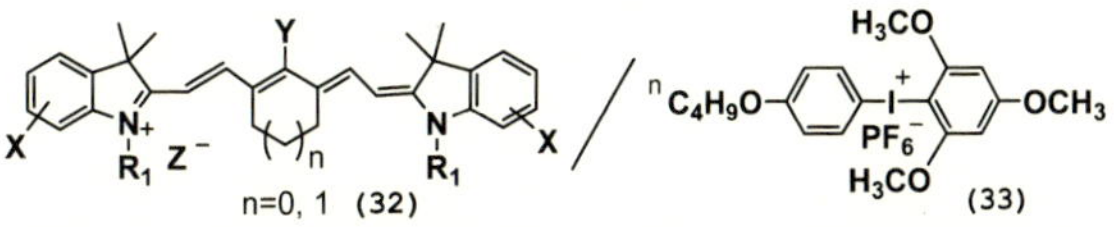

図25　IRレーザーに対応した安定なヨードニウム開始系

あり，さらにインク吐出性の確保と新たなUV-LED光源への対応などから，高安定で且つ高感度な光カチオン重合開始系の開発が要望されている。その際，カチオン重合開始剤としてヨードニウム塩は熱安定性が不十分であることから，トリアリールスルホニウム塩系が有望と考えられる。

365 nm LEDを用いた小型で起動性の優れる光源システムを想定した場合，トリアリールスルホニウム塩に対する増感色素としては，365 nm波長域に吸収を有すること，電子供与性で励起酸化電位が負に大きいことの要件から，9,10-ジアルコキシアントラセン（λ_{max}：384 nm，$\varepsilon_{365\,nm}$：5490）が有用と見なされる。一方，組み合わせるスルホニウム塩の構造設計から，電子吸引基の置換体(34)またはπ-共役系の拡張体(35)が，酸発生の量子収率向上に有効であること

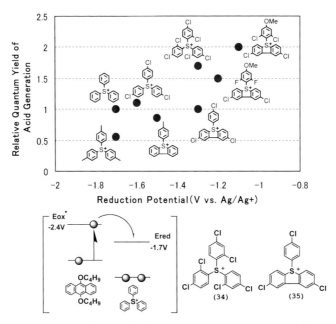

図 26 スルホニウム塩の還元電位と酸発生量子効率の相関

が報告されている[37]。これは電子受容性開始剤として，スルホニウム塩の還元電位を高めたことに対応する効果と考えられた（図 26）。この知見を元に，高感度で高安定なカチオン重合型 UV 硬化インクの実現が可能としている。

文　　献

1) 例えば S. Tagawa, S. Enomoto, A. Oshima, *J. Photopolym. Sci. Technol.*, **26**, 825 (2013)
2) K. Arimitsu, K. Kudo, K. Ichimura, *J. Am. Chem. Soc.*, **120**, 37 (1998)
3) N. J. Turro, V. Ramamurthy, J. C. Scaiano, "Modern Molecular Photochemistry of Organic Molecules," pp.454-458, University Science Books (2010)
4) P. Klan, J. Wirz, "Photochemistry of Organic Compound : from Concepts to Practice," pp.431-433, John Wiley & Sons (2009)
5) S. Takahara, N. Nishizawa, T. Tsumita, *J. Photopolym. Sci. Technol.*, **22** (3), 289-294 (2009)
6) S. Takahara, S. Suzuki, T. Tsumita, X. Allonas, J-P. Fouassier, T. Yamaoka, *J. Photopolym. Sci. Technol.*, **21** (4), 499-504 (2008)
7) I. García-Moreno, A. Costela, L. Campo, R. Sastre, F. Amat-Guerri, M. Liras, F. López Arbeloa, J. Bañuelos Prieto, I. López Arbeloa, *J. Phys. Chem. A*, **108**, 3315 (2004)
8) S. Suzuki, X. Allonas, J.-P. Fouassier, T. Urano, S. Takahara, T. Yamaoka, *J. Photochem.*

第3章 光増感による高感度開始系の開発

  Photobiol. A：Chem., **181** (1), 60-66 (2006)
9) S. Suzuki, J. Iwaki, T. Urano, S. Takahara, T. Yamaoka, *Polym. Adv. Technol.*, **17** (5), 348-353 (2006)
10) 特許登録 4631059 号
11) N. J. Turro, V. Ramamurthy, J. C. Scaiano, "Modern Molecular Photochemistry of Organic Molecules," pp.501-513, University Science Books (2010)
12) J. W. Thackeray, M. Wagner, S. J. Kang, J. Biafore, *J. Photochem. Sci. Tecnol.*, **23** (5), 631-637 (2010)
13) (a) R. A. Marcus, *J. Chem. Phys.*, **24**, 966 (1956)；(b) J. R. Miller *et al.*, *J. Am. Chem. Soc.*, **104**, 6488 (1982)；(c) D. Rehm, A. Weller, *Isr J. Chem.*, **8**, 259 (1970)
14) J. R. Miller, J. V. Beitz, K. Huddelston, *J. Am. Chem. Soc.*, **106**, 5057 (1984)
15) 石川俊一, 田本公爾, 岩崎政幸, 梅原明, 特開昭, 59-89303 (1984)
16) S. Y. Farid, N. F. Haley, R. E. Moody, D. P. Specht, USP, 4743529 (1988)
17) A. D. Rousseau, USP, 4304923 (1981)
18) J. L. R. Willams, *Polym Eng. Sci.*, **23**, 1022 (1983)
19) 山岡亜夫, 小関健一, サーキットテクノロジー, **2**, 50 (1987)
20) S. Chatterjee, P. Gottschalk, G. B. Schuster, *J. Am. Chem. Soc.*, **112**, 6329 (1990)
21) (a) M. Harada, Y. Takimoto, N. Noma, Y. Sirota, *J. Photopolym. Sci. Technol.*, **4**, 51 (1991)；(b) J. P. Fouassier, *J. Appl. Polym. Sci.*, **44**, 1779 (1992)
22) (a) N. P. Hacker, J. L. Dektar, D. V. Leff, S. A. MacDonald, K. M. Welsh, *J. Photopolym. Sci. Technol.*, **4**, 445 (1991)；(b) N. P. Hacker, D. C. Hofer, K. M. Welsh, *J. Photopolym. Sci. Technol.*, **5**, 35 (1992)
23) (a) G. M. Wallraff, R. D. Allen, W. D. Hinsberg, C. G. Willson, S. E. Webber, J. L. Sturtevant, *J. Imaging Sci. Technol.*, **36**, 468 (1992)；(b) A. Teranishi, K. Arimitsu, S. Morino, S. Noguchi, K. Ichimura, *J. Photopolym. Sci. Technol.*, **11**, 159 (1998)；(c) Y. Ohe, K. Ichimura, *J. Imaging Sci. Technol.*, **37**, 250 (1993)
24) J. V. Crivello, J. H. W. Lam, *J. Polym. Sci., Polym. Chem. Ed.*, **16**, 2441 (1978)
25) K. Kawamura, H. Matsumoto, *Proc. IS&T 45th Annual Conf.*, 337 (1992)
26) F. A. Raymond, W. R. Hertler, *J. Imaging Sci. Technol.*, **36**, 243 (1992)
27) (a) F. D. Saeva, D. T. Breslin, *J. Org. Chem.*, **54**, 712 (1989)；(b) F. D. Saeva, D. T. Breslin, H. R. Luss, *J. Am. Chem. Soc.*, **113**, 5333 (1991)
28) X-Y. Hong, H-B. Feng, *J. Photopolym. Sci. Technol.*, **3**, 327 (1990)
29) (a) M. Nishiki, T. Yamaoka, K. Koseki, M. Koshiba, *J. Photopolym. Sci. Technol.*, **1**, 102 (1988)；(b) T. Yamaoka, T. Omote, H. Adachi, N. Kikuchi, Y. Watanabe, T. Shirosaki, *J. Photopolym. Sci. Technol.*, **3**, 275 (1990)；(c) T. Yamaoka, H. Adachi, K. Matsumoto, H. Watanabe, T. Shirosaki, *J. Chem. Soc. Perkin Trans. II*, 1709 (1990)
30) (a) K. Naitoh, T. Yamaoka, A. Umehara, *Chem. Lett.*, 1869, (1991)；(b) K. Naitoh, K. Kanai, T. Yamaoka, A. Umehara, *J. Photopolym. Sci. Technol.*, **4**, 411 (1991)
31) (a) 近藤俊一, 日本印刷学会誌, **41**, 48 (2004)；(b) 占部良彦, 印刷雑誌, **87**, 3 (2004)；(c) 近藤俊一, 工業材料, **48**, 54 (2000)；(d) B. M. Monroe, *Chemical Rev.*, **93**, 435

(1993);(e)R. S. Davidson, *J. Photochem. Photobiol A : Chem.*, **73**, 81 (1993)
32) 曽呂利忠弘,印刷・情報記録・表示研究会講座要旨集, p46 (1996)
33) (a)渋谷明規,小泉滋夫,國田一人,日本印刷学会第112回春期発表会講演予稿集,p56 (2004);(b)渋谷明規,小泉滋夫,國田一人,日本印刷学会誌,**42**, 214 (2005)
34) W-K. Gries, L. Thorsten, EP, 1349006 (2003)
35) 國田一人,曽呂利忠弘,印刷学会誌,**51**, 347 (2014)
36) K. Kunita, H. Oohashi, Y. Ooshima, *J. Photopolym. Sci. Technol.*, **27**, 695 (2014)
37) T. Tsutimura, K. Shimada, Y. Ishiji, T. Matsushita, T. Aoai, *J. Photopolym. Sci. Technol.*, **20**, 621 (2007)

第4章 光酸発生剤とその応用

岡村晴之*

1 はじめに

　光酸発生剤とは，光照射により酸を発生することのできる化合物の総称であり，KrF リソグラフィー，ArF 液浸リソグラフィーや次世代の EUV レジストにおいてもフォトレジスト材料に感光性を与える必須要素として欠かせないものである。

　光酸発生剤は，フォトレジスト材料のみならず，UV 重合開始剤やバイオメディカル用途など盛んに研究が行われている。本章では，新規光酸発生剤を紹介した後，光酸発生剤を用いた筆者らの研究成果について紹介する。最近，光酸発生剤を用いた感光性材料全般に関する総説[1]や，レジスト材料[2]および感光性ポリイミド[3]に関する優れた総説が発表されている。筆者らによる光酸発生剤に関する総説[4,5]と合わせて参考にされたい。

2 光酸発生剤の開発

　光酸発生剤は，半導体製造用フォトレジスト材料や，紫外線硬化を利用する塗膜材料，印刷材料，接着剤，光造形材料，汎用フォトレジスト材料などに不可欠な感光剤である。現在開発されている光酸発生剤の感光波長領域は，大部分が 300 nm よりも短波長側であり，汎用光源である高圧水銀灯の最強輝線の i 線（365 nm 光）が利用できない。優れた i 線用光酸発生剤を開発することで，低エネルギー消費，高生産性，高性能な感光性樹脂材料の創製が可能になる。現在用いられている i 線用光酸発生剤には，ジアゾナフトキノン型がある。溶解阻止型の i 線用フォトレジストに用いられ，プリント配線回路形成や液晶ディスプレイのセル作製などに使用されている。加工サイズの微細化や高生産性のためには，i 線用フォトレジストとして，半導体製造用フォトレジストと同じ原理に基づく化学増幅型レジストを使う必要がある。そのためには，i 線によってトリフルオロメタンスルホン酸のような強酸を生成する光酸発生剤を開発することが必要である。最近，i 線用光酸発生剤が開発されたが，熱安定性や光反応性に大きな問題がある。このような背景のもと，新規に開発したチアントレン骨格を基本として，熱安定性に優れた高性能な i 線用光酸発生剤を合成した。強酸発生型の i 線用光酸発生剤は，フォトレジスト材料の他，紫外線硬化を利用する UV 塗膜材料，印刷材料，接着剤，光造形材料および光導波路材料など，

---

* Haruyuki Okamura　大阪府立大学　大学院工学研究科　物質・化学系専攻
　　　　応用化学分野　准教授

表1 i線用光酸発生剤の代表例

code	1	2	3	4	5	6	7
chemical structrue	Shirai et al. (2008)	Shirai et al. (2009)	Ortica et al. (2000)	Asakura et al. (2000)	Yamaoka et al. (2003)	Crivello et al. (2003)	Yamaoka et al. (2004)
T_d (°C)	156	317	225	155	144	—	—
ε (wavelength, nm)	1950 (365)	3460 (365)	330 (365)	4200 (365)	4030 (365)	7660 (363)	—
$\varPhi_d$	～0.1	～0.1	0.17	0.15	0.19	—	0.012
発生する酸の強さ	強	強	強	弱	弱	強	強
総合的性能	○	◎	△	△	×	—	—

先端領域のみならず汎用領域でも多くの用途が期待される。

表1にi線用光酸発生剤の代表例を示す[6〜12]。筆者らは，チアントレン骨格の安定性およびi線に対する大きいモル吸光係数に着目した。筆者らが新規に開発した光酸発生剤1および2は，各種光酸発生剤の基本特性（熱分解温度：T_d，モル吸光係数：ε，光分解量子収率：$\varPhi_d$，発生する酸の強度）において，比較的大きなεや高い熱安定性を有する。比較のため，市販品のi線用光酸発生剤3，4や山岡らが報告した5，増感剤を使用する系6，7もあわせて示す。3はモル吸光係数が，4，5は酸強度が1，2と比較して低く，増感剤を使用する6，7は増感剤濃度が光反応性に影響するため反応性の制御が困難である。よって，総合的評価では，チアントレン誘導体1および2が強酸を発生する優れたi線用光酸発生剤であることがわかった。

3 光酸発生剤の応用研究

光酸発生剤を使用することにより，機能性材料に対して目的に応じた感光性を付与することが可能となる。ここでは，筆者が取り組んだ光酸発生剤の応用研究を紹介する。

近年，電子機器や通信機器の小型化・高集積化に伴い電子部品や配線の微小化，高密度化が必要とされており，より微細な回路形成手法が求められている。微細回路形成の手法として，現在主流のフォトリソグラフィー法に加えインクジェット法，スクリーン印刷法などが知られている。この中でもスクリーン印刷法はアスペクト比が高いために低抵抗で，量産性，コスト，環境負荷の点で他工法と比較して評価が高い。しかし，従来のネガ型感光乳剤を使用した製造方法では，線幅30μm以下のスクリーン版の製造は困難であった。そこで，我々は，これまでスクリーン製版の主流であったネガ型感光乳剤とは全く組成の異なる新規なポジ型レジストの開発を試みた[13〜15]。

開発したポジ型レジストは，化学増幅型アクリル系樹脂をベースポリマーとし，これに架橋剤

第4章 光酸発生剤とその応用

と光ラジカル発生剤および光酸発生剤を加えたものである。レジストパターンの高強度化を目指して種々の架橋剤の配合を検討し，多官能ウレタンアクリレートと多官能アクリレートのブレンドにより，高解像と高強度化を両立した。開発したポジ型レジストをステンレス（SUS）スクリーン上に塗布し，マスクを介して波長365 nmの光を照射した後，アルカリ水溶液で現像してパターンを得る。続いて波長254 nmの光を照射して架橋・硬化する2段階のパターン形成法を確立した（図1）。この方法によりSUSスクリーン上にライン／スペース＝10/10 μmのパターンを作製することに成功した。作製したスクリーン版を用いて銀の導電性ペーストをポリイミドフィルム上に印刷し，ライン／スペース＝13/13 μmの配線パターンを形成することを可能にした。現在では6 μmまでの細線化まで成功している。光酸発生剤として1を使用した系の反応機構を図2に示す。365 nm光照射において，1から酸が発生し，その酸がベースポリマーに含まれるテトラヒドロピラニル保護基の脱保護を引き起こし，カルボン酸を生成する。そのことにより，脱保護されたベースポリマーはアルカリに可溶となるため，アルカリ現像液で処理することによりパターンを作成することができる。引き続き行われる254 nm光照射は365 nm光照射が行われていない部分に相当する。254 nm光照射を行うと，365 nm光照射時の反応と同様に1から酸が発生し，ベースポリマーの脱保護が進行する。それと同時に，254 nm光照射を行うと，365 nm光照射では反応しなかった光ラジカル発生剤が反応して系中にラジカルを生成する。そのラジカルは多官能ウレタンアクリレートと多官能アクリレート，および系中に含まれるチオール化合物と反応し，架橋体を形成する。その架橋体が生成するため，254 nm光照射されたレジストは機械強度が上昇したと考えた。

光酸発生剤1を用いた機能性薄膜の調製についても紹介する。フルオレン誘導体は，高い耐熱性，屈折率，低い複屈折率などの特性を有し，有機EL材料や気体分離膜などに用いられてい

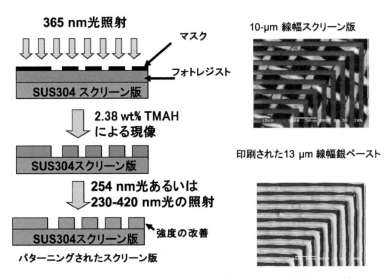

図1 スクリーン印刷版の製造とスクリーン版およびそれを用いて印刷された銀ペーストの図

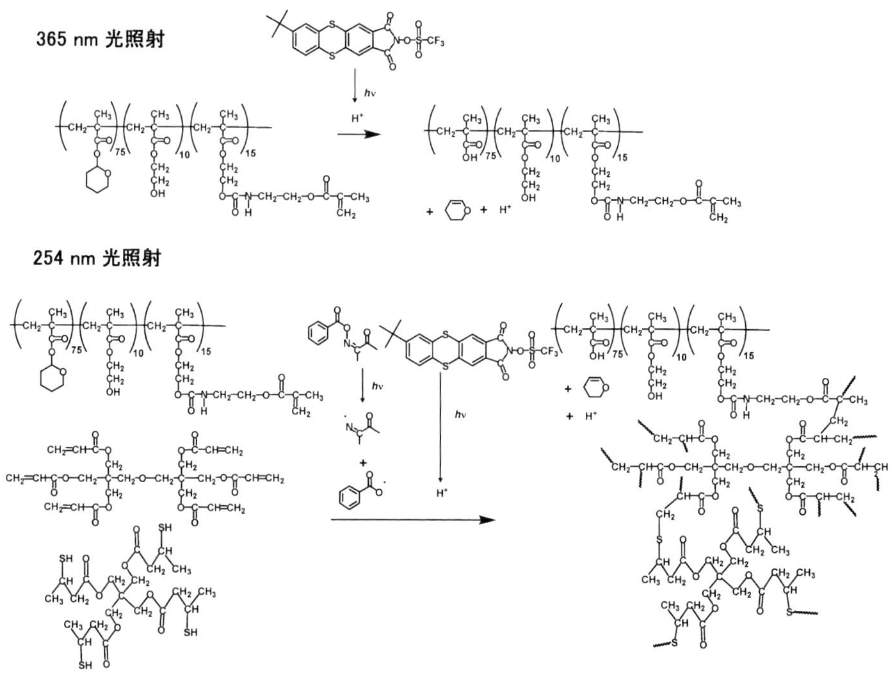

図2　365 nm 光照射時および254 nm 光照射時における反応機構

る。一方，ポリシランは，光伝導性を有し，酸素プラズマ処理によりシリカの保護層を形成し，絶縁材料でもあるため封止材料として利用されている。筆者らは，これらを組み合わせた機能性光架橋系の構築に成功した[16]。この際，254 nm 光および 365 nm 光照射によりポリシランの主鎖 Si-Si 結合が切断される問題があった。そこで，可視光対応光酸発生剤 1[6] を用い，405 nm 光照射を行うことにより，ポリシランの分解を抑制した光架橋系を構築することに成功した[17]。得られた光硬化膜の屈折率は n_D (589 nm) において 1.62 であり，比較的高かった（図3）。

1 を 5 wt％含む PMPS/BCAFG ブレンドフィルムおよび hb-PPS/BCAFG ブレンドフィルムに，405 nm の光を 1600 mJ/cm^2 照射し，所定の温度で4分間加熱した時，両者とも，110℃以下の加熱において光照射を行ったフィルムのみ不溶化が起こった。1 の光分解により酸が発生し，エポキシ基の光カチオン開環重合が進行したためであると考えた。また 120℃以上の加熱では光未照射でも不溶化がみられた。これは 1 の熱分解温度が 120℃付近であり，1 の熱分解により酸が発生し，エポキシ基の開環カチオン架橋反応が進行したためであると考えた。また，PMPS/BCAFG ブレンドフィルムでは 90℃以上の加熱により不溶化するのに対し，hb-PPS/BCAFG ブレンドフィルムでは 100℃以上の加熱が必要であること，また，100℃の加熱により PMPS/BCAFG ブレンドフィルムの不溶化率が hb-PPS/BCAFG ブレンドフィルムの不溶化率より高いことから，PMPS/BCAFG ブレンドフィルムのほうが hb-PPS/BCAFG ブレンドフィルムより不溶化に対する反応性が高いことがわかった。hb-PPS は M_n = 600 であり，PMPS と比

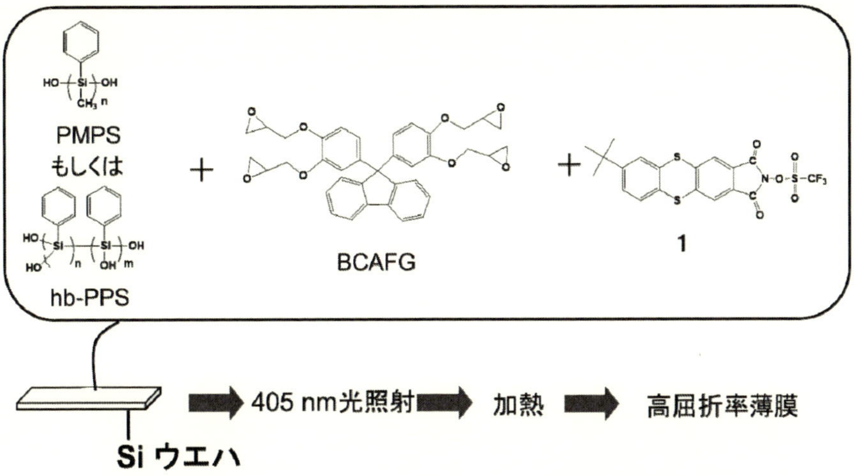

第4章 光酸発生剤とその応用

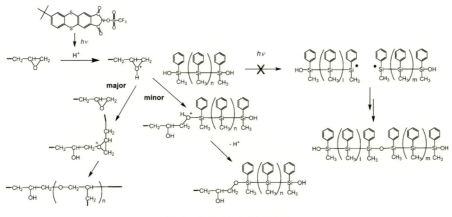

図3 ポリシラン／ジフェニルフルオレン光硬化系の模式図

図4 予想される反応機構

較して末端に多くのヒドロキシ基を有するため，エポキシ基の開環カチオン重合の停止反応が増大し，架橋形成が促進されるのではなく，エポキシ基の開環カチオン重合の成長反応が多数の水酸基によって阻害され，エポキシ基の反応率が低下したためであると考えた。図4に予想される反応機構を示す。

4 おわりに

光酸発生剤について，i線に感光する光酸発生剤の研究例を紹介した。また，スクリーン版と高屈折率材料に関する光酸発生剤を用いた筆者らの研究例について紹介した。光酸発生剤の高性能化に向けた取り組みが今後も続くものと思われるとともに，UV硬化技術やフォトレジストのみならず，他分野への応用が今後も活発に行われるものと思われる。

文　　　献

1) J. V. Crivello et al., *Chem. Mater.*, **26**, 533 (2014)
2) S.-Y. Moon et al., *J. Photochem. Photobiol. C：Photochem. Rev.*, **8**, 157 (2007)
3) T. Higashihara et al., *React. Funct. Polym.*, **73**, 303 (2013)
4) M. Shirai et al., *Prog. Org. Coat.*, **64**, 175 (2009)
5) H. Okamura et al., *Trends Photochem. Photobiol.*, **15**, 51 (2013)
6) H. Okamura et al., *J. Photopolym. Sci. Technol.*, **21**, 285 (2008)
7) H. Okamura et al., *J. Photopolym. Sci. Technol.*, **22**, 583 (2009)
8) T. Asakura et al., *J. Photopolym. Sci. Technol.*, **13**, 223 (2000)
9) F. Ortica et al., *Chem. Mater.*, **12**, 414 (2000)
10) N. Tarumoto et al., *J. Photopolym. Sci. Technol.*, **16**, 697 (2003)
11) J. V. Crivello et al., *J. Photochem. Photobiol. A：Chem.*, **159**, 173 (2003)
12) J. Iwaki et al., *J. Photopolym. Sci. Technol.*, **17**, 123 (2004)
13) H. Okamura et al., *Polym. Adv. Technol.*, **23**, 1151 (2012)
14) H. Okamura et al., *J. Photopolym. Sci. Technol.*, **28**, 61 (2015)
15) M. Shirai et al., *Polym. Int.*, **65**, 362 (2016)
16) H. Okamura et al., *J. Photopolym. Sci. Technol.*, **15**, 145 (2012)
17) H. Okamura et al., *J. Photopolym. Sci. Technol.*, **27**, 525 (2014)

第 5 章　デンドリマーを利用したラジカル重合型 UV 硬化材料

青木健一[*]

1　はじめに

　デンドリティック高分子とは，分岐モノマー（ビルディングブロック）が三次元的に結合を繰り返すことにより成長した多分岐ポリマーの総称である[1]。このような多分岐ポリマーは，主にデンドリ型とハイパーブランチ型の2種類に分類できる。前者のデンドリ型高分子は，分岐欠陥がなく構造が明確な高分子のことである。コアとなる多分岐モノマーを起点として球状に成長しているものを「デンドリマー」，直鎖状ポリマーの末端，あるいは側鎖を起点として多分岐ポリマー鎖が成長している場合を，それぞれ「リニアデンドリティックポリマー」，「デンドリグラフトポリマー」と呼び，さらに細かく区別する場合がある。他方のハイパーブランチ型は，分岐欠陥があり構造がランダムな高分子を指し，分岐モノマーの繰り返しのみで構成されているものを「ハイパーブランチポリマー」と呼ぶ。ハイパーブランチポリマーの末端に直鎖状ポリマーが連結したり，逆に直鎖状ポリマーの側鎖にハイパーブランチポリマーが連結したりしている場合は，それぞれ，「スターハイパーブランチポリマー」，「ハイパーグラフトポリマー」と呼ばれる。
　以上のハイパーブランチ型とデンドリ型の2種類の多分岐ポリマーの特徴を端的に比較するために，特にハイパーブランチポリマーとデンドリマーの2つに絞って議論を進めたい。ハイパーブランチポリマーは，AB_x型の分岐モノマーを反応容器内で重合させるだけで得られるため，大量生産性に優れているが，化学構造が一様でなく，分子量に分布が生じる。多分散度（Polydispercity index, PDI）の値として1.5～2程度のものが多いが，さらに大きい場合もある。これに対しデンドリマーは，化学構造（一次構造）が明確で分子量に分布がない（PDI=1）ため，より顕著に多分岐効果を発現させたい場合や内部空隙を利用したい場合，学術的な議論を展開したい場合などには威力を発揮する。デンドリマーは，世代毎に精密に成長させながら合成する必要があるため，合成ステップが増えるとともに煩雑な精製工程を伴うのが一般的である。そのため，デンドリマーは大量合成が難しく，後述するように，これまでに報告されているデンドリマーの簡易合成やワンポット合成に関する研究例もわずかしかない。本稿で着目するUV硬化材料の場合，大量の合成物を用いて物性評価を行うことが多いため，ハイパーブランチポリマーを用いる方が都合がよく，事実，これまでの研究例の大半を占めている（2節参照）。

---

[*]　Ken'ichi Aoki　東京理科大学　理学部第二部　化学科，大学院理学研究科化学専攻　准教授

ところで，デンドリティック高分子を UV 硬化材料に活用する理由は何だろうか？　一言で述べるなら，デンドリティック高分子の示す特徴的な化学的・物理的性質が，UV 硬化材料をはじめとするフォトポリマー材料に要求される物性と良くマッチングしていることである[2]。例えば，球状のデンドリティック高分子は，直鎖状ポリマーに比べてポリマー最表面に存在する官能基の数が格段に多くなり，外部試剤の攻撃を受けやすい。そのため，同じ官能基で同程度の平均分子量を有するフォトポリマーであれば，直鎖状ポリマーよりデンドリティックポリマーを用いた方が反応性に富む。また，デンドリマー同士が効率よく架橋し高分子化するため，感度（硬化速度）も向上すると考えられる。球状高分子であるため，分子鎖どうしの絡み合いも少なく，多くの有機溶媒に対し高い溶解性を示し，低い溶液粘度を維持できる。ポリマー自体の固有粘度も，同じ平均分子量の直鎖状ポリマーに比べて低く扱いやすい。さらに，デンドリティック高分子はアモルファス性であるため，成膜性に優れ，容易に均一な塗膜を調製できるという利点もある。

　以上のようなデンドリティックフォトポリマーの利点を考えると，一次構造がより明確で分岐欠陥のないデンドリマーを大量合成できれば，現行の UV 硬化剤を凌駕する高性能な材料，あるいはハイパーブランチ系 UV 硬化剤の特性をさらに向上させた新規材料へと展開できる可能性がある。そこで本稿では，3 節で，近年，当研究室で提唱しているポリオール／ポリアクリレートデンドリマーの大量合成法と末端修飾法について簡単に概観し，つづく 4 節では，それらを骨格母体として用いた新規なデンドリマー型 UV 硬化材料，特にエン・チオール UV 硬化材料の特性や可能性について，近年の成果を交えて議論したい。次節では，それに先立ち，ハイパーブランチポリマーを用いた UV 硬化材料の研究背景について簡単に概観してみたい。

2　デンドリティック高分子を利用した UV 硬化材料の研究背景

　先に述べたとおり，大量生産性の観点から，デンドリティック UV 硬化材料の大半は，ハイパーブランチポリマーが用いられている。その先駆けとなったのが 1993 年，Hult らにより報告されたアリルエーテルマレイン酸エステル末端型のハイパーブランチポリマーであり，末端アリル基数の増加に伴い，硬化速度と最終硬度がともに向上することが検証されている[3]。その後，Shi らのグループが，アクリル／メタクリル系ハイパーブランチポリマーを用いた UV 硬化材料について系統的な報告を行っている[4]。また，2000 年以降，このようなポリエンハイパーブランチポリマーを単独で用いるだけでなく，1～3 官能アクリルモノマーと共存させることにより，UV 硬化特性が向上することが報告されている。また，近年，Perstorp 社からハイパーブランチポリオール（Boltorn シリーズ）が市販され，その末端をエステル化することにより，重合性ハイパーブランチポリマーを簡便に得られるようになった[5]。日本国内でも，大阪有機化学工業㈱より，ビスコート 1000，STAR-501 といったアクリル系ハイパーブランチポリマーが開発されている[6]。ハイパーブランチポリマーではなく，構造が明確なデンドリマーを用いた UV 硬化材料の事例は極めて少ないが，アリル末端型デンドリマーをエン・チオール系 UV 硬化樹脂へと展

第5章 デンドリマーを利用したラジカル重合型 UV 硬化材料

開した研究が Nilsson らにより近年報告されている[7]。

3 デンドリマー型 UV 硬化材料の大量合成

1, 2節で概観してきたように, これまでに報告されているデンドリティックフォトポリマーの大半が, ハイパーブランチポリマーを用いたものである。構造が明確なデンドリマーを用いて新たな UV 硬化材料を構築するには, デンドリマーを大量合成できることが大前提となる。デンドリマーの大量合成法に関する報文はそれほど多くないが,「クリック反応」を用いた簡易合成例がいくつか報告されている[8]。クリック反応とは, 2001 年に Sharpless らにより提唱された反応系であり, 温和な反応条件で, 目的とする結合があたかも「カチッ」(clicking) と音をたてて形成することにちなんで命名された。その中心的な役割を果たしているのが, アジドとアルキンからトリアゾール環が生じる反応であり, 副反応なく迅速にこれら 2 つのパーツを結合させることができる[9]。より簡便なクリック反応系として, 近年注目されているのがチオールエン型のクリック反応である。チオールエン反応は, チオール化合物とエン化合物 (またはイン化合物) とが良好に付加反応を起こすことを利用したものであり, マイケル付加とラジカル付加の 2 種類が知られている。いずれも古くから知られている反応系ではあるが, 近年になってクリック反応の一員として再注目され, 2010 年頃から多くの総説が発表されている[10]。著者らは, 近年, 前者のマイケル付加を利用した, 簡便なデンドリマーの大量合成を検討している[10(d), 11]。また, 後者のラジカル付加を利用して, エン・チオール型 UV 硬化材料へと展開している[12]。本節ではまず, 骨格母体となるデンドリマーの大量合成原理について簡潔に解説したい。

3.1 "ダブルクリック"反応によるデンドリマー骨格母体の合成～多段階交互付加 (AMA) 法

チオールエン・クリック反応を利用して, デンドリマーやハイパーブランチポリマーをはじめとする樹状高分子化合物を合成する試みは, 近年になっていくつか報告されている。多くの場合, α-チオグリセロールなどのヒドロキシ基含有モノチオール誘導体を, コア分子である多官能アクリル化合物にチオールエン付加させ, ポリオール誘導体を得る反応を起点にしている[13]。アクリル化合物は, 塩基性触媒の存在下でメルカプト化合物と良好に付加反応を起こし (クリック過程), この反応はマイケル付加反応として良く知られている。一方で, アクリル基とヒドロキシ基は全くマイケル付加反応を起こさない。以上のような高い反応選択性があるため, 本クリック過程を通して末端にヒドロキシ基が選択的に露出する。多くの場合, この末端ヒドロキシ基とカルボン酸誘導体をエステル化することによりさらなる世代拡張が行われる。

著者らは, 同様なチオールエン・クリック反応 (マイケル付加反応) によりポリオールデンドリマー (OH4, 図 1) 合成した後, この末端ヒドロキシ基にさらに「クリック反応」を行うことにより, より簡便に世代拡張反応ができないか検討を行った。その際着目したのが, 昭和電工㈱から市販されているイソシアネートモノマー (BEI, 図 1) である。ヒドロキシ基とイソシアネー

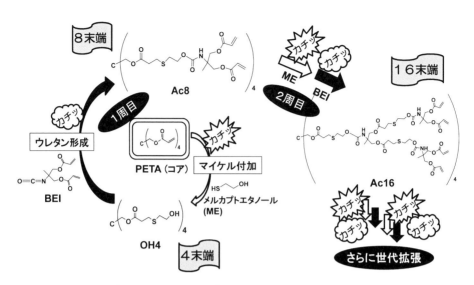

図1　多段階交互付加（AMA）法によるデンドリマー合成の概念図

ト基は，スズ触媒存在下で容易に付加反応を起こし，100％の収率でウレタン形成しうるため[14]，これを2回目の「クリック反応」と捉えることができる[10(d)]。すなわち，マイケル付加とウレタン形成反応という「ダブルクリック反応」を行うことにより，図1に示すように，再びアクリル基を末端に露出することができ，その末端数は2倍に増加する。もう一度ダブルクリック反応を行えば，得られるデンドリマーの末端アクリル数はさらに2倍になる。図1に示す反応系では，ダブルクリック反応を繰り返すことにより，末端アクリル基数が4，8，16個と増加していることに着目していただきたい。一連のデンドリマー合成法は，2種類の付加反応を「交互」に「多段階」で繰り返すことにより容易にデンドリマーの世代拡張が可能であることから，筆者らは本手法を「多段階交互付加（Alternate Multi-Addition, AMA）法」と呼ぶことを提唱している[10(d),11]。AMA法を用いることにより，16末端ポリオール／ポリアクリレートデンドリマーを100グラムスケールで簡便に合成することが可能となり，GPC測定から見積もられる分子量分布（M_w/M_n）は1.04～1.07程度であり，単分散性にも優れていることが分かった。

　AMA法のもう1つの利点は，デンドリマーのワンポット合成が可能なことである。2種類の「付加反応」のみを用いており，系内に脱離基などの不純物が生成しないためである。また，同一溶媒（THF）で世代拡張を行えること，用いる触媒がお互いの付加反応に影響を及ぼさないこと，といった要素もワンポット合成を行うのに好都合である。現在では，32末端ポリアクリレートデンドリマーをワンポットで行うことに成功している。デンドリマーのワンポット合成に関する報文はいくつか知られているが[15]，AMA法は全工程をワンポット化できるユニークで稀有な事例である。

第5章 デンドリマーを利用したラジカル重合型 UV 硬化材料

3.2 デンドリマーの末端修飾によるポリエンデンドリマーの合成

3.1項で述べた手法により得られるデンドリマーの末端には，アクリル基やヒドロキシ基が多数存在するため，合成化学的に容易に末端修飾が行える。ポリアクリレートデンドリマーに関しては，図2に示すように，チオール誘導体[16]やアミン[12]を容易にマイケル付加させることがで

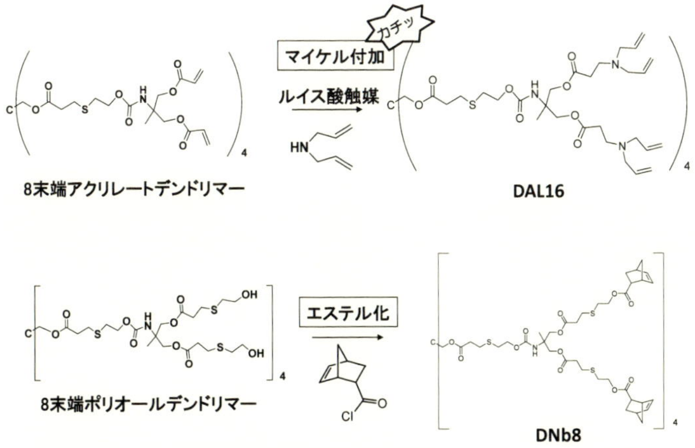

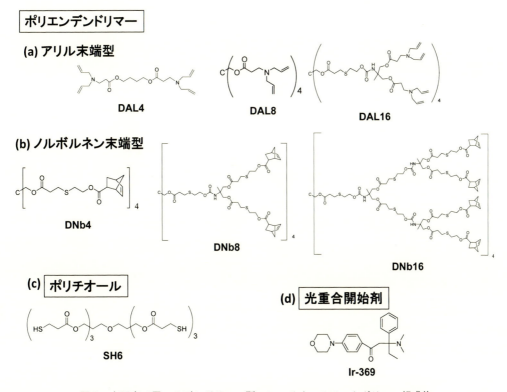

図2 デンドリマーの末端修飾によるポリエンデンドリマーの合成

図3 本研究で用いるデンドリマー型エン・チオールフォトポリマー組成物

きるため，末端修飾は簡単である。デンドリマー骨格母体合成で行うダブルクリックに次ぐ"3回目のクリック反応"と捉えることができる。最終目的物の純度を上げるためカラムクロマト精製を行う場合も，目的の世代まで拡張させ末端修飾を行った後に1回だけ行えば良いため，合成工程を大幅に短縮できる。このような手法により，著者らはポリアクリレートデンドリマーとジアリルアミンを用いて，ポリアリルデンドリマー（図3(a)）を高収率で得た[12]。このようなポリエンデンドリマーは，ポリチオール誘導体および光重合開始剤と混合することによりエン・チオール型UV硬化材料として機能しうる。詳細については次節で述べる。

　他の末端修飾法として，得られたポリオールデンドリマーと所望のカルボン酸誘導体とのエステル化反応が挙げられる。本反応はクリック反応とは言い難いが，カルボン酸塩化物に変換すれば，ポリオールデンドリマーと迅速にエステル化するため，容易に末端修飾が可能である。本手法を利用し，もう1つのポリエンデンドリマーであるポリノルボルネンデンドリマー（図3(b)）を合成することができた[12]。次節で述べるように，ノルボルネン誘導体はアリル誘導体に比べ約10倍エン・チオール光重合活性が高いため[17]，有用なフォトポリマー材料となりうる。

4　デンドリマーを用いたUV硬化材料の特性評価

4.1　エン・チオール光重合[17]

　先述したように，チオールエン反応には2種類あり，その1つが，今回のデンドリマー合成に利用したマイケル付加である。もう1つがラジカル型の付加反応であり，1905年にPosnerらにより初めて報告されている[18]。その後，Morganらによりフォトポリマー材料[19]へと展開され，現在では，エン・チオール光重合反応として，アクリル／メタクリル型の連鎖的な光重合反応に並んでUV硬化材料に利用されている。エン・チオール光重合は，大気中の酸素により過酸化物ラジカルが生じても鎖長伸長が停止しないため，ラジカル反応でありながら酸素阻害を受けない。また，課題となっていた臭気の問題も，チオール化合物の高分子量化などにより軽減することができ，近年注目を浴びている[17,20]。

　エン・チオール光重合のメカニズムを(1)式に示す。紫外線照射により生じたラジカル種（In・）がチオール誘導体から水素を引き抜きチイルラジカル（RS・）が生じることにより（(1)式の開始過程），①チイルラジカルがオレフィンに付加し，新たなラジカル種が生じる過程（(1)式の重合過程1），②およびこのラジカル種が別のチオール部位からさらに水素を引き抜きチイルラジカルが再生する過程（(1)式の重合過程2）という2段階の反応が逐次的に繰り返されて重合が起こる。以上の過程は，ラジカル種同士のカップリング反応（(1)式のラジカル再結合（停止）反応）が起こるまで繰り返されるため，原理的には，オレフィンとチオールをともに2官能以上に多官能化しておくと光重合に伴い高分子量化する。

第5章　デンドリマーを利用したラジカル重合型UV硬化材料

〈エン・チオール光重合のメカニズム〉

開始過程

$$In \xrightarrow{h\nu} In\cdot$$

$$RSH + In\cdot \longrightarrow RS\cdot$$

重合過程1

$$RS\cdot + \underset{R'}{CH_2=CH} \longrightarrow RS-CH_2-\overset{\cdot}{C}H-R'$$

重合過程2　　　　　　　　　　　　　　　　　　　　　　　　　　　　　　　　　(1)

$$RS-CH_2-\overset{\cdot}{C}H-R' + RSH \longrightarrow RS\cdot + RS-CH_2-CH_2-R'$$

ラジカル再結合(停止)過程

$$RS-CH_2-\overset{\cdot}{C}H-R' + RS-CH_2-\overset{\cdot}{C}H-R' \longrightarrow RS-CH_2-CH(R')-CH(R')-CH_2-SR$$

3.2項で述べたポリアリルデンドリマー（DAL(n), n=4〜16, 図3(a)）の場合も，汎用の6官能ポリチオール（SH6, 図3(c)），および光重合開始剤（Ir-369, 図3(d)）と混合することでエン・チオール光重合が進行する[12]。本樹脂は，UV光照射前は鉛筆硬度で6B以下の柔粘な状態であるが，UV照射（365 nm）により硬化し，H程度の硬度を示すようになる。FTIRスペクトル測定より，いずれの塗膜もUV照射によりメルカプト基の伸縮振動吸収帯（v_{SH}, 2570 cm^{-1}付近）およびC=C結合の伸縮振動吸収帯（$v_{C=C}$, 1630〜1670 cm^{-1}）の吸収強度が減少しており，エン・チオール光重合反応が良好に進行していることが明らかとなった。

4.2　ポリアリルデンドリマー系UV硬化材料の特性評価

ポリアリルデンドリマー系フォトポリマーのUV硬化特性を調べるため，PET基板上に調製した塗膜に365 nmの紫外単色光を照射し，鉛筆硬度測定を行った。塗膜硬度をUV照射エネルギーに対してプロットした結果（感度曲線）を図4(a)に示す。本結果より，硬度に必要な紫外光照射量は，DAL4/SH6, DAL8/SH6, およびDAL16/SH6系塗膜で，それぞれ2500, 140, 70 mJ cm^{-2}である。すなわち，デンドリマーの末端アリル数増加に伴い，硬化速度が大幅に向上することが分かった。以上の結果は，アリル基がデンドリマー末端に局所的に濃縮されたことに起因し，チイルラジカルとの付加反応性（(1)式の重合過程1）が向上したためと考えられる。また，DAL16/SH6系塗膜の重合収縮率を比重測定により求めたところ，3%程度に抑制できる

ことが分かった。これは，分岐鎖どうしの絡み合いを抑制できるというデンドリマーの特徴を反映しているものと考えられる。すなわち，デンドリマー型UV硬化材料は，「光照射により迅速に硬化し縮みにくい」という高性能な光硬化挙動を示すことが分かった。

4.3 ポリノルボルネンデンドリマー系UV硬化材料の特性評価

つぎに，末端エン部位としてノルボルネンを導入したデンドリマー（ポリノルボルネンデンドリマー，DNb (n), n = 4～16，図3(b)）について，同様にエン・チオール塗膜（DNb (n)/SH6）を調製した[12]。図4(b)に示す通り，これらの塗膜がHBまで硬化するのに必要な紫外光照射エ

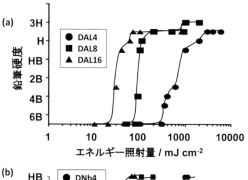
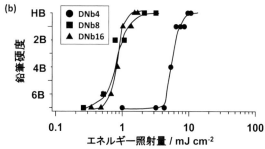

図4 デンドリマー型紫外線硬化材料の硬化特性
(a) 末端アリル型, (b) 末端ノルボルネン型

ネルギー量は，DNb4/SH6，DNb8/SH6，およびDNb16/SH6系塗膜で，それぞれ9.6, 2.1, 1.5 mJ cm^{-2}である。すなわち，ノルボルネン系樹脂においても，デンドリマーの末端官能基数の増加に伴い感度が向上する。さらに興味深いことに，同じ末端数で感度比較を行った場合，ノルボルネン系樹脂はアリル系樹脂に比べて50～70倍も感度が高いことが分かる。先述したように，ノルボルネン誘導体のエン・チオール活性は，一般的にはアリル誘導体の10倍程度であることが知られており，ノルボルネン部位の環状構造の歪みにより，炭素ラジカルがチオールから水素を引き抜く過程（(1)式の重合過程2）が促進されるためと考えられている[17]。今回の結果から，デンドリマー骨格を用いることより，文献値よりさらに5～7倍の感度向上を見込めることが分かる。このようなポリノルボルネンデンドリマー系での特異的に高いエン・チオール光重合活性メカニズムとして，①デンドリマー末端へのノルボルネンの局所濃縮効果（(1)式中の重合過程1の促進），②ノルボルネン自体の高いエン・チオール活性（(1)式中の重合過程2の促進）という2つの要因のほかに，③ラジカル-ラジカル再結合反応の促進（(1)式中のラジカル再結合（停止）反応の促進）が挙げられる。FTIRスペクトルの解析より，ポリアリルデンドリマー系樹脂では，ラジカル再結合により消費されるオレフィン部位は8%程度であるが，今回のポリノルボルネンデンドリマー系樹脂では，約40%ものオレフィン部位がラジカル再結合により消費されていることが分かった[21]。一般的なエン・チオール光重合の場合，ラジカル再結合は鎖長伸長を停止させる要因になると考えられるが，デンドリマー系では，エン-チオール間での重合反応と同様に，デンドリマー同士を架橋し高分子量化する要因となる。すなわち，ポリノルボルネンデンドリ

第5章 デンドリマーを利用したラジカル重合型UV硬化材料

マー系UV硬化材料は，(1)式に示す重合メカニズムの3過程（重合過程1と2，およびラジカル再結合過程）すべてを活性化でき，それらが協調的に作用することにより特異的に高感度なUV硬化特性を示したものと考えられる。しかしながら，本UV硬化樹脂は重合活性が高い反面，保存安定性に問題があり，溶媒を濃縮除去した状態で室温放置すると，暗所においても数時間で固化してしまう。今後，安定剤の種類や添加量の検討，樹脂組成の最適化など実用的な観点からの工夫が必要となろう。

4.4 多成分混合系UV硬化材料[12]

4.2項で述べたポリアリルデンドリマー系樹脂の粘度は，デンドリマーの世代により大きく異なる。最も高世代のDAL16/SH6樹脂では16,000 mPa·sであるのに対し，DAL4/SH6樹脂では500 mPa·sである。（それぞれ，トマトペーストとトマトジュースくらいの粘度に匹敵する。）そこで，アリル基とメルカプト基の官能基濃度を等しく保ち，任意の比で2種類のポリアリルデンドリマー（DAL16とDAL4）を混合することにより多成分混合樹脂（DAL16/DAL4/SH6）を調製し，樹脂の粘度制御を試みた。樹脂の粘度および感度を，全アリル化合物に対するDAL4の重量分率X_wに対してプロットした結果を図5に示す。ここで，DAL4の重量分率X_wは，(2)式のとおり定義される。

$$X_w = \frac{W_{DAL4}}{W_{DAL16} + W_{DAL4}} \tag{2}$$

W_{DAL16}とW_{DAL4}は，それぞれ多成分樹脂中に含まれるDAL16とDAL4の重量である。図5より，$0<X_w<0.35$の領域では感度はほとんど変化せず，200〜290 mJ cm^{-2}程度のUV照射により硬化が起こる。また，図5に合わせて示した通り，この範囲における重合収縮率は3.2〜3.8%であり，十分に低い状態を保っている。一方，$X_w>0.35$の領域では，感度は急激に低下し2,000 mJ cm^{-2}以上のUV照射を行わないと硬化は起こらなくなる。また，重合収縮率も8.5%程度まで急増する。一連のUV硬化挙動にこのような急激な変化が見られる領域は，$0.35<X_w<0.60$（図5の影をつけた領域）である。興味深いことに，この領域をDAL4のモル分率X_mに換算すると$0.77<X_m<0.90$に相当し，これはDAL4とDAL16からほぼ同数のアリル基が供給されている状態にあたる。反応性希釈剤の添加は，①塗膜粘度の低下による分子拡散の促進（感度向上の要因），

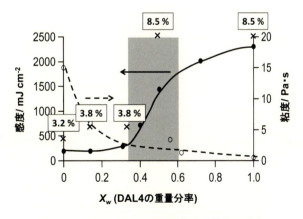

図5 DAL16/DAL4/SH6型多成分樹脂の感度及び粘度の重量分率依存性
図中の×およびその上の数値は，重合収縮率を示す。

および②アリル部位の末端への局所濃縮効果の減少（感度低下の要因）という2つの相反する効果をもたらすため，両者の釣り合いが取れた状態では，感度もほぼ一定に保たれるものと考えられる。しかし，なぜ特定の状態を境に感度が急激に低下するのか，またそれに付随して重合収縮率も急増するのかは現時点では不明であり，現在さらなる検討を行っている。以上の結果は，多成分混合樹脂の組成比を変えるだけで，樹脂性能を低下させることなく16,000〜3,000 mPa・sの範囲で粘度制御が行えることを示しており，実学的意義は大きい。とりわけ，光ナノインプリント樹脂などの微細加工技術へと応用展開する際に有用であると考えている。

5 おわりに

本稿では，大量合成可能なデンドリマー骨格の末端にオレフィン部位を局所濃縮することにより，従来のエン・チオール系UV硬化材料の感度を飛躍的に改善できるとともに重合収縮率も低減できることを示した。また，反応性希釈剤を適切に添加することにより，UV硬化材料としての性能をほとんど低下させることなく樹脂粘度を制御することも可能となった。エン・チオール光重合反応は大気中の酸素阻害を受けないことが1つの利点であり[17,20]，本稿で述べた最も良好なUV硬化樹脂では，大気中において$1.5\ mJ\ cm^{-2}$程度の紫外光照射で十分な硬化が進行する。今後，安定性の確保，粘度制御などの諸物性の手法が確立し，さらなる高性能化を行うことができれば，興味深いUV硬化樹脂になるものと期待している。

謝辞

本研究の一部は，科学研究費助成事業（若手B，課題番号：23710134）からの研究助成，および原料提供（BEI：昭和電工㈱，PETA：新中村化学工業㈱）により遂行された。また，市村國宏先生（東京工業大学名誉教授）に多大なるご助言をいただくことができ，多くの実験は，山田正嗣氏（東京理科大学卒業生）と今西亮太氏（現 名古屋大学工学研究科 博士後期課程）により遂行されたものである。

文　献

1) (a)青井啓悟，柿本雅明，デンドリティック高分子，エヌ・ティー・エス（2005）(b) J. M. Fréchet and D. A. Tomalia, "Dendrimers and other dendritic polymers,", John Wiley & Sons, Ltd. (2001)
2) 青木健一，市村國宏，月刊ファインケミカル，**44**, 13 (2015)
3) M. Johansson, E. Malmström and A Hult, *J. Polym. Sci. Part A : Polym. Chem.*, **31**, 619 (1993)
4) (a) W. Shi and B. Rånby, *J. Appl. Polym. Sci.*, **59**, 1937 (1996)；(b) W. Shi and B. Rånby, *J. Appl. Polym. Sci.*, **59**, 1945 (1996)；(c) W. Shi and B. Rånby, *J. Appl. Polym. Sci.*, **59**, 1951

第 5 章　デンドリマーを利用したラジカル重合型 UV 硬化材料

(1996)；(d) H. Huang, J. Zhang and W. Shi, *J. Photopolym. Sci. Technol.*, **10**, 341 (1997)；(e) W. Wei, Y. Lu, W. Shi, H. Yuan and Y. Chen, *J. Appl. Polym. Sci.* **80**, 51 (2001)；(f) W. Wei, H. Kou, W. Shi, H. Yuan and Y. Chen, *Polymer*, **42**, 6741 (2001)；(g) H. Kau, A. Asif and W. Shi, *J. Appl. Polym. Sci.* **89**, 1500 (2003)

5) (a) M. Johansson, T. Glauser, G. Rospo and A. Hult, *J. Appl. Polym. Sci.* **75**, 612 (2000)；(b) H. Wei, H. Kou and W. Shi, *J. Coat. Tech.* **75**, 37 (2003)；(c) Q. Fu, L. Cheng, Y. Zhang and W. Shi, *Polymer*, **49**, 4981 (2008)

6) 猿渡欣幸，LED-UV 硬化技術と硬化材料の現状と展望，p.223，シーエムシー出版 (2010)

7) (a) C. Nilsson, N. Simpson, M. Malkoch, M. Johansson and E. Malmström, *J. Polym. Sci. Part A：Polym. Chem.*, **46**, 1339 (2008)；(b) C. Nilsson, E. Malmström, M. Johansson and S. M. Trey, *J. Polym. Sci. Part A：Polym. Chem.*, **47**, 589 (2009)

8) (a) P. Wu, A. K. Feldman, A. K. Nugent, C. J. Hawker, A. Scheel, B. Voit, J. Pyun, J. M. J. Fréchet, K. B. Sharpless, V. V. Fokin, *Angew. Chem., Int. Ed.*, **43**, 3928 (2004)；(b) R. K. Iha, K. L. Wooley, A. M. Nyström, D. J. Burke, M. J. Kade, C. J. Hawker, *Chem. Rev.*, **109**, 5620 (2009)

9) (a) H. C. Kolb, MG. Finn, K. B. Sharpless, *Angew. Chem., Int. Ed.*, **40**, 2004 (2001)；(b) M. G. Finn, H. C. Kolb, V. V. Fokin, K. B. Sharpless (北山隆訳), 化学と工業, **60**, 976 (2007)

10) (a) C. E. Hoyle and C. N. Bowman, *Angew. Chem. Int. Ed.*, **49**, 1540 (2010)；(b) G. Franc and A. K. Kakkar, *Chem. Soc. Rev.*, **39**, 1536 (2010)；(c) A. B. Lowe, C. E. Hoyle and C. N. Bowman, *J. Mater. Chem.*, **20**, 4745 (2010)；(d) 青木健一，クリックケミストリー――基礎から実用まで――，p.112，シーエムシー出版 (2014)

11) (a) K. Aoki, K. Ichimura, *Chem. Lett.*, **38**, 990 (2009)；(b) K. Aoki, K. Ichimura, *Bull. Chem. Soc. Jpn.*, **84**, 1215 (2011)

12) (a) K. Aoki, K. Ichimura, *J. Photopolym. Sci. Technol.*, **21**, 75 (2008)；(b) K. Aoki, M. Yamada, K. Ichimura, *J. Photopolym. Sci. Technol.*, **26**, 257 (2013)；(c) K. Aoki, M. Yamada, K. Ichimura, *J. Photopolym. Sci. Technol.*, **27**, 529 (2015)；(d) K. Aoki, R. Imanishi, M. Yamada, *Prog. Org. Coat.*, **100**, 105 (2016)

13) (a) K. Aoki, R. Sakurai and K. Ichimura, *J. Photopolym. Sci. Technol.*, **20**, 277 (2007)；(b) C. Nilsson, N. Simpson, M. Malkoch, M. Johansson and E. Malmstrom, *J. Polym. Sci. Part A：Polym. Chem.*, **46**, 1339 (2008)

14) K. Wongkamolsesh and J. E. Kresta, *ACS Symp. Ser.*, **270**, 111 (1985)

15) (a) S. P. Rannard, N. J. Davis, *J. Am. Chem. Soc.*, **122**, 11729 (2000)；(b) M. Okaniwa, K. Takeuchi, M. Asai, M. Ueda, *Macromolecules*, **111**, 6232 (2002)；(c) F. Koç, M. Wyszogrodzka, P. Eilbracht, R. Haag, *J. Org. Chem.*, **70**, 2021 (2005)；(d) C. Ornelas, J. R. Aranzaes, E. Cloutet, D. Astruc, *Org. Lett.*, **8**, 2751 (2006)

16) (a) K. Aoki, T. Hashimoto and K. Ichimura, *J. Photopolym. Sci. Technol.*, **27**, 529 (2014)；(b) 青木健一，市村國宏，光機能性高分子材料の新たな潮流――最新技術とその展望――，p.263，シーエムシー出版 (2008)

17) (a) A. F. Jacobine, "Curing in Polymer Science and Technology III", p219 Elsevier (1993)；(b) C. E. Hoyle, T. Y. Lee and T. Roper, *J. Polym. Sci. Part A：Polym. Chem.*, **42**, 5301

(2004)
18) T. Posner, *Ber.*, **38**, 646 (1905)
19) C. R. Morgan, F. Magnotta and A. D. Ketley, *J. Polym. Sci. Polym. Chem. Ed.*, **15**, 627 (1977)
20) 市村國宏, UV 硬化の基礎と実践, 米田出版 (2010)
21) K. Aoki and R. Imanishi, *J. Photopolym. Sci. Technol.*, **30**, 421 (2017)

第6章　自己組織化（DSA）技術の最前線

山口　徹*

1　はじめに

　半導体微細加工技術の劇的な進展は，高解像リソグラフィ技術により支えられてきた。しかしながら，これまで微細化技術を牽引してきた光リソグラフィ技術は，量産レベルで 38 nm hp でその解像限界を迎えた。それ以降の微細化では，多重露光によるピッチ分割法やスペーサー技術による多重パターニング法が用いられている。技術的には，回路線幅 7 nm 程度まで作製可能と言われているが，プロセス工程の煩雑さに伴いコストの増大を招くこととなる。したがって，sub-10 nm の解像性を実現するためには，光リソグラフィに代わる革新的なリソグラフィ技術の開発が期待され，極端紫外線（EUV）露光技術，ナノインプリント法，あるいはマスクレス電子線露光法といった様々な露光法が提案され，研究開発が進んでいる。そのような背景の下，分子の自己組織化などの，いわゆるボトムアップ技術を用いて低コストで極微細パターンを形成しようという試みが始まった。このようなボトムアップ技術を利用する方法として最も注目を浴びているのが，ブロック共重合体の自己組織化構造を利用したブロック共重合体リソグラフィという手法である。本手法について，ここ 10 年の間に急激に研究開発が活発化し，多くの研究が行われてきた。本章では，ブロック共重合体の誘導自己組織化技術のこれまでの進展について簡単に紹介する。

2　ブロック共重合体の誘導自己組織化技術

2.1　ブロック共重合体リソグラフィ

　ブロック共重合体のミクロ相分離構造をリソグラフィ応用として用いる提案が約 20 年前にプリンストン大学からなされた[1]。ポリスチレン（PS）とポリブタジエン（PB）からなる非対称ジブロック共重合体（PS 分子量：36 kg/mol，PB 分子量：11 kg/mol）を用いて，30 nm 周期の高密度ドット及びホールパターンを下地基板に転写することに初めて成功している[1]。本手法では，ランダム配置ではあるものの，ほぼ同じ大きさのナノドメインを基板上に一度に大量に作製できることが大きな魅力である。さらに，最も注目すべき点は，ブロック共重合体の分子の大きさのみが，これらミクロ相分離ドメインの大きさや周期を支配していることである。このことか

＊　Toru Yamaguchi　日本電信電話㈱　NTT 物性科学基礎研究所　量子電子物性研究部　主任研究員

ら，既存の高解像リソグラフィ技術の解像性を大きく凌駕した，分子レベルの解像性をもつ極限リソグラフィ技術としての展開が期待され，多くの研究機関において研究が進められている。

ブロック共重合体は，2つ以上の異なるホモポリマーブロック鎖が，化学結合したポリマーである。これらのポリマーブロック鎖は，分解さえしなければ，高い温度において自由混合し無秩序構造を示すが，適当な温度条件下において，エネルギー的に安定なミクロ相分離構造となり，数 nm から 50 nm 程度のミクロ相分離ドメインが形成される。このミクロ相分離現象は，ホモポリマーブロック鎖が分子内で化学結合していることに起因している。もし2種類以上のホモポリマーを混合すれば，異なるホモポリマー同士が反発する結果，同種のホモポリマー同士が凝集し，マクロ相分離が起き，ミクロンサイズのドメインが形成されてしまう。このように，ブロック共重合体リソグラフィは，ランダム配置したナノ構造を並列同時形成することにかけては，他に類を見ないほど多大な威力を発揮することから，当初，量子ドット[2]，フラッシュメモリ[3]，キャパシタ[4]，ナノフィルター[5]，層間絶縁膜形成[6]への応用展開が期待された。このようなデバイスを作製するためには，ミクロ相分離構造を下地基板に転写できるかが鍵となる。ミクロ相分離ドメインをブロック共重合体薄膜中に単層形成することができ，かつ2つのドメイン間で充分なエッチング選択比が取れれば，ミクロ相分離ドメインをエッチングマスクとして，下地基板に転写することが可能である。エッチング選択比を向上させる手法として，金属染色[1]や金属含有ブロック共重合体[7]の検討が行われたが，実際に半導体プロセスに適用するためには，プロセスの煩雑さや金属汚染などの問題があった。ポリスチレン（PS）とポリメタクリル酸メチル（PMMA）からなるブロック共重合体 PS-*b*-PMMA を用いれば，① PS ドメインと PMMA ドメインのエッチング選択比が2程度取れること，② PMMA がポジ型レジストであることを利用して，DUV 露光をもちいて選択的に除去できること，から PS ドメインをエッチングマスクとして下地基板に転写することができる[8,9]。

ミクロ相分離現象というボトムアップ技術のみを用いたランダム系のブロック共重合体リソグラフィ技術は，高密度・超微細ナノ構造を容易に同時並列形成可能であるものの，ナノ構造自身は単純な形状をしていることに加え，ドメインの位置や配向を制御することはできない。一方で，光リソグラフィに代表されるトップダウン技術では，複雑な回路パターン形状をもつナノ構造を，高い位置精度をもって形成可能であるものの，多重パターニングのようなピッチ分割手法や多重露光法を用いることが必要になるため，プロセスの煩雑さやコスト上昇が深刻になってきている。そこで，ボトムアップ技術とトップダウン技術を融合させることにより，超微細ナノ構造を所望の位置・方向に，高密度・高精度に形成することが可能となれば，安価な製造手法となり得る。本融合技術は，Directed Self-Assembly（DSA，誘導自己組織化）と呼ばれており，10 nm 技術ノード以降のリソグラフィ技術として期待されている[10]。DSA 技術としては，グラフォエピタキシ法[11,12]，化学的エピタキシ法[13,14]，電場を用いる方法[15,16]，せん断力を利用する方法[17]，誘導結晶化法[18]，溶剤アニール法[19]など多くの手法が報告されているが，ここでは半導体プロセスへの適用を目指して活発に研究が行われている代表的な2つの手法であるグラフォ

第6章 自己組織化（DSA）技術の最前線

エピタキシ法と化学的エピタキシ法について簡単に説明する。

2.2 グラフォエピタキシ技術

ブロック共重合体のグラフィエピタキシ法は，カルフォルニア大学（UCSB）により提案された手法[11,12]である。基板にあらかじめ凹凸構造を作製しておき，その配向ガイド基板上にブロック共重合体薄膜を堆積し，熱アニール法や溶剤アニール法によりミクロ相分離を誘起することにより，ミクロ相分離ドメインを凹凸パターンの側壁に沿って配向・配列させる手法である。「グラフォエピタキシ」は，もともと結晶成長技術に用いられていた言葉[20]であるが，その成長過程との類似性から，ブロック共重合体の配向制御手法を表す言葉として用いられている。グラフォエピタキシ法は，配向ガイド基板の構造により，①基板表面・配向ガイド側壁表面の自由エネルギーが一様の場合，②両者の表面自由エネルギーが異なる場合，の主に2種類に分けられる。前者は，球状相や面内シリンダ相のような埋め込み型ドメインに主に用いられる。この場合，片方のポリマーブロック鎖だけが基板との界面に接するため，基本的に凹凸のみを利用すればよく，基板表面や配向ガイド側壁表面の濡れ性を一様にしておくだけで良い（図1(a)）。本手法により，球状相[7,11,12,21]，面内シリンダ相[22,23]，及び面内ハーフシリンダ相[24]を配向させた例が報告されている。少し特殊な系だが，後に述べる中性化の手法を用いて，垂直シリンダ相を配向させた例が報告されている[25]。後者は，垂直シリンダ相や垂直ラメラ相のような膜貫通型のドメインに主に用いられる。この場合，①ドメイン界面を基板表面に対して垂直配向させること，②ドメイン界面が配向ガイド側壁に対して平行になるように配向させること，が必須となる。そのためには凹凸構造に加えて，配向ガイド構造の底面と側壁面の表面自由エネルギーを独立に制御す

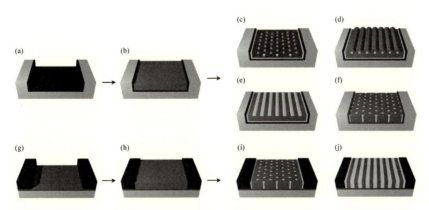

図1 種々のグラフォエピタキシ手法

(a)一様に化学修飾された配向ガイド（トレンチ溝）形成，(b)ブロック共重合体薄膜堆積，(c)六方格子状に配列した球状相，(d)直線配向した面内配向シリンダ相，(e)直線配向した面内配向ハーフシリンダ相，(f)六方格子状に配列した垂直シリンダ相，(g)底面・側壁面に別々に化学修飾された配向ガイド形成，(h)ブロック共重合体薄膜堆積，(i)六方格子状に配列した垂直シリンダ相，(j)直線配向した垂直ラメラ相

る必要がある（図1(g)）。通常，底面の化学修飾プロセスと側壁形成プロセスを独立に行うことにより実現される。トレンチ構造材料として，リフトオフ法により形成した金属パターン[26]やリソグラフィ法により形成したレジストパターンを用いる方法[27~29]が提案されている。

2.3 化学的エピタキシ技術

化学的エピタキシ法とは，あらかじめ化学修飾ナノパターンを基板表面に形成した後，その上にブロック共重合体薄膜を形成してミクロ相分離を誘起し，化学修飾ナノパターンを核として，ミクロ相分離構造を基板に対して垂直方向にエピタキシャル成長させる手法である[13,14]。ブロック鎖A及びBからなるジブロック共重合体の場合，化学修飾ナノパターンは，表面自由エネルギーの異なる2つ化学修飾領域A'及びB'からなり，ブロック共重合体のブロック鎖A及びBに，それぞれ親和性をもつように設計する。垂直シリンダ相の場合には六方格子状のドットパターン（図2(a)）を，垂直ラメラ相の場合にはストライプ状のラインパターン（図2(d)）を化学

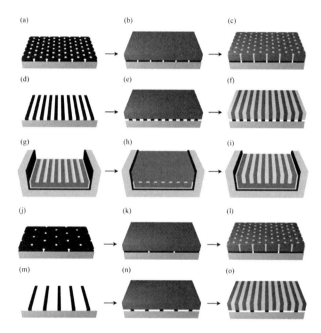

図2　種々の化学的エピタキシ法

密度等倍型の化学的エピタキシ法：(a)六方格子状の化学修飾ナノパターン形成，(b)ブロック共重合体薄膜堆積，(c)配列した垂直シリンダ相，(d)ストライプ状の化学修飾ナノパターン形成，(e)ブロック共重合体薄膜堆積，(f)直線配向した垂直ラメラ相，(g)面内ハーフシリンダ相からなる化学修飾ナノパターン形成，(h)ブロック共重合体薄膜堆積，(i)直線配向した垂直ラメラ相

密度増倍型の化学的エピタキシ法：(j)2倍周期の六方格子状の化学修飾ナノパターン形成，(k)ブロック共重合体薄膜堆積，(l)配列した垂直シリンダ相，(m)2倍周期のストライプ状の化学修飾ナノパターン形成，(n)ブロック共重合体薄膜堆積，(o)配向した垂直ラメラ相

第6章 自己組織化(DSA)技術の最前線

修飾ナノパターンとして用いる。また化学修飾ナノパターンの周期は，エピタキシャル成長させたいミクロ相分離構造の周期と等周期（密度等倍型）または整数倍周期（密度増倍型）に設計する。化学修飾パターンの作製プロセスは種々提案されているが，大量生産を念頭に置くと，最先端の光リソグラフィ技術を用いることが前提となる。ミクロ相分離構造の周期は，最先端の光リソグラフィの1回露光の解像性を超えているため，密度等倍型の化学修飾ナノパターンを用いることはできない。したがって，密度等倍型の化学修飾ナノパターンの作製には，極短紫外線（EUV）干渉露光法[13]，電子線露光法[14]，及びグラフォエピタキシ法により配向したミクロ相分離構造を利用する方法[30,31]，など特殊な手法が用いられる。密度等倍型の化学的エピタキシ法は，大面積無欠陥でミクロ相分離構造を形成できるという優れた長所を有している。しかしながら，ミクロ相分離構造の周期と等しい化学修飾ナノパターンを形成する必要があるため，最先端の光リソグラフィ技術の解像性を超えることはできず，微細化の技術世代を大きく交代させるには至らない。実際には，密度増倍型の化学的エピタキシ法を用いることとなる。本手法を，PS-b-PMMAに適用することにより，周期30 nm以下の垂直ラメラ相[32]や垂直シリンダ相[33,34]を容易に形成できるようになった。密度倍増型と言っても，せいぜい4倍周期（4x）が限界である[35]。2倍周期（2x）の化学修飾ナノパターンを用いて，PS-b-PMMAの相分離限界に近い22 nm周期の垂直ラメラ相の形成が報告されている[36]。

3 DSA材料

3.1 高χブロック共重合体材料

第1世代のブロック共重合体として，PS-b-PMMAについて多くの研究がなされてきた。PS及びPMMAは，半導体レジストの2大骨格であり，既存の半導体プロセスとの親和性が高いことも非常に重要な要素である。唯一の欠点は，周期20 nm以下のミクロ相分離構造を形成するのが困難であることである。ミクロ相分離構造の周期は，ブロック共重合体の重合度（N）とポリマー鎖間の相互作用パラメータであるフローリー-ハギンズの相互作用パラメータ（χ）によって決まる。ここで，ポリマー鎖間に引力が働く場合には$\chi<0$，斥力が働く場合は$\chi>0$である。ブロック共重合体がミクロ相分離を起こすためには，少なくとも$\chi>0$であることが必要である。χが大きく，急峻なドメイン界面が形成される強い偏析領域においては，ミクロ相分離構造の周期L_0は$N^{2/3}\chi^{1/6}$に比例することが知られている[37]。また，Leiblerの平均場理論では，秩序-無秩序転移（ODT）が$\chi N=10.5$の時に起こることが知られている[38]。これは$\chi N<10.5$では，もはやミクロ相分離構造は維持できず，無秩序相となることを意味する。したがって，できるだけ周期の短いミクロ相分離構造を形成するためには，分子量が小さく（Nが小さく），χが大きい，低分子量の高χブロック共重合体が必要となる。報告されているPS-b-PMMAのχの値0.0383（120℃）[39]を用いると$N(\text{ODT})=274$となる。これに相当する分子量のラメラ周期は21.2 nmと報告されており[40]，この値がPS-b-PMMAの解像限界に近い値となる。したがって，周期

20 nm 以下のミクロ相分離構造を形成するためには，PS-b-PMMA の代わりに，高χブロック共重合体を用いなければならない。第2世代のブロック共重合体として，PSとポリジメチルシロキサン（PDMS）からなるブロック共重合体が検討されている[41]。報告されている PS-b-PDMS のχの値 0.20（140℃）[42,43] であり，PS-b-PMMA と比較して5倍以上大きく，高χブロック共重合体一つである。本ブロック共重合体を用いて，周期 10 nm 程度の球状相が形成できることが報告されている[44]。多くの研究者により，新たな高χブロック共重合体が合成され，評価されてきた。これまで報告されている主な高χブロック共重合体を表1に示す。必ずしもχが大きければ，ミクロ相分離構造の周期が小さいわけではないが，分子量 10,000 程度で，おおむね 10 nm 周期程度のミクロ相分離構造を形成できることがわかる。

多くの高χブロック共重合体では，各ブロック鎖の表面自由エネルギーが大きく異なるために，薄膜-空気界面に片方のドメインが偏析し，ドメイン界面が基板表面に配向してしまうことが多い。すなわち，パラレルラメラ構造や面内シリンダ構造が形成されてしまい，下地の表面自由エネルギーを制御するだけでは，パターン転写に有利な垂直ラメラ相や垂直シリンダ相を形成することは難しい。そこで，次項に述べるように，ブロック共重合体薄膜の上に，トップコートと呼ばれる上層中性化層膜と合わせて用いられることが多い。

表1 各種のブロック共重合体の報告例

ブロック共重合体	χパラメータ	構造周期 (nm)	分子量 (g/mol)	相	参考文献
PS-b-PMMA	0.0383@120℃[39]	24.0	39,000	垂直シリンダ相	62)
		18.5	–	垂直ラメラ相	36)
PEO-b-PMA(Az)	–	13.9	10,000	垂直シリンダ相	63)
PS-b-PEO	0.049@140℃[42,43]	6.9	7,000	垂直シリンダ相	64)
PS-b-PDMS	0.20@140℃[42,43]	17.5	16,000	面内シリンダ相	41)
		10.6	8,500	球状相	44)
MH-b-PTMSS	–	11.4	5,800	垂直シリンダ相	65)
MH-b-PS	–	10.2	5,700	垂直シリンダ相	66)
PTMSS-b-PLA	0.42@140℃[42]	12.1	9,200	垂直シリンダ相	42)
PS-b-PEtOx	–	18	11,500	垂直シリンダ相	67)
PTMSS-b-PMOST	–	17.4	17,900	垂直ラメラ相	68)
PS-b-PMHxOHS	–	16	14,500	垂直ラメラ相	45)
P2VP-b-PS-b-P2VP	–	16.3	32,800	垂直ラメラ相	69)
PS-b-PPC	0.079	16.8	15,600	垂直ラメラ相	70)
PMAPOSS-b-PTFEMA	0.45	11.0	10,300	垂直ラメラ相	49)

PMMA：Poly(methyl methacrylate), PS：Polystyrene, PEO：Poly(ethylene oxide), PMA(Az)：Poly{11-[4-(4-butylphenylazo)phenoxy]-undecyl methacrylate}, PDMS：Poly(dimethylsiloxane), MH：Maltoheptaose, PTMSS：Poly(p-trimethylsilylstyrene), PLA：Poly(D,L-lactide), PEtOx：Poly(2-ethyl-2-oxazoline), PMOST：Poly(p-methoxystyrene), PMHxOHS：Poly(substituted-siloxane)（M：methyl, HxOH：hexanol), P2VP：Poly(2-vinylpyridine), PPC：Poly(propylene carbonate), PMAPOSS：Poly(polyhedral oligomeric silsesquioxane methacrylate), PTFEMA：Poly(2,2,2-trifluoroethyl methacrylate)

第6章　自己組織化（DSA）技術の最前線

その一方で，こうした界面自由エネルギー制御を必要としない高χブロック共重合体の開発も進んでいる。PS-b-PDMS の低表面自由エネルギーブロック鎖である PDMS に水酸基を導入したブロック共重合体 PS-b-PMHxOHS では，両ブロック鎖の表面自由エネルギーのバランスを取ることが可能となり，下地中性化層のみを用いて，17 nm 周期の垂直ラメラ相の形成に成功している[45]。また，ポリエチレンオキシド（PEO）とアゾベンゼンをメソゲンとする液晶分子を側鎖にもつポリメタクリレート（PMA(Az)）からなる非対称ジブロック共重合体 PEO-b-PMA(Az) を用いて，下地及び上層の中性化層を用いること無しに，垂直 PEO シリンダ相が形成できることが報告されている[46,47]。アゾベンゼン液晶分子が，空気界面においてホメオトロピック配向することにより，表面からの垂直シリンダ相形成が誘起される[48]。さらに，ポリメタクリル酸シルセスキオキサン（PMAPOSS）とトリフルオロエチルメタクリレート（PTFEMA）のブロック共重合体では，χの値が 0.45 とも最も高く，かつ両ブロック鎖の表面自由エネルギーのバランスが取れており，下地及び上層の中性化層を用いること無しに，周期 11 nm の垂直ラメラ相が形成できることが報告されている[49]。さらに，片方のブロック鎖にはエッチング耐性の高いシリコン原子を含んだ POSS を，もう片方のブロック鎖はエッチング耐性が低いメタクリレートを採用してエッチング選択比を高めており，あらゆる面で最適化が施されている。

3.2　中性化層材料

ブロック共重合体のドメインを下地基板に転写する場合，同一材料の場合は，ドメイン界面が基板に対して垂直に配向した垂直ラメラ相や垂直シリンダ相が有利である。これらの垂直配向ドメインを形成するためには，中性化層を用いることが必要となる[50]。ここで中性化層とは，ブロック共重合体に特定のブロック鎖が濡れやすくなることがないように表面自由エネルギーが制御された層のことを指す。ブロック共重合体薄膜-中性化層界面において，特定のブロック鎖が界面に濡れにくくなることから，結果として，ドメイン界面が表面に対して垂直に配向しやすくなる。したがって，ブロック共重合体薄膜-基板界面，及びブロック共重合体薄膜-空気界面の両方に中性化層を配置し，ブロック共重合体を中性化層で挟み込むことが垂直配向のためには理想的である。第一世代のブロック共重合体材料である PS-b-PMMA では，PS と PMMA の表面自由エネルギーの違いがわずかであり，ブロック共重合体薄膜-基板界面にのみ中性化層を配置するだけで，垂直配向を実現できる。下層中性化層に求められる要件としては，①表面自由エネルギーが各ブロック鎖の中間程度であること，②ブロック共重合体薄膜を形成する際，溶解除去されず基板に固定されていること，である。①に対しては，ブロック共重合体の各モノマーを含むランダム共重合体が用いられることが多い。②に関しては，①のランダム共重合体の末端に感応基をつけ，基板表面にグラフト結合して固定化できるようにしたり[50]，あるいは，ランダム共重合体を架橋させて，ブロック共重合体塗布溶剤に対して不溶化させる方法が提案されている（表2）。

10 nm 以下の解像性を実現するためには，第二世代のブロック共重合体である PS-b-PDMS を

表2 各種中性化層材料の報告例

中性化層材料	特徴	適用ブロック共重合体	参考文献
下層：末端水酸基 PS-r-PMMA	グラフト結合型	PS-b-PMMA	50)
下層：PS-r-PBCB-r-PMMA	熱架橋型	PS-b-PMMA	71)
下層：PS-r-(PS-N₃)-r-PMMA	熱及び UV 光架橋型	PS-b-PMMA	72)
下層：PS-r-PMMA-r-PGMA	UV 光架橋型	PS-b-PMMA	73)
下層：P(αMS-alt-MMA)＋架橋剤＋熱酸発生剤	熱架橋型	PS-b-PMMA	28)
下層：PS-r-PMMA-r-PHEMA	グラフト結合型	PS-b-PMMA	74)
下層：PS-r-P2VP-r-PHEMA	グラフト結合型	PS-b-2VP	75)
上層：末端フルオロアルキル基 PS-r-PMMA 下層：末端水酸基 PS-r-PMMA	溶液添加型 グラフト結合型	PS-b-PMMA	76)
上層：PMMA-b-PHFiPMA 下層：末端水酸基 PS-r-P2VP	溶液添加型 グラフト結合型	PS-b-P2VP	52)
上層：PMAnh-r-PNBE-r-PTFMS 下層：PMeS-r-PVBzAz	極性変化型 熱架橋型	PS-b-PTMSS-b-PS	51)
上層：(PMAnh-alt-P(di-tBS))-r-(PMAnh-alt-S) 下層：PtBS-r-PMMA-r-PVBzAz	極性変化型 熱架橋型	PS-b-PTMSS	77)
上層：PDVB 下層：PS-r-P2VP-r-PHEMA	CVD 堆積架橋型 グラフト結合型	PS-b-PMMA P2VP-b-PS-b-P2VP	53)

PMMA：Poly(methyl methacrylate), PS：Polystyrene, PBCB：Polybenzocyclobutene, P(S-N₃)：Poly(4-azidemethylstyrene), PαMS：Poly(α-methylstyrene), PHEMA：Poly(2-hydroxyethyl methacrylate), P2VP：Poly(2-vinylpyridine), PTMSS：Poly(trimethylsilylstyrene), PMeS：Poly(4-methoxystyrene), PVBzAz：Poly(4-vinylbenzylazide), PHFiPMA：Poly(hexafluoroisopropyl methacrylate), PMAnh：Poly(maleic anhydride), PNBE：Polynorbornene, PTFMS：Poly(4-trifluoromethylstyrene), P(di-tBS)：Poly(3,5-di-tert-butylstyrene), PtBS：Poly(4-tert-butylstyrene), PDVB：Poly(divinylbenzene)

始めとする高χブロック共重合体が必要となるが，このような高χブロック共重合体では，各ブロック鎖の表面自由エネルギーの違いが大きいため，必ずドメイン界面が基板と平行に配向してしまうという問題点がある。したがって，高χブロック共重合体の垂直ラメラ相あるいは垂直シリンダ相の形成のためには，下層中性化層だけでなく，トップコートと呼ばれる上層中性化層も必要となる。上層中性化層に求められる要件としては，①表面自由エネルギーが各ブロック鎖の中間程度であること，②上層中性化層を形成する際，ブロック共重合体薄膜が溶解しないこと，である。②については，塗布型，溶液添加型，堆積型などの種々の上層中性化層材料が提案されている（表2）。

塗布型上層中性化層材料については，マレイン酸の極性変化を利用したポリマー材料が提案されている[51]。マレイン酸は水への溶解度が高いため，水酸化アンモニウム溶液に溶解した状態で塗布することができ，下地のブロック共重合体膜を溶解することなく成膜することができる。成膜後，加熱することにより無水マレイン酸に変化し極性が無くなるため，その他のモノマーの化学構造や組成を調整することにより，上層中性化層が実現できる。本材料を高χブロック共重合体材料であるポリ（トリメチルシリルスチレン-b-D,L-ラクチド）に適用し，19 nm 周期の垂直

第6章 自己組織化（DSA）技術の最前線

ラメラ相の形成に成功している。

　溶液添加型上層中性化材料については，フッ化化合物が表面自由エネルギーが低いことを利用したポリマー材料が提案されている[52]。フッ化化合物を含むポリマーをブロック共重合体溶液に添加して成膜すれば，フッ素化合物を含むポリマーが表面偏析することから，その他のモノマーの化学構造や組成比を調整することにより，上層中性化層を実現できる。本手法により，プロセス工程の大幅な削減が期待できる。PMMAとポリヘキサフルオロインプロピルメタクリレートのブロック共重合体を上層中性化層材料として，高χブロック共重合体材料であるポリスチレン-b-ポリ(2-ビニルピリジン)に適用し，28 nm周期の垂直ラメラ相の形成に成功している。

　堆積型上層中性化層材料については，化学的気相成長（CVD）法を利用したポリマー薄膜堆積法が提案されている[53]。モノマーと重合開始剤をCVD法により，ブロック共重合体薄膜に堆積させるが，堆積時にフリーラジカル重合により，モノマーが重合するだけでなく，表面付近のブロック共重合体も重合させることができる。スピン塗布直後のブロック共重合体薄膜では，ブロック共重合体はランダムに存在することから，この状態のまま重合により構造を凍結することにより，中性化層として機能することとなる。種々のブロック共重合体に対して，表面自由エネルギーを調整する必要が無くなることが大きな特徴である。高χブロック共重合体材料であるP2VP-b-PS-b-P2VPに適用し，18.5 nm周期の垂直ラメラ相の形成に成功している。

4　終わりに

　10 nm以下の技術世代のリソグラフィ技術の候補として期待されているブロック共重合体のDSA技術について，簡単に紹介した。詳細をお知りになりたい方は，原著論文または優れた総説[54~60]も出されているので，それらも併せて参照されたい。本手法の研究が始まってから，はや20年が過ぎ，多くの研究者の尽力により，10 nm周期のパターンが形成できるまでに進展してきた。その一方で，トップダウン技術も飛躍的な進歩を遂げ，商用ノードではあるものの10 nm品のLSIがすでに量産されている。さらに，2018~2019年頃にはEUV露光技術を用いて，7 nm品のLSIが量産開始されると見られている。また，EUV露光技術を用いた5 nm技術を用いて，FinFETの後継と見られているナノシートトランジスタを300 mmテストウェハに300億個集積することに成功したとの報告もある[61]。このような状況の中，半導体量産技術におけるDSA技術の位置づけは必ずしも明確ではなく，軽々しく言及することはできない。しかしながら，1台100億円以上もする露光装置を誰もが使用できるわけもなく，実験室において10 nm程度のパターンを熱処理だけで簡単に形成できるDSA技術のナノ加工技術としての圧倒的優位性は決して揺らぐものではない。多くの研究者にとって，DSA技術は究極のナノ加工技術としてますます重要かつ必須になると予想され，ボトムアップ技術としての原点に戻り，材料・プロセス・応用を含めたあらゆる角度からのより一層の進展を期待したい。

最新フォトレジスト材料開発とプロセス最適化技術

文　　献

1) M. Park *et al.*, *Science*, **276**, 1401 (1997)
2) R. R. Li, *et al.*, *Appl. Phys. Lett.*, **76**, 1689 (2000)
3) K. W. Guarini *et al.*, 2003 IEEE IEDM, Technical Digest, 541 (2003)
4) C. T. Black *et al.*, *Appl. Phys. Lett.*, **79**, 409 (2001)
5) C. T. Black *et al.*, *J. Vac. Sci. Technol.*, **B 24**, 3188 (2006)
6) IBM News releases, http://www-03.ibm.com/press/us/en/pressrelease/21473.wss
7) J. Y. Cheng *et al.*, *Adv. Mater.*, **13**, 1174 (2001)
8) K. W. Guarini *et al.*, *J. Vac. Sci. Technol.*, **B 19**, 2784 (2001)
9) K. Asakawa *et al.*, *Jpn. J. Appl. Phys.*, **41**, 6118 (2002)
10) International Technology Roadmap for Semiconductor (ITRS), http://www.itrs2.net/
11) R. A. Segalman *et al.*, *Adv. Mater.*, **13**, 1152 (2001)
12) R. A. Segalman *et al.*, *Macromolecules*, **36**, 3272 (2003)
13) S. O. Kim *et al.*, *Nature*, **424**, 411 (2003)
14) M. P. Stoykovich *et al.*, *Science*, **308**, 1442 (2005)
15) T. L. Morkved *et al.*, *Science*, **273**, 931 (1996)
16) T. T-Albrecht *et al.*, *Adv. Mater.*, **12**, 787 (2000)
17) D. E. Angelescu *et al.*, *Adv. Mater.*, **16**, 1736 (2004)
18) C. D. Rosa *et al.*, *Nature*, **405**, 433 (2000)
19) G. Kim *et al.*, *Macromolecules*, **31**, 2569 (1998)
20) M. W. Geis *et al.*, *J. Vac. Sci. Technol.*, **16**, 1640 (1979)
21) K. Naito *et al.*, *IEEE Trans. Magn.*, **38**, 1949 (2002)
22) D. Sundrani *et al.*, *Nano Lett.*, **4**, 273 (2004)
23) D. Sundrani *et al.*, *Langmuir*, **20**, 5091 (2004)
24) C. T. Black *et al.*, *IEEE Trans. Nanotechnol.*, **3**, 412 (2004)
25) S. Xiao *et al.*, *Nanotechnology*, **16**, S324 (2005)
26) S. M. Park *et al.*, *Adv. Mater.*, **19**, 607 (2007)
27) T. Yamaguchi *et al.*, *J. Photopolym. Sci. Technol.*, **19**, 385 (2006)
28) T. Yamaguchi *et al.*, *Adv. Mater.*, **20**, 1684 (2008)
29) S.-J. Jeong *et al.*, *Nano Lett.*, **9**, 2300 (2009)
30) R. Ruiz *et al.*, *Adv. Mater.*, **19**, 587 (2007)
31) S.-J. Jeong *et al.*, *ACS Nano*, **4**, 5181 (2010)
32) J. Y. Cheng *et al.*, *Adv. Mater.*, **20**, 3155 (2008)
33) R. Ruiz *et al.*, *Science*, **321**, 936 (2008)
34) Y. Tada *et al.*, *Macromolecules*, **41**, 9267 (2008)
35) C. C. Liu *et al.*, *Macromoleules*, **46**, 1415 (2013)
36) L. Wan *et al.*, *ACS Nano*, **9**, 7506 (2015)
37) F. S. Bates *et al.*, *Phys. Today*, **52**, 32 (1999)
38) L. Leibler *et al.*, *Macromoleules*, **13**, 1602 (1980)

第6章 自己組織化（DSA）技術の最前線

39) T. P. Russell et al., *Macromoleules*, **23**, 890 (1990)
40) E. Sivaniah et al., *Macromoleules*, **41**, 2584 (2008)
41) Y. S. Jung et al., *Nano Lett.*, **10**, 1000 (2010)
42) J. D. Cushen et al., *Macromolecules*, **45**, 8722 (2012)
43) E. W. Cochran et al., *Macromolecules*, **36**, 782 (2003)
44) N. Kihara et al., *J. Vac. Sci. Technol.*, **B 30**, 06FB02 (2012)
45) T. Seshimo et al., *Sci. Rep.*, **6**, 19481 (2016)
46) Y. Tian et al., *Macromolecules*, **35**, 3739 (2002)
47) M. Komura et al., *Macromolecules*, **40**, 4106 (2007)
48) M. Komura et al., *Macromolecules*, **48**, 672 (2015)
49) R. Nakatani et al., *ACS Appl. Mater. Interfaces*, Article ASAP DOI: 10.1021/acsami.6b16129
50) P. Mansky et al., *Science*, **275**, 1458 (1997)
51) C. M. Bates et al., *Science*, **338**, 775 (2012)
52) J. Zhang et al., *Nano Lett.*, **16**, 728 (2016)
53) H. S. Suh et al., *Nat. Nanotechnol.*, **12**, 575 (2017)
54) I. W. Hamley, *Nanotechnology*, **14**, R39 (2003)
55) J. Y. Cheng et al., *Adv. Mater.*, **18**, 2505 (2006)
56) C. T. Black et al., *IBM J. Res. Dev.*, **51**, 605 (2007)
57) J. Bang et al., *Adv. Mater.*, **21**, 4769 (2009)
58) K. Koo et al., *Soft Matter*, **9**, 9059 (2013)
59) S. J. Jeong et al., *Mater. Today*, **16**, 468 (2013)
60) H. Hu et al., *Soft Matter*, **10**, 3867 (2014)
61) IBM News releases, https://www-03.ibm.com/press/us/en/pressrelease/52531.wss
62) F. F. Lupi et al., *ACS Appl. Mater., Interfaces*, **6**, 7180 (2014)
63) R. Watanabe et al., *J. Mater. Chem.*, **18**, 5482 (2008)
64) S. Park et al., *Science*, **323**, 1030 (2009)
65) J. D. Cushen et al., *ACS Nano*, **6**, 3424 (2012)
66) I. Otsuka et al., *Nanoscale*, **5**, 2637 (2013)
67) K. Kempe et al., *ACS Macro Lett.*, **2**, 677 (2013)
68) J. Cushen et al., *ACS Appl. Mater. Interfaces*, **7**, 13476 (2015)
69) S. Xiong et al., *ACS Nano*, **10**, 7855 (2016)
70) G.-W. Yang et al., *Nano Lett.*, **17**, 1233 (2017)
71) D. Y. Ryu et al., *Science*, **308**, 236 (2005)
72) J. Bang et al., *Adv. Mater.*, **19**, 4552 (2007)
73) E. Han et al., *Adv. Mater.*, **19**, 4448 (2007)
74) E. Han et al., *Macromolecules*, **41**, 9090 (2008)
75) S. Ji et al., *Macromolecules*, **41**, 9098 (2008)
76) E. Huang et al., *Nature*, **395**, 757 (1998)
77) M. J. Maher et al., *Chem. Mater.*, **26**, 1471 (2014)

第7章　EUVレジスト技術の現状と今後の展望

藤森　亨*

1　はじめに

　フォトリソグラフィ微細化の進展は目覚ましく，形成回路線幅は，すでに20 nmを下回っている。線幅20 nmを下回ると，既存技術であるArF液浸露光では解像困難となり，多重露光によるプロセスでの対応が求められる。多重露光などを用いることで既存露光装置，材料を用いて回路作成をすることは可能だが，プロセスコストが高騰するという問題がある。一方，EUV（Extreme ultraviolet：極端紫外線）リソグラフィは，その特徴的な短波長光源（露光波長：13.5 nm）の高いポテンシャルから，単純なプロセスで微細化可能であり，次世代リソグラフィの大本命として数年以内に実用化，量産化されるとみられている。しかしながら，その道のりは未だ穏やかではなく，量産化を期待されてから早10年以上が経過した今日に至ってもまだ多くの課題を残している[1]。

　ムーアの法則に従って進歩してきた半導体集積率の向上は，リソグラフィの微細化によって支えられ，今日も止まることなく歩み続けている。その進歩を支えてきた最大の功労者が，露光光源の短波長化であることは疑いの余地もない。その歴史は長く，古くはg線（露光波長：465 nm）から始まり，i線（露光波長：365 nm），KrF（露光波長：248 nm），ArF（露光波長：193 nm），F2（露光波長：154 nm），ArF液浸（露光波長：134 nm相当）と歩んできた。EUV（露光波長：13.5 nm）は，前世代のArF液浸に比して1/10の短波長化が実現でき飛躍的な進歩が期待され，約30年前に木下らによって初めて露光に成功した[2]。光源の歴史の詳細は，別項にゆずり，次項では，いよいよレジスト材料技術に関して記すこととする。

2　フォトレジスト材料の変遷

　レジスト材料は，上述してきた露光光源にあわせてそれぞれ開発する必要がある。最も重要な因子は，その光源波長に対する材料の吸収係数（透過率）である。吸収係数が大きすぎると光が膜下面まで届かず，小さすぎると光反応を導くことができない。g線，i線での露光に対しては，その波長が長いことから数多くの材料を適用することが可能であり，光リソグラフィの基礎ともいえるナフトキノンジアジド＋ノボラック系が適用され，今なお多くのアプリケーションで活躍

---

*　Toru Fujimori　富士フイルム㈱　R&D統括本部
　　　エレクトロニクスマテリアルズ研究所　研究マネージャー

第 7 章　EUV レジスト技術の現状と今後の展望

している。長らく水銀ランプに起因する光源で対応されてきたが，さらなる微細化のための短波長化施策として KrF（クリプトンフルオライドエキシマレーザー）光源が開発された。露光波長が 248 nm となり微細化に期待がかかる一方，その吸収帯に高い吸収を有するナフトキノンジアジド＋ノボラック系の適用が極めて困難となった。リソグラフィ機能の要であるナフトキノンジアジドが 248 nm に高い吸収を有するため光が膜下面まで届かず解像度があがらないのだ。様々な検討が世界中で行われる中，1980 年に IBM 伊藤および CGWillson が，吸収の高いナフトキノンジアジドを使わずに高解像を可能とするシステムを開発した[3]。光により反応する活性化合物（光酸発生剤）が露光により酸を発生させ，その発生した酸が樹脂の脱保護反応を誘起し，アルカリ不溶性からアルカリ可溶性へと極性変換され，アルカリ現像液で現像されることにより画像が形成される。樹脂には，アルカリ可溶性樹脂のアルカリ可溶性部分を酸分解基で保護されたものが用いられる。脱保護に使われる発生した酸は，脱保護反応後も失活することなく後続反応に使われ，いかにも酸（化学種）が増幅しているような挙動をとることから，化学増幅型レジストと命名された。光反応で発生した一つの酸が多くの後続反応を起こすことから，少ない露光量でも反応が十分に進行し，結果高感度となる画期的なシステムであり，30 年を経過する今日でも先端リソグラフィとして活躍しており，EUV レジストにも適用されている（図 1）。

　化学増幅型レジストは，KrF 用として開発され，そのリソ特性とエッチング耐性の両立を有すヒドロキシスチレン系をベースに開発された。以下に典型的な例である，保護基として tBoc を用いたヒドロキシスチレン系の例を示す。典型的な光酸発生剤であるトリフェニルスルホニウムノナフレートから光分解で発生する酸により脱保護反応が進行し，アルカリ現像液可溶となる（図 2）。

　同様に，さらなる微細化のために光源波長を短波長化した ArF（アルゴンフルオライドエキシマレーザー）用に向けては，ヒドロキシスチレンの 193 nm での吸収の高さからヒドロキシスチレン系が適用できず，その代わりに 193 nm に透明で高いエッチング耐性を有するアダマンタン系が開発された。基本的には，樹脂がヒドロキシスチレン系からアダマンタン系に代わって ArF 波長に対して透明になったこと以外は同じシステムである（図 3）。

　一方，さらなる微細化の鍵として開発された EUV 光源は，ArF に比して極端に短波長化されたことにより，多くの有機化合物の吸収が低い領域となり使用可能な材料範囲が広がった。加えて，田川，古澤らの反応機構研究により，EUV はそれまでの化学増幅型レジストとは異なる反

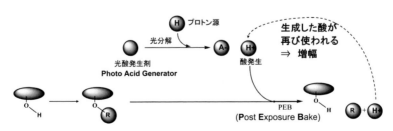

図 1　化学増幅型レジストの一般反応機構

応機構であることが明らかとなった[4]。それによると，EUV 光によって露光された EUV レジストは，光酸発生剤が直接励起されずに，励起された樹脂などから発生した二次電子により励起されて酸が発生する。また，その反応の際，水素供与体が必要であることも分かってきた（図4）。

それゆえ，上述のアダマンタン系よりもヒドロキシスチレン系が有利となり，ヒドロキシスチレン系へと先祖帰りが行われた。ただし，当然のことながら要求される線幅が小さいことから，構造や分子量に工夫が施され，微細線幅に適合する材料，レジストが開発された。

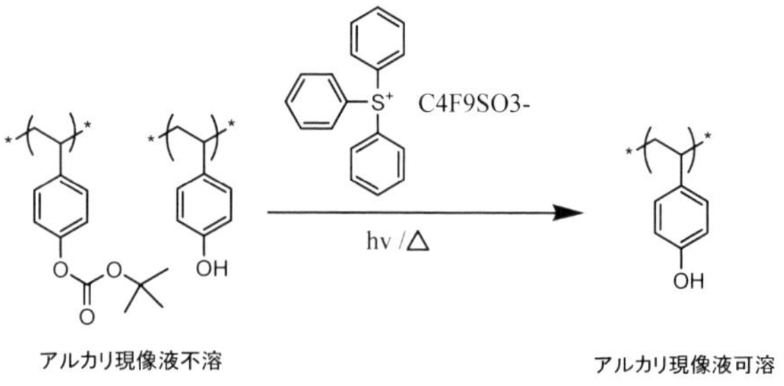

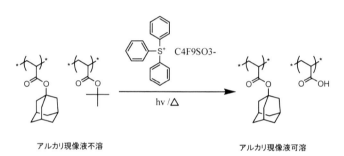

図2　KrF 用化学増幅型レジスト　典型例

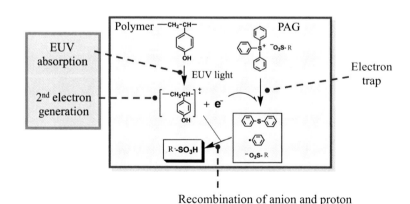

図3　ArF 用化学増幅型レジスト　典型例

図4　EUV 用化学増幅型レジストの EUV 露光による反応機構

第 7 章　EUV レジスト技術の現状と今後の展望

3　EUV レジスト材料

3.1　化学増幅型ポジレジスト

　EUV レジスト開発初期は，前述の KrF 用の化学増幅型レジストの改良が勢力的に検討されていたが，やがて分子サイズの小さい低分子レジストが微細線幅に有利であろうとのことから，ポリマー型から低分子レジストへと研究がシフトし，高解像力レジストとして活発に検討され

HP 16nm L/S
Eop =25 mJ/cm2,
LWR=5.6nm

NXE:3300 (NA 0.33)
FT 30nm on SOG/SOC
Dev.=2.38% TMAH
HP16nm L/S

図5　化学増幅型 EUV レジストでのパターン形成例

た。低分子レジストに関しては出版済みの『フォトレジスト材料開発の新展開』（シーエムシー出版）に詳細に記載されていることからそちらを参照されたい[5]。また，化学増幅型レジストの欠点である，酸の拡散による像不鮮明化に対し，できるだけ発生酸を拡散させずに脱保護反応を起こさせる手法として，保護基を有するポリマーに光酸発生剤を直接結合させることが提案され，こちらも一時期多くの検討が報告された。分子設計の難しさや合成難易度の高さを乗り越えて，高解像力化が確認された[6]。

　やがて，EUV レジストの実現化が近付くにつれ，複雑な系から再びシンプルな化学増幅型ポジレジストが見直され，そこをベースにポリマーの開発，光酸発生剤の開発が再開され，フォトレジストメーカーである JSR，信越化学，東京応化工業，住友化学，富士フイルムにより継続的に研究開発がなされ，今ではシンプルな化学増幅型レジストを用いた系が，7 nm ノードへの適用に前向きに検討されている。たとえば，富士フイルムからは，HP 16 nm L/S が感度 25 mJ，LWR = 5.6 nm で解像することが提唱されている（図5）。

3.2　化学増幅型ネガレジスト（EUV-NTI（ネガティブトーンイメージング））

　一方，ArF 液浸世代において，有機溶剤現像によるネガティブトーンイメージング（NTI）の開発および実用化に成功した富士フイルムは，この技術を EUV 世代でも積極的に適用すべく検討，提案を実施した。有機溶剤現像によるネガティブトーンイメージングは，露光，PEB 工程まではポジティブトーンと同じ機構で，現像時にアルカリ現像液の代わりに有機溶剤を適用するものである（図6）[7〜10]。

　従来のアルカリ水溶液を用いた現像プロセスでの一つの大きな問題は，パターンの膨潤である。アルカリの作用により樹脂をイオン化することで水に溶解させる機構であるため，該イオン化が律速となり現像液がレジスト膜に浸透してから溶解するまでに時間がかかり，パターンの膨潤が不可避であった。現像時にレジスト膜が膨潤すると，その内部応力によってパターンが不均一に変形してしまい，先端半導体リソグラフィに要求される高解像力が得られない。一方，富士フイルムの開発したネガティブトーンイメージング（NTI）は，この現像工程に有機溶剤を用い

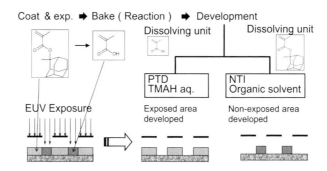

図6 化学増幅型レジストを用いたポジ現像とネガ現像のプロセス比較

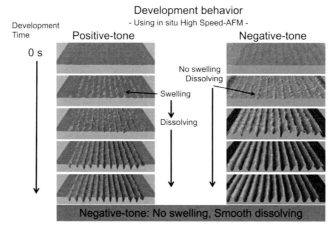

図7 高速 AFM によるポジ現像とネガ現像の現像挙動比較

ることにより,レジストの露光部分の親水化反応による有機溶剤への不溶化,未露光部分の疎水部の可溶化を利用したイメージング技術であるが,これにより従来のポジティブトーンの反転パターンを得ることができる。

有機溶剤での溶解現像を用いることにより,膨潤の少ないスムーズな現像が可能となり,LWR が改良されるポテンシャルがあることが見出された。EIDEC(EUVL Infrastructure Development Center, Inc.)および富士フイルムは,EIDEC が開発した in situ 高速分子間力測定装置(High Speed AFM)を用いることによりその現像挙動を視覚的に観察することに成功した。ポジ現像では現像初期段階で膜が膨潤していることが観察されるのに対し,ネガ現像では膨潤過程を通らず速やかに溶解過程に移行していることが明確に確認された(図7)[10]。

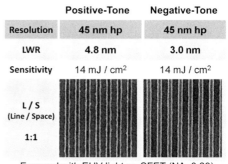

図8 化学増幅型レジストのポジ現像とネガ現像のリソグラフィ比較

第 7 章　EUV レジスト技術の現状と今後の展望

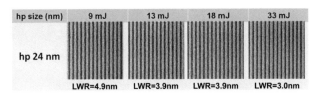

図 9　化学増幅型レジストのネガ現像（EUV-NTI レジスト）の
　　　リソグラフィ代表例

　富士フイルムおよび EIDEC は，同一露光量での LWR を比較し，NTI が優位な性能を与えること，さらにはその特性を利用し，高感度・高解像力であるポテンシャルを報告している（図 8，9）[13,14]。

3.3　新規 EUV レジスト（非化学増幅型メタルレジスト）

　EUV レジストは，実用化は近いといわれ続けて早 20 年が経過しようとしている。その間に，適用が期待される線幅は微細化され，近年では化学増幅型レジストでは適用困難ではないか，とささやかれるようになってきた。発生させた酸を拡散させて像を形成させる化学増幅型レジストの機構自身の限界説である[15,16]。

　新たなシステム，化学反応機構が待望される中，非化学増幅型レジストに注目が集まり，中でも EUV 光をより吸収し有効に活用することが期待されるメタルレジストが脚光をあびてきた。メタルレジストとは，レジスト膜中にメタル原子を有し，その高吸収を活用することにより高感度，高解像力を目論むレジストの総称であるが，中でもゾルゲルタイプの有機・無機ハイブリッド型が最も多く検討されている。その先駆者は米国 Inpria 社で，現在最も量産に近い立場にいる[17]。当初は，超高解像力を狙って開発をしており，10 nm 以下の解像も実現してきたが，その低感度（100 mJ/cm^2 以上）が問題となっていた。種々検討を重ね，今では化学増幅型レジストと同等の感度まで到達してきている。一方，まだ研究段階ではあるが，米国 Cornell 大および JSR が共同で検討しているナノパーティクルレジストは，その高感度が魅力的で 10 mJ/cm^2 以下の感度を実現するレジストを開発している。しかし，残念ながらまだ解像力の観点で検討の余地があり，現在も鋭意検討されている状況である[18]。

　一方，EIDEC もメタルレジストの検討を実施し，高感度・高解像力の結果を得ることに成功した。さらに，メタルレジストの高いエッチング耐性の特性を生かし，通常二層構造である下層を一層省き，かつ薄膜でも十分な加工特性を示すことを明らかにした（図 10）[19〜21]。

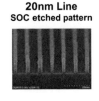

図 10　(左)メタルレジストの EUV 露光によるリソグラフィ結果例，(右)メタルレジストを用いエッチング形成した SOC パターン形成例

4 おわりに

　EUV レジスト材料は，20 年も前から開発が開始されているものの，未だ実用化に至っていない。しかしながら，それゆえ基礎研究としての開発期間が長く，様々なアプローチが検討された。紙面の都合上，全てを紹介できないことをご容赦いただき，できるだけ最新の研究に焦点をあてた。EUV レジスト材料は，ついに，この数年の間に実用化に至ると想定されており，これまでの長い期間での技術蓄積が実用に結びつくと思うと感慨深い。ここに至るまでの間には，材料のアウトガスによる装置へのダメージ，それを解消するための材料設計からのアプローチ，さらには装置の改善から，現在までにその解決に至っている。紙面の都合上割愛したが，そこでも多くの研究がなされ，実用化の後押しをしていることを紹介したい[22]。長い期間検討されていたがゆえ，様々な系が検討されてきたが，最終的に実用化の筆頭は，やはり化学増幅型レジストであることも興味深い。一方で，その限界説もささやかれており，新たに検討された様々な系の実用化も EUV レジスト材料第二世代では実現に至る可能性が高い。EUV レジストは，今後の微細化を継続する上での鍵技術であり，今後もさらなる研究が継続・継承され，微細化の流れをとめることなく，本業界が発展する事を祈り，本章のまとめとしたい。

文　　献

1) ITRS, The international Technology Roadmap for Semiconductors (2013)
2) H. Kinoshita *et al.*, *J. Vac. Sci. Technol. B*, **7**, 1648 (1989)
3) H. Ito *et al.*, *Polym. Eng. Sci.*, **23**, 1012 (1983)
4) T. Kozawa *et al.*, *J. Vac. Sci. Technol. B*, **22**, 3489 (2004)
5) 上田充監修，フォトレジスト材料開発の新展開 (2009)
6) H. Tamaoki *et al.*, *Proc. SPIE*, **7972**, 797209 (2011)
7) S. Tarutani *et al.*, *Proc. SPIE*, **8682**, 868241 (2013)
8) T. Fujimori *et al.*, International Symposium on Extreme Ultraviolet Lithography (2013)
9) H. Tsubaki *et al.*, *Proc. SPIE*, **9048**, 90481E (2014)
10) T. Fujimori *et al.*, International Symposium on Extreme Ultraviolet Lithography (2014)
11) T. Fujimori *et al.*, International Symposium on Semiconductor Manufacturing, PO-O-042 (2014)
12) H. Tsubaki *et al.*, *Proc. SPIE*, **9422**, 94220N (2015)
13) T. Fujimori *et al.*, *Proc. SPIE*, **9425**, 942505 (2015)
14) T. Fujimori *et al.*, *J. Photopolym. Sci. Technol.*, **28** (4), 485 (2015)
15) A. Yen., International Symposium on Extreme Ultraviolet Lithography (2014)
16) A. Goethals *et al.*, International Symposium on Extreme Ultraviolet Lithography (2014)

17) J. Stowers *et al.*, *Proc. SPIE*, **9779**, 977904 (2016)
18) K. Kasahara *et al.*, *Proc. SPIE*, **10143**, 1014308 (2017)
19) 日経産業新聞 2015年5月28日付 1面
20) T. Fujimori *et al.*, International Symposium on Extreme Ultraviolet Lithography (2015)
21) T. Fujimori *et al.*, *Proc. SPIE*, **9776**, 977605 (2016)
22) E. Shiobara *et al.*, *Proc. SPIE*, **9776**, 97762H (2016)

【第Ⅲ編　フォトレジスト特性の最適化と周辺技術】

第1章　最適化のための技術概論

河合　晃*

1　はじめに

フォトレジスト材料および露光技術の特長を最大限に発揮するために，レジストプロセス技術の最適化は不可欠である。優れた特性を有する材料，素材，システムであっても，最適条件で処理しなければ，その性能は十分に発揮されることはない。ここでは，リソグラフィーの診断機能ともいえる感度（コントラスト）曲線，レジスト膜のコーティング，表面処理に基づく界面制御などに注目し，その最適化法について述べる。

2　感度曲線とコントラスト

図1はレジストプロセスにおける感度曲線を表している。横軸は露光量，縦軸は現像後のレジスト膜の残膜率（規格化）を示している。ポジ型レジストの場合，露光量は増加するが膜厚は減少しない。感光剤と樹脂とは溶解阻止効果があり，露光量が低い場合は，現像液への溶解性をほとんど有していない。露光量が増加し，しきい値（Eth）に近くなると膜厚は急激に減少する。この時の傾きをコントラストと定義され，レジストパターンの断面形状に大きく影響する指標となる。ネガ型レジストの場合は，ポジ型レジストとは逆の残膜特性を示す。図2(a)は異なるコントラストを有するポジ型レジストの感度曲線を示している。A, B, Cの中でAがコントラストが最も大きい。この感度曲線を有するレジストをマスクを用いて露光すると，図2(b)にあ

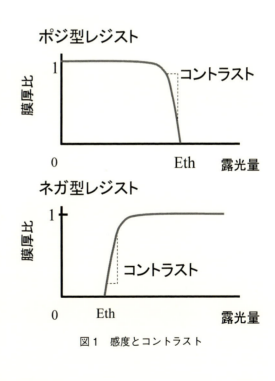

図1　感度とコントラスト

---

*　Akira Kawai　長岡技術科学大学大学院　教授
　　電気電子情報工学専攻　電子デバイス・フォトニクス工学講座

るように，回折効果によりマスクエッジから内部で光が入り込む。この際の感光量のグラデーションの領域が，感度曲線をそのまま反映することとなる。実際のレジストパターンは図2(c)にあるように断面傾斜の異なる形状が形成されることとなる。よって，感度曲線の重要性が理解できる。図3は図2(c)に示すレジストパターンをエッチングマスクとして用いた場合のエッチング形状を示している。エッチング形状はレジストパターンの形状に大きく影響を受けることが分かる。このように，高精度なリソグラフィーを行うためには，レジスト形状の最適化が重要であり，感度曲線を使いこなすことが求められる。

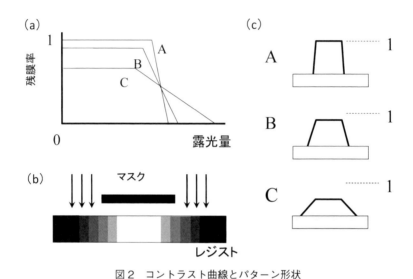

図2　コントラスト曲線とパターン形状

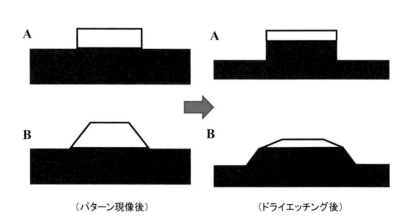

図3　レジスト断面形状とドライエッチング性

3 スピンコート特性

スピンコート法は，その均一性，プロセス，装置の簡易さにより多くの産業で用いられている。液晶や半導体デバイスにおいて，フォトレジスト膜のコーティングや現像時のスピン乾燥に用いられている。図4はスピンコート装置の外観写真を示している。膜厚均一性を向上にはスピン乾燥が効果的だが，そのためウェハ周辺部の周速度は速くなり，レジスト膜からの溶剤蒸発が不均一となる。フォトレジスト材料は，ノボラック樹脂（m-クレゾール，p-クレゾール），感光剤（ナフトキノンジアジド），溶剤（エチルセルソルブアセテート）の混合物である。残留溶剤の絶対量は，レジスト膜の重量変化として求める。また，スピン乾燥とレジスト膜質との関係を調べるため，接触角や屈折率などを用いて解析する。純水の接触角は，レジスト膜上に滴下して1分後の値を測定する。図5はレジスト膜のウェハ半径方向の屈折率分布を示している。スピンコート後のレジスト膜では，ウェハエッジに近づくにつれて屈折率がわずかに増加する。これはレジスト膜質がウェハ面内で異なることを意味している。また，図6はレジスト膜中の残留溶媒量を0～11 mgの範囲で変化させた時のレジスト膜の屈折率変化を示している。レジスト膜中の残留溶媒量が減少するにつれて屈折率は増加

図4　スピンコート装置

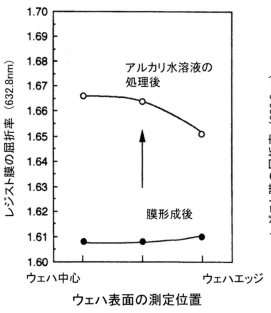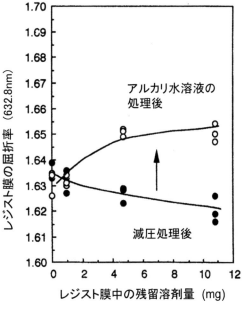

図5　レジスト膜の屈折率のウェハ半径方向の分布　　図6　レジスト溶剤の蒸発と屈折率との関係

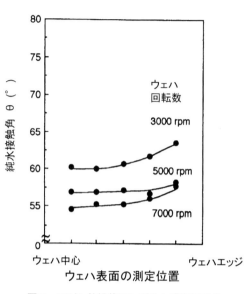

図7 スピン乾燥後のレジスト膜表面での純水接触角のウェハ半径方向分布

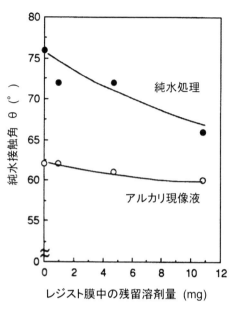

図8 レジスト膜内の残留溶剤量と純水との接触角との関係

する。よって図5のスピンコート後のレジスト膜において，ウェハ周辺部は中央部に比べ溶剤が多く蒸発することが説明できる。これはスピンコート時の周速がウェハ周辺部の方が速く，溶剤の乾燥が促進されるためである。図7はスピン乾燥したレジスト膜表面において，純水接触角のウェハ半径方向分布を示している。接触角はウェハエッジに近づくにつれ高くなり，また逆にスピンコート回転数の増加に従い低くなる。この結果は図5のレジスト膜の屈折率分布と同様に，ウェハ面内でのレジスト膜の残留溶剤量の変化を表している。また，図8は，レジスト膜内の残留溶剤量と純水接触角との関係を示している。残留溶媒量の減少とともに純水接触角は増加するため，接触角変化はレジスト膜の外周部での残留溶媒量の減少を表している。この結果は図6のレジスト膜内の屈折率分布と一致する。以上のように，レジスト膜内の残留溶剤量は，スピン乾燥プロセスに大きく依存する。また，屈折率や接触角測定といった簡単な方法でレジスト膜の乾燥を解析できることも特長の一つである。

4 表面エネルギーによる付着剥離性の解析[1~5]

　表面エネルギーはコーティング，濡れ，付着・剥離などの表面利用技術の基本となる物理量である。これらは，Youngの式などの基本式により，定量的に説明できる。ここでは，接触角計を用いた固体および液体の表面エネルギーの測定方法と利用技術について述べる。表面エネルギーは，分散成分と極性成分の和として表すことができ，これらの成分には表面の化学的性質が反映されている。さらに，レジスト膜や微粒子の溶液中の付着性を議論できる拡張係数Sにつ

いて述べる。また，レジスト膜の接着性の確保はデバイス動作の信頼性向上において重要となる。そこで，表面エネルギー解析に基づいた付着性解析を行う。

4.1　分散・極性成分

　固体および液体には有限の表面エネルギーが存在しており，それが変形や亀裂などの力学的仕事，酸化や汚染などの化学的反応として消費される。図9は固体の表面エネルギー変動について説明している。金属などの固体の理想的な表面エネルギーは2,000〜3,000 mJ/m^{2}であるが，酸化層，汚染層，吸着水などの表面層形成により，100 mJ/m^{2}以下に低下する。ここで，表面エネルギーの低下は表面の安定化を意味している。表面層の厚さは通常4〜5 nmである。この表面エネルギーが付着やコーティングといった機能的な仕事をする。表面エネルギーは，分散成分γ^dおよび極性成分γ^pの和として表される。

$$\gamma = \gamma^d + \gamma^p \tag{1}$$

　分散成分は物質の密度，分子量，硬さなどが反映した物理量であるが，その大小関係は逆である。酸化物や金属の分散成分は低いが，有機材料の場合は高くなる。また，極性成分は，表面の極性基密度や活性度をそのまま反映している。固体および液体の分散成分は「ゼロ」にならないが，極性成分は「ゼロ」になりうる。ここで，各成分を表面同士の分子間相互作用で考える。図10に示すように，分散成分は2個の無極性分子（双極子）間のクーロン引力として表され，London分散エネ

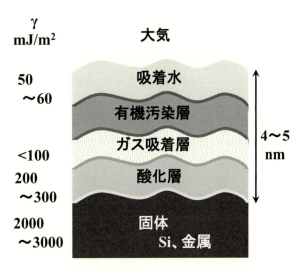

図9　固体の表面層形成と表面エネルギー

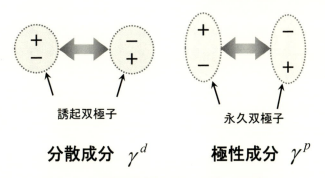

図10　分子間相互作用に基づく分散，極性成分

ギーと呼ばれる。一方，極性成分は，永久双極子間（Keesom）および，永久双極子－無極性双極子間（Debye）エネルギーとして定義される。大気などの気体の表面エネルギーは実態がないため「ゼロ」として扱い，成分図上では原点が気体に相当する。

4.2 接触角法による分散・極性成分の測定方法

物質の表面エネルギーの分散および極性成分の測定法について述べる。固体（S）と液体（L）との付着エネルギー Wa は以下となる。

$$W_a = \gamma_S + \gamma_L - \gamma_{LS} = \gamma_L (1 + \cos\theta) \tag{2}$$

θ は固体表面での液体の接触角である。未知である固体の表面エネルギー成分を求める。最初に，分散および極性成分が既知である液体を用いて，固体上の接触角を測定する。液体には，極性成分の高い純水と分散成分の高いヨウ化メチレンを用いる。これらの液滴の分散および極性成分を表1に示している。図11(a)は，この手法で求めた表面エネルギーの成分図を示している。横軸に分散，縦軸に極性成分をとり，図中の1点は物質の成分値を表す。ここでは，実際に測定した SiO_2 膜（TEOS）の成分値を示している。液体として，純水，ヨウ化メチレン，エチレングリコー

表1 純水とヨウ化メチレンの表面エネルギー成分

	γ_L^d	γ_L^p	γ_L
Diionized water	21.8	51.0	72.8
Diiodomethane	48.3	2.50	50.8

(mJ/m²)

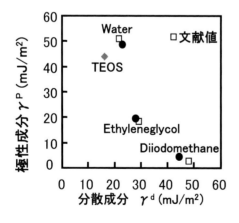

(a) 固体の表面エネルギー測定

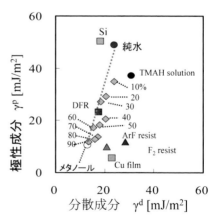

(b) 液体の表面エネルギー測定

図11 物質の分散，極性成分プロット

第1章　最適化のための技術概論

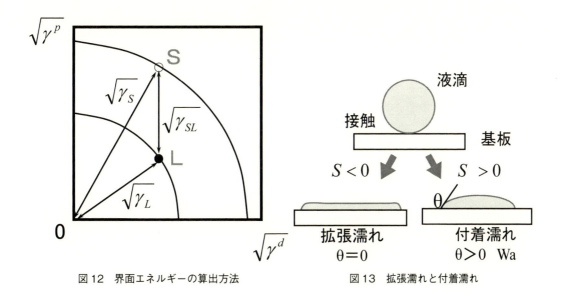

図12　界面エネルギーの算出方法　　　図13　拡張濡れと付着濡れ

ルも示している。SiO_2膜と純水の極性成分が高いが，ヨウ化メチレンなどの有機溶剤の分散成分は高いことが分かる。図11(b)は，液体の成分も示している。図12のように，成分図を平方根でプロットすると，界面エネルギーγ_{SL}は2点間の距離として定義できる。また，原点からの距離は，それぞれの表面エネルギーに相当する。この図において，原点を中心とした同じ円周上の物質は同じ表面エネルギーを有することとなる。しかし，その分散および極性成分は異なる。以上のように，接触角法により，物質の表面エネルギーの分散成分と極性成分を求める事ができる。

4.3　拡張係数Sによるレジスト液の広がり評価

　固体上をレジスト液などの液体が濡れ拡がる時，大きく2つの濡れモードに分けられる。それは拡張濡れと付着濡れである。図13は，これらの濡れ挙動を図示している。拡張濡れの場合，基板に接触した液滴は，基板表面を限りなく拡がり薄い液膜を形成する。この場合，接触角を形成せず$\theta=0$である。一方，基板表面で有限の液滴の接触角（$\theta>0$）の形成する場合を付着濡れと呼ぶ。これらの濡れ現象は，以下の拡張係数$S(mJ/m^2)$で表される。

$$-S = \gamma_{12} - \gamma_{13} - \gamma_{23} \tag{3}$$

この場合，図14のように，添え字は基板(1)，レジスト・微粒子(2)，液体(3)となる。2つの濡れモードは拡張係数Sの符号によって区別され，S<0の場合は拡張濡れとなり，S>0の場合は付着濡れとなる。ここで，(3)式を変形すると以下の(4)式が得られる。

$$-\frac{S}{2} = \frac{1}{4}\left\{\left(\sqrt{\gamma_1^d}-\sqrt{\gamma_2^d}\right)^2 + \left(\sqrt{\gamma_1^p}-\sqrt{\gamma_2^p}\right)^2\right\}\left(\sqrt{\gamma_3^d}-\frac{\sqrt{\gamma_1^d}+\sqrt{\gamma_2^d}}{2}\right)^2 - \left(\sqrt{\gamma_3^p}-\frac{\sqrt{\gamma_1^p}+\sqrt{\gamma_2^p}}{2}\right)^2 \tag{4}$$

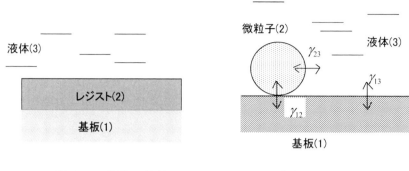

(a) 液中での薄膜の付着　　　　　　(b) 液中での微粒子の付着

図14　界面への溶液浸透モデル

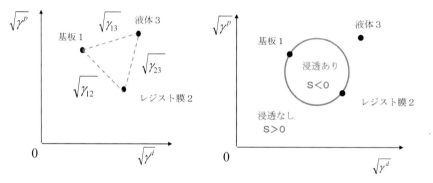

図15　基板上レジスト膜の液中付着性解析

この式は，図15のように平方根の成分図で円として表される。円周上はS＝0の成分値を表す。

4.4　拡張係数Sによる液中での付着評価

　拡張係数の理論は，液中でのレジスト膜や微粒子の付着性に応用できる。液中あるいは高湿度下でのレジスト膜の剥離は，図15のように，基板(1)レジスト膜(2)間の界面に液体(3)が浸入することを意味する。基板上に付着した微粒子についても同様に取り扱える。解析手順は，図15のように，基板とレジスト膜を直径とした円を描き，そこに液体の成分値が円内に入るか否かで判断する。ここでは，図16のようなPSL（ポリスチレンラテックス）粒子の除去性を検討する。PSL粒子は形状や大きさが揃っており，標準粒子として用いられる。図17にあるように，ガラス基板上に付着したPSL粒子は純水などの液体によって除去できる。しかし，Si基板やHF処理をしたSi基板では，円内に液体の成分値は入らないため，粒子の除去が困難になる。基板上をレジスト液が拡がる現象は，すでに存在する気体と基板との界面にレジスト液が侵入するモデルとして扱う。S＜0の場合は拡張濡れとなる。よって，図18のように，レジスト液は基板と大気との界面に浸入し自ら拡がる。これは，清浄なガラス基板上をアルコールが拡がる場合や，

第1章　最適化のための技術概論

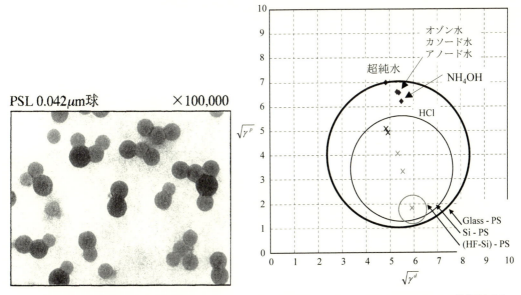

図16　基板上の固体の液中付着性解析　　図17　基板上のラテックス粒子の溶液中での付着性解析

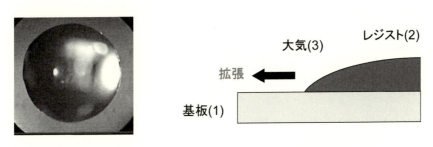

(a) 基板上のレジスト液　　(b) 液膜の拡張

図18　基板上でのレジストの濡れ性

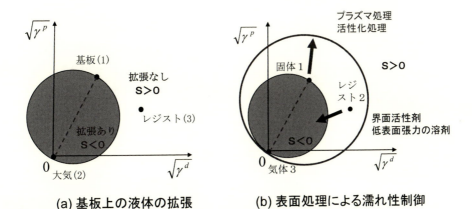

(a) 基板上の液体の拡張　　(b) 表面処理による濡れ性制御

図19　成分図での円モデル

LB膜が水面を単分子膜で展開する現象として知られている。また，図19(a)のように，レジスト液の点が円外にある場合は付着濡れモードとなり，レジスト液は有限の接触角を有した液滴を形成する。ほとんどのコーティングは付着濡れモードである。実際のレジスト液の成分値を図20に示す。有機溶剤を多く含むレジスト液は分散成分が高くなり，そのままでは円内に入らないため，金属やガラス表面などの無機基板上では拡張しない。レジスト液の成分値を円内に入れるには，図19(b)のように界面活性剤などを添加して極性成分を下げる場合と，プラズマ処理などにより基板の極性成分を高めることが効果的である。図20の例では，O_2プラズマ処理を行うことで，無機材料基板の極性成分が増加したため，レジスト液の成分値が円内に入っている。このように，表面エネルギー成分図を用いることで，レジスト液のコーティング性の制御方法が説明できる。

以上の基板上のレジスト液の広がりは，図21のように，液中での気泡の除去性にも適用できる。大気は無限の大きさの気泡であるため，液体の成分値が円内に入れば，気泡は基板から遊離する。また，円外であれば気泡は除去されない。以上は熱力学的な取り扱いであるが，超音波振動などの外部エネルギーを印加すると気泡は除去される。微小気泡の付着性コントロールは，メッキプロセス，洗浄，撹拌，発泡，ウェットエッチングなどの様々な産業的分野において重要である。

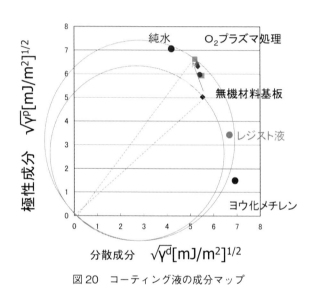

図20 コーティング液の成分マップ

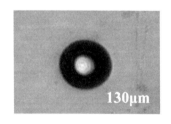

(a) レジスト膜上での気泡

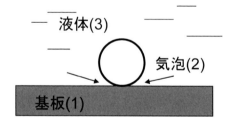

(b) 気泡の付着モデル

図21 基板上に付着した純水中の微小気泡

第1章　最適化のための技術概論

文　　献

1) F. M Fowkes, *J. Adhesion*, **4**, 155 (1972)
2) J. N. Israelachivili, Intermolecular and Surface Force, 2nd Edition, (Academic Press)
3) D. H. Kaelble, *J. Appl. Polym. Sci.*, **18**, 1869 (1974)
4) A. Kawai *et al.*, *Jpn. J. Appl. Phys.*, **31**, 1933-1939 (1992)
5) A. Kawai, *Jpn. J. Appl. Phys.* **28**, 2137-2141 (1989)

第2章　UVレジストの硬化特性と離型力

白井正充*

1　はじめに

　UVナノインプリント法では液状の光硬化性樹脂（レジスト）をモールド内に浸透させ，室温で紫外光照射を行うことにより樹脂を硬化させる。100℃以上の加熱が必要な熱ナノインプリント法と異なり，加熱・冷却過程が必要でないことや，室温での短時間の処理が可能になる特徴を有している。また，石英に代表される光学的に透明なモールドを用いるため，下地基板との位置合わせが比較的容易であり，半導体製造用途も含めたいろいろな分野での応用が期待されている[1~4]。光照射により硬化する樹脂は，塗料，印刷インキ，接着剤，フォトレジストなどの分野において既に広く利用されており，いろいろなタイプのものがある[5]。UVナノインプリント用樹脂としては，原理的には，これらの光硬化性樹脂であれば使用することが可能である。しかしながら，転写パターンの用途によって，樹脂の粘度や重合反応性，また硬化した樹脂の硬さに代表されるような機械的強度特性などの物性が要求される。一方，UVナノインプリント法における重要な検討項目として，転写パターンに欠陥をもたらさないための良好な離型プロセスの確立がある。離型プロセスにおける転写パターンの欠陥発生の要因として，硬化樹脂とモールド表面との接着性が上げられる。硬化樹脂とモールド表面との接着性は，モールド表面の形状や化学的性質と硬化樹脂の化学的あるいは物理的特性に強く依存する[6]。ここでは，UV硬化性樹脂の硬化特性と硬化した樹脂の粘弾性がモールドの離型力に与える影響について述べる[7]。

2　UVナノインプリントプロセス

　UVナノインプリントによるパターンの転写プロセスは図1のように示される。基板の上にUV硬化性樹脂（ネガ型レジスト）を塗布したのち，表面に凹凸パターンを有する石英モールドを押し当てる。UV硬化性樹脂は，一般的には重合性多官能モノマーを主成分とし，それに単官能モノマーや光重合開始剤を混合した液体である。基本的には溶剤を含まない。光照射で開始される重合反応により，液体モノマーが硬化樹脂に変化する。UVナノインプリントでは，石英モールド上面から光照射し，樹脂を硬化させる。樹脂を硬化した後，モールドを取り除き，モールド表面の凹凸パターンが基板上の硬化樹脂層に転写されたものを得る。このプロセスにおいては，UV硬化樹脂の硬化過程に関する情報を得る事や，UV硬化した樹脂の化学的・物理的特性

---

　*　Masamitsu Shirai　大阪府立大学　名誉教授

第2章 UV レジストの硬化特性と離型力

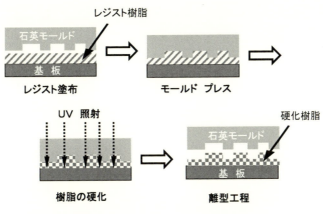

図1 UV ナノインプリントプロセス

に関する情報を得る事が重要である。

3 UV 硬化特性および硬化樹脂の特性評価方法

　UV 硬化樹脂の硬化過程に関する情報を得るには幾つかの方法がある。リアルタイム赤外分光法（RT-IR）を用いると，光照射しながらモノマーの重合反応量を測定することができる。例えば，光照射に伴う 810 cm^{-1} での吸光度変化から，アクリルモノマー分子中の C=C 結合の変化量を求め，重合速度や重合率を得ることができる[8]。光示差走査熱量計（フォト DSC）は，UV 硬化性樹脂の硬化反応を追跡するのに役立つ方法である。この方法は，光照射しながら重合反応に伴う発熱量を測定するものであり，モノマーの反応性の大小を評価することができる。類似モノマーの既知の重合反応熱を基準に用いると，発熱量から測定したい UV 硬化樹脂の重合率を求めることができる。メタクリル酸エステルの重合熱は，55.02 kJ/mol である[9]。UV レオメーターは，UV 硬化樹脂の硬化反応に伴う粘弾性の変化を観測するものであり，光照射による樹脂の硬化過程と硬化した樹脂の貯蔵弾性率や損失弾性率に関する情報を得る事ができる。この方法では，照射光量と樹脂の粘弾性を求めることはできるが，モノマーの反応量と硬化樹脂の粘弾性との関係は得られない。UV レオメーターに RT-IR の機能を追加した装置も発売されており，この場合は光重合反応によるモノマーの消費速度や重合率と，粘弾性の変化を同時に測定することができる。動的粘弾性測定（DMA）は，フィルム状にした硬化樹脂サンプルに正弦波力による歪を加えた時の応力を検出するものであり，硬化樹脂の貯蔵弾性率や損失弾性率，またガラス転移温度や架橋点間分子量などに関する情報を得ることができる。比較的大きなサイズの試料が必要であることや，精確な議論のためにはサンプルの重合率は別の方法で求めておく事が必要である。一般に，UV 硬化樹脂の主成分は多官能モノマーであり，重合硬化物は溶剤に不溶であり加熱しても溶融しない。従って硬化物の構造解析は容易ではない。重合反応論に基づいたシミュレーションによって硬化物の構造や物性を予測する方法も検討されている[10]。

UVレオメーターを用いた樹脂の硬化挙動に及ぼす照射光強度の影響を図2に示す。レジストはPAK-01（東洋合成工業㈱）であり，光源にはキセノンフラッシュランプを用いた例である。一般に，ラジカル重合反応で硬化する樹脂の場合は，光照射初期においては溶存酸素による重合反応阻害が起こるので，短期間の誘導期間が観測される。この現象は，照射光強度が弱い場合に顕著に見られる。一方，照射光強度が強い場合には誘導期間は殆んど見られない。また，照射光強度が強い

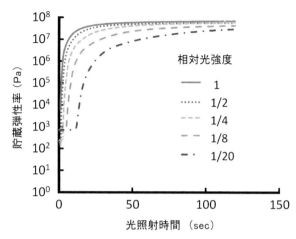

図2　貯蔵弾性率変化に及ぼす光照射強度の影響
レジスト：PAK-01，膜厚：100μm

ほど重合反応速度が大きく，樹脂は高速に硬化すると共に，硬化した樹脂の貯蔵弾性率は大きくなる。ラジカル重合反応の理論に従うと，光重合反応速度は照射光強度の1/2乗に比例する[11]。

4　硬化樹脂の構造と機械的特性

UVナノインプリントにおいて，パターンを転写するためのレジスト材料は，重合性多官能モノマーを主成分とするものであり，光により重合して硬化する。レジストとしては，重合機構からラジカル重合型とカチオン重合型があるが，重合速度が速く，モノマーの種類が多いラジカル重合型が多用される。硬化樹脂の機械的物性は樹脂の架橋構造と深く関係している。一般に，UV硬化した樹脂では3次元の網目構造が形成されている。樹脂中の架橋点密度が大きいほど，また架橋点間の距離が短いほど，樹脂は硬くなり貯蔵弾性率やヤング率は大きくなる。表1には

表1　硬化樹脂のヤング率に及ぼす架橋剤添加量の影響

架橋剤 TMPTA (wt%)		0	10	30	50
ヤング率 (MPa)	PGDA3	590	–	700	850
	PGDA7	17	33	67	220

PGDA3 : n=3
PGDA7 : n=7

第 2 章　UV レジストの硬化特性と離型力

2種類の2官能アクリルモノマーに，架橋剤として，3官能のアクリルモノマーを添加して光硬化したもののヤング率を示した。いずれの試料もモノマー中のC=C結合はほぼ消失しており，重合反応が完結したもので比較されている。2つのアクリルユニットが3個のプロピレングリコールユニットで繋がったPGDA3のヤング率は，7個のプロピレングリコールユニットで繋がったPGDA7よりも，かなり大きな値を示す。また，架橋剤として3官能のアクリルモノマー（TMPTA）を添加した場合は，PGDA7系およびPGD3A系について，硬化樹脂のヤング率は，架橋剤の添加量の増大に伴い，増大した。架橋密度の増大がヤング率の増大に強く関与していることが分かる。しかしながら，架橋剤の添加量が同じ場合で比較すると，ベース樹脂としてPGDA3を用いた場合の方が，PGDA7を用いた場合よりもヤング率は大きく出ており，ベース樹脂の特性が強く出ているのが分かる[12]。

5　離型力に及ぼす硬化樹脂の貯蔵弾性率の影響

　UVナノインプリントのパターン転写において，欠陥発生を抑えることは極めて重要である。欠陥が発生する理由としては，モールドの凹凸面内へのレジストの不完全な充填，レジスト硬化時の気泡の発生，作業工程中の微粒子の混入など，いろいろなものが考えられる。さらに，離型プロセスにおいて発生する欠陥もある。この場合の主なものには，硬化レジストがモールドの中に残存することによるモールド汚損や，転写された基板上のレジストパターンの倒壊や部分的破壊がある。このような離型時の欠陥発生の理由を明らかにし，改善策を見出すためには，モールド表面の特性と硬化樹脂との相互作用の強さ（接着性）を理解することが重要である。通常，モールドの表面は適切な離型剤で処理され，硬化樹脂との接着性を弱めるために，水接触角が100°以上の疎水的な表面特性が与えられる。ここでは離型剤で処理した石英基板をモールドに見立てて，UV硬化性樹脂の粘弾性，特に硬化樹脂の硬さの指標となる貯蔵弾性率が離型力に及ぼす影響について詳細に述べる。

　離型プロセスにおける硬化樹脂の特性の影響を明らかにする研究は多数行われている。離型力は照射光の強度や照射光量，モノマーの反応率，硬化樹脂の機械特性や弾性率などに強く依存することが示されている[13〜16]。また，うまく離型するための架橋剤の濃度の影響を推定するためのコンピューターシミュレーションに基づいた研究もされており，スムースな離型を行うための最適な架橋剤濃度が存在することが示された。シミュレーション結果は，多官能アクリルモノマーを用いたUVレジストを使って，実験的に実証された[12]。

　硬化レジストの粘弾性と離型力の関係を明らかにする研究がこれまでになされている。しかし，多くの場合，硬化レジストの粘弾性と離型力の関係は，別々の試料を用い，別々の装置で測定されている。例えば，離型力はUVインプリントした基板からモールドを引きはがす力を測定する。一方，硬化樹脂の粘弾性は，インプリント時と同じ露光量を照射して別途作製した硬化サンプルについて，DMA測定をして弾性率を求める，といった方法が取られている。最近，UV

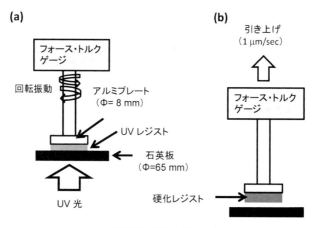

図3　粘弾性と離型力測定の概念

レオメーターを用いて，UV硬化過程を観測しながら，硬化したサンプルの粘弾性に関するデーターを得た後，その同じサンプルを用いて離型力を測定する試みがなされている。図3に測定概念を示す。この方法では，離型剤で処理をした石英板の上に液体レジストをのせ，アルミプレートで挟む。石英板とアルミプレート間の距離は精確にコントロールされるので，液体レジストの膜厚も精確に制御されることにな

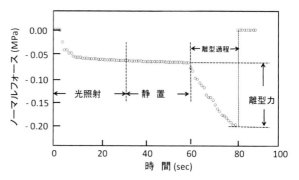

図4　レジストのUV硬化と離型過程の
フォースプロファイル
レジスト：PAK-01，膜厚：100μm

る。石英板側から光照射し，レジストの硬化過程をモニターして貯蔵弾性率や損失弾性率，またノーマルフォースなどの変化を観測する。その後，アルミプレートを一定の速度で引き揚げ，その時の応力を観測し，離型に必要とした力を離型力として評価する。レジストのUV硬化過程と離型過程において観測されるフォースプロファイルの例を図4に示す。レジストには東洋合成工業㈱のPAK-01を用い，膜厚は100μmで測定した結果である。光照射後，少しの誘導期間を経た後にノーマルフォースが減少する。これは，光重合によるレジストの収縮によるものである[11,17]。光照射後の静置期間は，光照射後も継続する熱重合反応が終了するための期間として必要である。重合反応が終了した後にアルミプレートを引き上げる。引き上げる方向に一定の外部力が加わった時に，石英板と硬化レジストとの界面で剥離が起こる。この時の力を離型力として評価した。

パターンを有しないスムースな表面を持つ石英板上のレジストについて，硬化レジストの貯蔵弾性率と離型力の関係を図5に示す。レジストの膜厚はいずれも100μmである。4種類のレジ

第2章　UVレジストの硬化特性と離型力

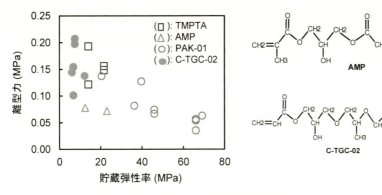

図5　離型力と貯蔵弾性率
膜厚：100μm

ストについて評価したが，レジストの貯蔵弾性率の増加に伴い，離型力は低下する傾向が見られた。類似の構造を有するレジスト樹脂の場合は，離型力と貯蔵弾性率の間に相関があることがうかがえる。PAK-01（東洋合成工業㈱）については成分の化学構造は開示されていないが，C-TGC-02を主成分としたレジストであることが知られている。

モールド表面の形状が離型力に重要な影響を与える事はよく知られている。6μmのラインと2μmのスペース

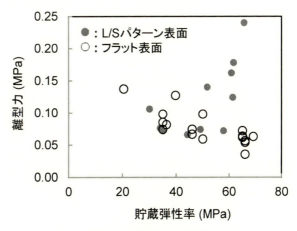

図6　離型力と貯蔵弾性率の関係に及ぼす
モールド表面形状の影響
レジスト：PAK-01，レジスト膜厚：100μm

（深さ1.2μm）パターンを有する石英板とパターンを有しないスムースな表面の石英板上の硬化レジストについて，貯蔵弾性率と離型力の関係を比較したものを図6に示す。前述のように，スムースな表面を有する石英板上のレジストの離型力は貯蔵弾性率の増大と共に減少した。一方，ライン／スペースパターンを有する石英表面上のレジストについては，貯蔵弾性率が50～65MPaの範囲では，離型力はスムースな表面の場合よりも大きくなる。レジストの硬化特性および測定値の制約から，広範囲に貯蔵弾性率を変化させた場合の離型力を求めることはできていないが，離型力とレジストの貯蔵弾性率の関係に及ぼすモールド表面形状の影響として興味深い。ここに示した例では，スムースな表面に比べて，ライン／スペースパターンを有する石英板の場合は，その表面積は約30％増大する。一方，レジストの貯蔵弾性率が65MPaの場合で比較すると，ライン／スペースパターンを有する場合の離型力は約4倍に増大する。従って離型力の増大を表面積の増大のみでは説明できない。パターンを有する表面でのレジストの離型では，

水平面からのレジストの離型に加えて，垂直壁からの離型も含んでいる。コンピュータ・シミュレーションによる研究では，垂直面からの離型力は，水平表面からの離型力の約10倍であることが報告されている[18,19]。今回得られた結果についても，垂直壁からの離型力が水平面からの離型力の10倍程度大きいと考えると，実験結果を説明することができる。

6 おわりに

UVナノインプリントでのパターン転写においては，欠陥を生じない離型プロセスの確立が重要である。離型における欠陥生成の要因はいろいろあるが，UV硬化レジストとモールド界面における接着・剥離特性を理解することは重要である。レジスト樹脂とモールドの接着力は，レジスト樹脂の化学構造や物理的性質とモールド表面の形状や化学的特性に依存する。モールド表面における硬化レジストの接着力を低下させるために，モールド表面は通常離型剤で処理される。離型剤とその使い方に関する研究も広範囲に行われている。ここで述べたように，UV硬化レジストの粘弾性が離型力に影響を及ぼす。UVナノインプリントプロセスにおけるレジストのUV硬化では，照射光強度や露光量を調整することで離型力を減らすことができる。

文　　献

1) S. Y. Cho, P. R. Krauss and P. J. Renstrom, *Appl. Phys. Lett.*, **67**, 3114 (1995)
2) H.-C. Scheer, *SPIE*, **6281**, 62810N (2006)
3) 松井真二，平井義彦編著，ナノインプリント技術，電子情報通信学会 (2014)
4) 平井義彦編集，ナノインプリントの最新技術と装置・材料・応用，フロンティア出版 (2008)
5) 角岡正弘監修，LED-UV硬化技術と硬化材料の現状と展望，シーエムシー出版 (2010)
6) 松本章一監修，接着とはく離のための高分子，シーエムシー出版 (2006)
7) M. Shirai, K. Uemura, K. Shimomukai, T. Tochino, H. Kawata, Y. Hirai, *J. Vac. Sci. Technol. B*, **34**, 06KG01 (2016)
8) R. Suzuki, N. Sakai, T. Ohsaki, A. Sekiguchi, H. Kawata, Y. Hirai, *J. Photopolym. Sci. Technol.*, **25**, 211 (2012)
9) A. R. Kannurpatti, S. Lu, G. M. Bunker, C. N. Bowman, *Macromolecules*, **29**, 7310 (1996)
10) E. Andrzejewska, *Prog. Polym. Sci.*, **26**, 605 (2001)
11) J. P. Fouassier, J. Lalevee, "Photoinitiators for Polymer Synthesis", Wiley-VCH, (2012)
12) A. Amirsadeghi, J. J. Lee, S. Park, *Appl. Surface Sci.*, **258**, 1272 (2011)
13) R. Suzuki, N. Sakai, A. Sekiguchi, Y. Matsumoto, R. Tanaka, Y. Hirai, *J. Photopolym. Sci. Technol.*, **23**, 51 (2010)

14) T. Tanabe, N. Fujii, M. Matsue, H. Kawata and Y. Hirai, *J. Vac. Sci. Technol. B*, **28**, 1239 (2010)
15) T. Nishino, R. Suzuki, H. Kawata and Y. Hirai, *J. Photopolym. Sci. Technol.*, **24**, 101 (2011)
16) N. Fujii, T. Tanabe, T. Hirasawa, H. Kawata, N. Sakai and Y. Hirai, *J. Photopolym. Sci. Technol.*, **22**, 181 (2009)
17) G. Odian, "Principles of Polymerization", 4th ed., Wiley-Interscience, (2004)
18) T. Tochino, K. Uemura, M. Michalowski, K. Fujii, M. Yasuda, H. Kawata, Z. Rymuza and Y. Hirai, *Jpn. J. Appl. Phys.*, **54**, 06FM06 (2015)
19) T. Shiotsu, N. Nishikura, M. Yasuda, H. Kawata and Y. Hirai, *J. Vac. Sci. Technol. B*, **31**, 06FB07 (2013)

第3章 多層レジストプロセス

1 多層レジストプロセスの動向

河合 晃*

1.1 はじめに

リソグラフィーの歴史において，多層レジストプロセスは1層レジストを補完する技術として位置付けられていた。その開発の歴史は，1979年のMoranに始まる[1]。1層レジスト材料およびプロセス技術の進歩に伴い，多層レジストの出番はないままであった。また，多層レジストプロセスは，多層であるがゆえのプロセスの困難さや，SOG中間層の欠陥などの製品歩留まりを低下させる要因が多々あり，量産プロセスへの適用は否定的であった。しかし，近年，デバイス構造の3次元化や積層化が進み，1層レジストの限界も近づいた背景から，多層プロセスが再び注目されている。ここでは，代表的な3層レジストプロセスを含め，多層レジストプロセスの基本特性について述べる。

1.2 多層レジストプロセスの必要性

図1は基本的なメモリ素子の断面図である。デバイス作製工程では，積層が進むにつれてデバイス段差が増加する。レジストリソグラフィーでは，基板の高低差は露光システムの焦点ずれを招き，パターン解像力の低下を招く。また，図2にあるように，スピンコート法などでレジスト膜を形成した際には，段差近傍で膜厚不均一を引き起こす。この膜厚ばらつきは，露光時の光干渉や光吸収のばらつき，および下層レジストエッチングのばらつきの原因となり，レジストパ

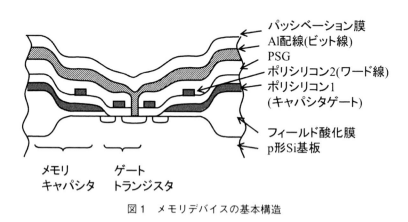

図1 メモリデバイスの基本構造

---

* Akira Kawai 長岡技術科学大学大学院 教授
電気電子情報工学専攻 電子デバイス・フォトニクス工学講座

第3章　多層レジストプロセス

ターン寸法の精度低下の要因となる。図3には，レジスト膜内での入射光の光干渉を表している。入射光と基板からの反射光の干渉により，レジスト膜内の光学濃度が周期的に変化している。図4は，レジスト膜内での膜内多重反射による反射率変化を示している。レジスト膜厚の増加に伴い，反射強度は周期的に変化する。反射強度が高い場合，レジスト膜の光吸収量は低下する。反射強度が低い場合は，光吸収量は増加する。それに伴ってレジスト寸法も周期的に変動する。このグラフには，未露光部（unbleached）と露光部（bleached）の両方の反射曲線が示されている。レジスト膜内の感光剤の光化学反応が進めば，このように反射強度の変化を引き起こすことになる。反射強度の最大と最小の膜厚差は，$\lambda/4n$ で表される。ここで λ は露光波長，n は露光波長におけるレジスト膜の屈折率である。たとえば，i線（$\lambda=365$ nm）で屈折率（$n=1.64$）の場合，膜厚差は55.6 nmとなる。このように，レジスト膜の僅かな膜厚差であっても，光吸収量の周期的変動を引き起こす。図5は，レジスト膜厚変動に対するレジストパターンのライン寸法変化の概略図を示している。ポジ型レジストの場合，レジスト膜厚の増加に伴い，パターン寸法は増加する。これをバルク効果と呼ぶ。また，周期的な光干渉により，パターン寸法も同様に周期的に変化する。理想的には，これらの要因には無関係にパターン寸法は変動しないことが求められる。図6は段差部でのレジスト膜厚の変動と，それに伴うパターン寸法変動を図示したものである。段差部の上下において，レジスト膜厚は極端に変動する。それに伴い，パターン寸法も多重

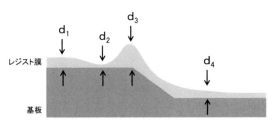

図2　基板段差部でのレジスト膜のコーティング特性

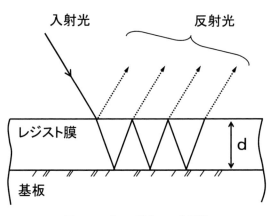

図3　レジスト膜内での光干渉

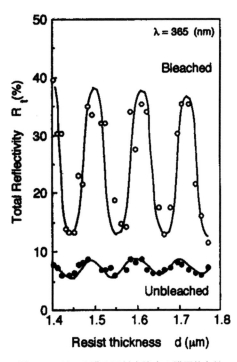

図4　レジスト膜の反射光強度の膜厚依存性

最新フォトレジスト材料開発とプロセス最適化技術

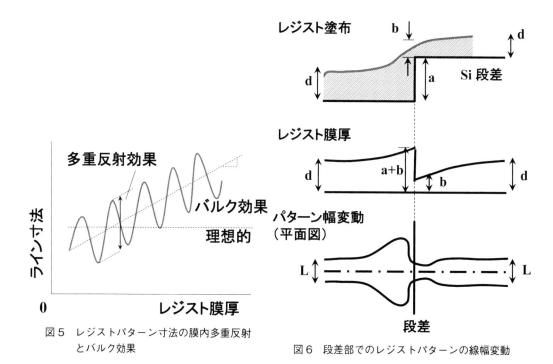

図5 レジストパターン寸法の膜内多重反射とバルク効果

図6 段差部でのレジストパターンの線幅変動

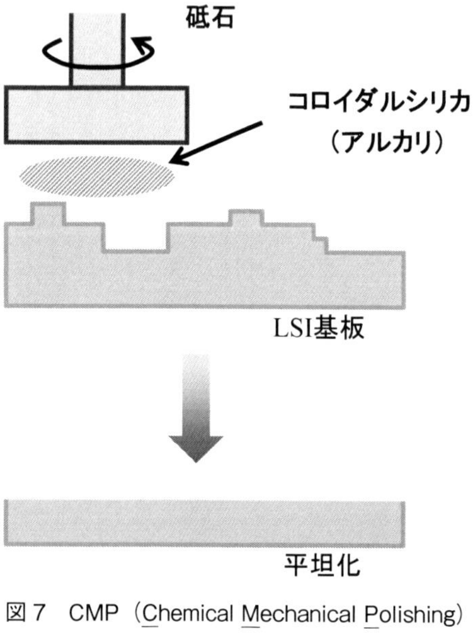

図7 CMP (Chemical Mechanical Polishing)

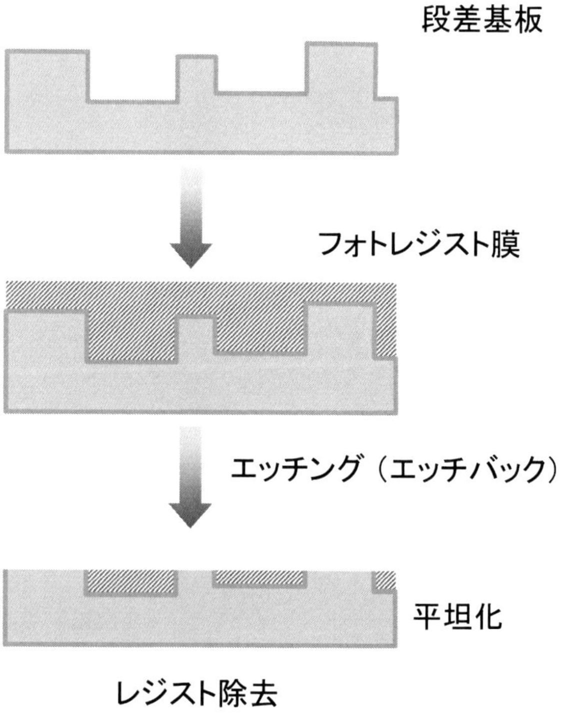

図8 エッチバック技術による平坦化

第3章　多層レジストプロセス

表1　多層レジストプロセス

	3層レジスト	2層レジスト	積層レジスト
上層レジスト	薄膜化による高解像化	薄膜化による高解像化 下層エッチングのマスク	DFRレジストコート
中間層（SOG）	下層と上層レジストとの分離 下層レジストのエッチングマスク		
下層レジスト	基板段差の平坦化 基板からの反射光の低減	基板段差の平坦化 基板からの反射光の低減	DFRレジストコート

反射の影響も受けながら変動する。段差上部ではパターンネックが生じ断線の恐れが出てくる。また，段差底部ではパターン幅の極端な増加となり，隣接するパターン間でショートが生じる。このように段差部ではリソグラフィー上で，困難な問題が生じることになる。これらは1層レジストプロセスの制御限界であり，デバイス基板の段差やレジスト膜厚が増加した場合は，段差を減少させる平坦化プロセスか，多層プロセスが有効となる。

これらの基板段差部での寸法変動に対して，数々の平坦化プロセスが考えられてきた。図7にあるようなCMP（Chemical mechanical polishing）は，現在も主力プロセスとして実用化されている。これはコロイダルシリカを含む研磨材において，基板段差を研磨により低減するプロセスである。

また，図8はエッチングレートを利用したエッチバック技術を示している。厚膜レジストのコーティング後に，基板とレジスト膜のエッチングレートを同一にして，そのまま段差をエッチングして平坦化するプロセスである。以上は，有効な平坦化技術として実用化されていくが，それと同時に，従来からの多層レジストプロセスも注目されている。多層レジストプロセスには，表1にあるように，代表的な3層レジストプロセス，2層レジストプロセス，積層プロセスなどがあり，これらについて概説する。

1.3　3層レジストプロセス[2～5]

図9は代表的な3層レジストプロセスを示している[1]。段差部を平坦にする下層レジスト，SOG（Spin on glass）などによる中間層，パターニングを行う上層の3層から構成されている。上層レジストは平坦になっているため，基板段差に影響されないパターン形成が可能である。また，下層レジストの膜厚が厚いため，基板からの反射光も減少しているので，膜内多重反射効果も低減できる。上層レジストをマスクとして，SOG中間層をCF_4ガスなどでエッチングしパターンを転写する。次いで，SOG中間層をマスクとして，下層レジストをO_2ガスのRIE（Reactive ion etching）によりエッチング形成する。RIEでは，パターン現像に比べて，段差による膜厚差の影響を受けにくい。よって，1層レジストプロセスが抱えていた問題点を，多層レジストプロセスによって解決することができる。

図10は，アルミ基板上に3層レジストプロセスで形成したレジストパターンである。段差は

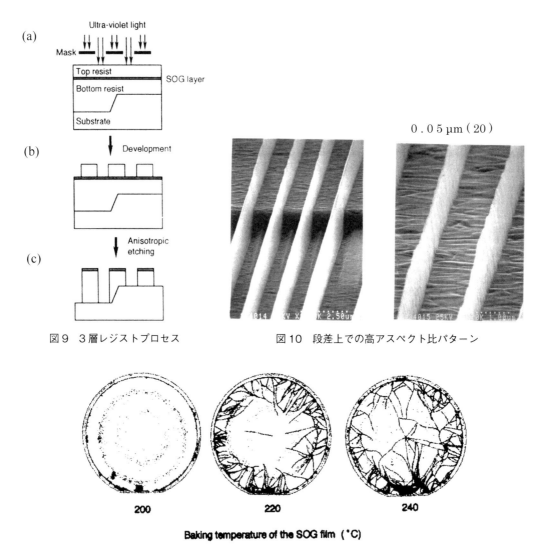

図9 3層レジストプロセス

図10 段差上での高アスペクト比パターン

図11 SOG中間層に発生したクラック

1 μmである。パターン幅は50 nmであるため，アスペクト比（高さ／幅）は20となる。このように，高反射基板で高段差を有する基板上においても，忠実なラインパターンを形成できる。しかし，3層レジストプロセスに起因する結果も発生する。図11は，SOG中間層に発生したクラックのウェハ内分布図である。これは，光散乱式の表面欠陥検査器を用いて計測している。SOGは液体ソースのゾルゲル反応による SiO_2 膜形成法として，層間絶縁膜の平坦化層にも用いられている。図より，SOG中間層の熱処理温度の増加に伴い，ウェハ周辺部よりクラックが成長していることが分かる。これは，下層レジストの熱処理温度と密接な関係を持っている。下層レジストの熱処理温度よりも高い温度でSOG中間層を処理した場合，下層から残留溶剤がガス化してSOG中間層を押し上げることになる。これにより，SOG中間層にクラックが生じる。こ

第3章 多層レジストプロセス

のクラックはウェハより剥離し，再付着により多くの欠陥不良を引き起こす．図12には，下層レジストとSOG中間層の熱処理温度の組合せによるクラック発生条件をまとめている．下層レジストには，樹脂系の異なるA, Bの2種類を用いている．レジストAの場合，下層レジスト（横軸）の熱処理温度より，SOG中間層（縦軸）の熱処理温度が低い場合はクラックは発生しない（○）が，高い場合はクラックが発生（×）している．しかし，レジストBの場合，かなりの範囲でクラックは改善されている．レジストBは，粘弾性の面で下層レジスト膜に生じる内部歪

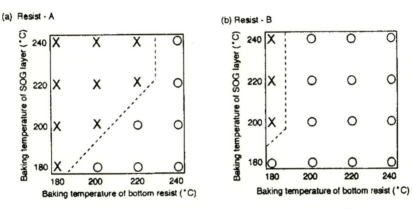

図12 下層レジストとSOG中間層の熱処理温度とクラック発生

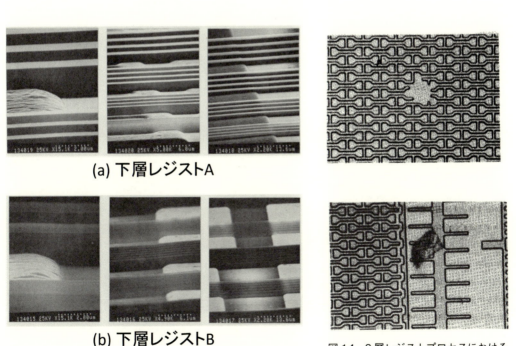

(a) 下層レジストA

(b) 下層レジストB

図13 下層レジストによる基板平坦性

図14 3層レジストプロセスにおけるパターン欠陥

みを緩和できる特徴を有している。そのため，下層レジストの平坦性にも違いが生じる。下層レジスト A, B を用いた段差平坦性を図 13 に示している。平坦性はレジスト A の方がレジスト B よりも優れている。レジスト B は粘弾性が低く平坦性は悪いが，内部歪みを低減できるため，図 12 のような SOG 中間層のクラックを抑制できる。図 14 は，SOG 中間層が起因となった欠陥の写真を示している。SOG 欠陥は下層レジストパターンに忠実に転写される。あるいは，形成後のパターン表面に付着する。このように，SOG 欠陥はデバイスの致命的な不良を引き起こすが，プロセス処理装置などの進歩により，さらなる改善が可能である。

1.4 Si 含有 2 層レジストプロセス

3 層レジストプロセスの工程を減らす取り組みも進んでいる。図 15 は，2 層レジストプロセスによるパターン写真を示している。2 層レジストは，上層に Si 含有レジストを用いており，3 層レジストのように SOG 中間層は用いない。図は下層レジストエッチングまで行っており，正確にパターン形成が行われている。2 層レジストはプロセス工程も比較的簡単になるが，下層のドライエッチング耐性が上層レジストは十分でない場合は，図 16 のように，下層レジスト層が細分化されており，実用レベルのパターン形成にはならない。

図15 2層レジストプロセスにおける
パターン形成
（下層レジストエッチング後）

図16 上層レジスト（Si系レジスト）の
マスク耐性の低下

第3章　多層レジストプロセス

図17　2層DFR積層プロセスによるパターン形成

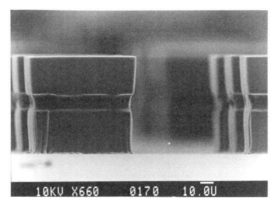

図18　3層DFR積層プロセスによるパタン形状制御

1.5　DFR積層レジストプロセス

図17は，ドライフィルムレジスト（DFR）を用いた積層プロセスにより形成したパターンを示している。DFRを用いた場合，溶剤系のレジストコーティングと異なり層間の溶剤ミキシングが生じない。また，図18のように，レジストパターンの断面形状コントロールが可能であるなどのメリットがある。パターン解像力は高くないが，今後のIoT分野に対応できるDFR積層プロセスとして注目されている。

文　　献

1) J. M. Moran, D. Maydan, *J. Vac. Sci. Technol.*, **16** (5), 1620 (1979)
2) A. Kawai et. al., *Jpn. J. Appl. Phys.*, **33**, L1355-L1357 (1994)
3) 河合晃ほか，日本接着学会誌，**30**, 582-585 (1994)
4) 河合晃，日本接着学会誌，**31**, 498-501 (1995)
5) A. Kawai, *Jpn. J. Appl. Phys.*, **34**, 3754-3758 (1995)

2 ハーフトーンマスク用の多層レジスト技術（LCD）

堀邊英夫*

2.1 はじめに

液晶デバイス，プリント基板製造において基板に段差を2段階作製する工程を，より簡便に，低コストに，かつ安定に製造するため，従来の方法とは異なった新規なプロセスについて紹介する。従来の工程では，図1のように露光→現像→エッチングの3工程を2回繰り返すこととなり，時間，コストともに大きくなる（ここではポジ型レジスト使用）。これらの工程を短縮するため，レジスト残膜率100％領域，レジスト残膜率0％領域の他に，新たにレジスト残膜率を数十％に調節するためのハーフトーンマスクが用いられるようになった[1]。ハーフトーンマスクの使用例としては，図2に示すように，携帯電話等の多層回路作製があり，垂直方向の回路を形成するためのビアホールと水平方向の配線とを一度の露光現像で位置ズレなく形成するプロセスに用いら

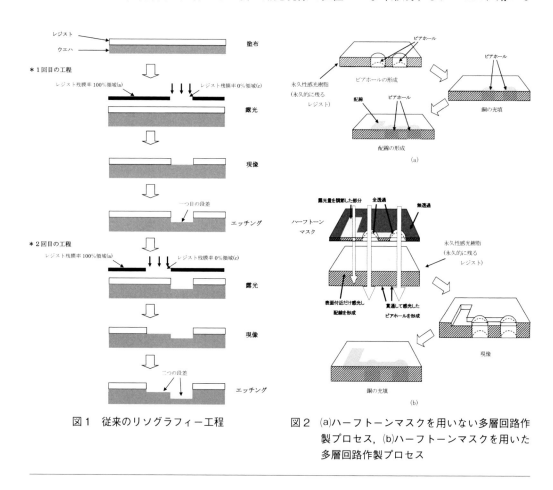

図1　従来のリソグラフィー工程

図2　(a)ハーフトーンマスクを用いない多層回路作製プロセス，(b)ハーフトーンマスクを用いた多層回路作製プロセス

---

*　Hideo Horibe　大阪市立大学　大学院工学研究科　化学生物系専攻長，高分子科学研究室　教授

第3章　多層レジストプロセス

れる[2]。ここで記載したハーフトーンマスクの使用例は，半導体のコンタクトホール製造において高解像度化を目的に用いられるハーフトーン型位相シフトマスクとは異なるものである[3]。

　ハーフトーンマスクを用いることで，その露光量を図3のa（レジスト残膜率100％領域），b（レジスト残膜率数十％領域），c（レジスト残膜率0％領域）に調整する。その結果，レジストは，3種類の残存膜厚を有するようになる。しかし，bの膜厚はハーフトーンマスクを用いて調整しても，感度曲線の急峻な立ち下がりの部分になるため露光量が少し変動すると，レジスト残膜率が大幅に変動し安定した膜厚が得られないという問題があった。

　そこで，本節では以下の考えにより，上記問題点を解決することとした。すなわち，図4のように感度（レジストが現像液に100％溶解する露光量）の異なる2つのポジ型レジストを用い，低感度のレジストを下層レジストに，高感度のレジストを上層レジストとし，レジストを図5のように2層塗布することによりb'（感度曲線が露光量に対して水平な部分）を作る。これにより，露光量のわずかな変動によるレジスト膜厚の大幅な変動をなくし安定した製造を目指すこととした[4,5]。

　実際の製造プロセスを図6に示す。図6においてハーフトーンマスクを用いてレジスト残膜率100％を形成する露光領域では下層レジストと上層レジストが共に残り，レジスト残膜率数十％の露光領域では露光量の制御により下層レジストのみを残し，レジスト残膜率0％露光領域では下層レジスト，上層レジストともに溶解するようにする。このとき，レジストの現像は最後に1度行うのみで，パターン作製が可能である。現像後の下地のエッチングではレジスト残膜率0％領域はレジストが存在しないため直ちにエッチングが始まり，1つ目の段差が基板にできる。レジスト残膜率数十％領域では，下層レジストの厚みを非常に薄く設定するため本来ならエッチング液（ガス）で全膜厚がエッチングされないレジストがエッチングされることになる。そして，下層レジス

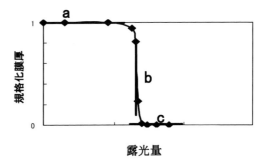

図3　通常のポジ型レジストの感度曲線

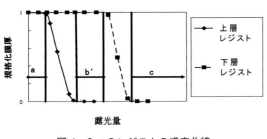

図4　2つのレジストの感度曲線

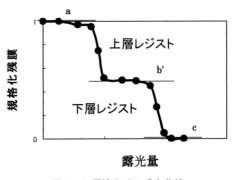

図5　2層塗布時の感度曲線

トがエッチングされた後もエッチングを進めることで2つの異なる段差を下地（基板）に作製することが可能となる。エッチング工程も現像工程と同様一度行うだけで良い。その結果として液晶デバイス，プリント基板等における段差を同時に基板に2段階作製する工程を，より簡便に，低コストに，安定に製造することが可能となる。

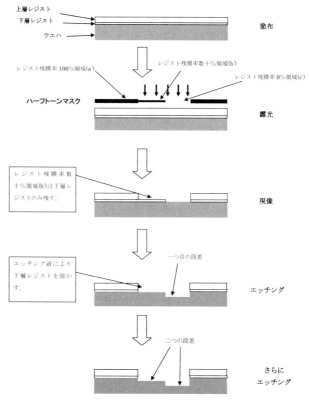

図6　ハーフトーンマスクによる多層レジストを用いた新規プロセス

2.2　実験
2.2.1　下層レジストと上層レジストの決定

最初に，最もレジスト感度差の広がるレジストの組み合わせを選択するための検討を行った。レジストは，g線用のノボラック系ポジ型レジストである，東京応化工業社製 TSMR-8900LB，THMR-iP3100HSLB，TDMR-AR87LB，OFPR-5000，さらに AZ Electronic 社製 AZ6112，AZMiR703 の6種類を用いた。

各レジスト溶液について，シリコンウエハにスピンコータ（アクティブ社製 ACT-300A）で 3,000 RPM，20秒間塗布し，次にプリベークをホットプレート（AS ONE CORPRATION 社製デジタルホットプレート　CTH）で100℃，60秒間行った。その後，レジストに露光機（ミカサ社製マスクアライメント装置（M-1-S）型，露光強度（g線（436 nm））：$0.2\,\mathrm{mW/cm^2}$）を用い，100秒まで5秒間刻みでそれぞれ露光した。最後に，現像をテトラメチルアンモニウムハイドライド（TMAH）2.38 wt%水溶液（東京応化工業社製，以下 NMD-3）を用い60秒間行った。レジストの膜厚は，膜厚計（ULVAC社，Dektak 6 M）を用いて，レジストとシリコンウエハとの段差を測定し求めた。

2.2.2　下層レジストの感度に対するプリベーク温度依存性

次に，選択した下層レジストの感度に対するプリベーク温度依存性を評価した。下層レジストとして，最終的には東京応化工業社製 TDMR-AR87LB を用いた。2.1項はじめにで記載したように，下層レジストは上層レジストに比較し低感度である必要がある。通常，レジストはプリベーク温度が高いほど低感度になる[6]。

第3章 多層レジストプロセス

レジスト溶液をシリコンウエハにスピンコータで3,000 RPM, 20秒間塗布し, 次にホットプレートで90～150℃まで20℃刻みでそれぞれ60秒間プリベークを行った。プリベーク温度の下限を90℃としたのはプリベーク温度を下げすぎると上層レジストとの感度差が少なくなるためである。次に上記露光機にて100秒まで5秒間刻みでそれぞれ露光, 最後に現像をNMD-3で60秒間行った。

2.2.3 上層レジストの感度のプリベーク温度依存性

次に, 選択した上層レジストの感度に対するプリベーク温度依存性を評価した。2.1項はじめにでも記載したように, 上層に用いるレジストは下層に用いるレジストに対して高感度にする必要がある。したがって, プリベーク温度を50～110℃と下層レジストに比べて低い温度に設定した。

上層レジストには, 最終的にAZ Electronic社製AZ 6112を用いた。レジスト溶液をシリコンウエハにスピンコータで3,000 RPM, 20秒間塗布し, 次にホットプレートで50～110℃まで20℃刻みでそれぞれ60秒間プリベークを行い, その次に上記露光機にて40秒まで5秒間刻みでそれぞれ露光, 最後に現像をNMD-3で60秒間行った。

2.2.4 プリベーク温度決定後のレジスト2層塗布

これまでの実験で下層レジスト (TDMR-AR87LB) と上層レジスト (AZ 6112) のプリベーク条件が決定したので, 実際に2層レジストを重ねて塗布し感度曲線を作成した。

下層レジストをシリコンウエハにスピンコータで3,000 RPM, 20秒間塗布, プリベークをホットプレートで130℃, 60秒間行った。その上に, 上層レジストをスピンコータで3,000 RPM, 20秒間塗布, 次にホットプレートで90℃, 60秒間プリベークした。その後, 露光を100秒まで10秒間刻みで行い, 最後に現像をNMD-3で60秒間行った。

2.2.5 中間層の検討

両レジストの中間層として, 以下のものを評価した。1つ目は, 酸性水溶液としてポリアクリル酸 (PAc) 25 wt％水溶液 (和光純薬工業社製, 重量平均分子量150,000, 粘度8,000～12,000 cP, pH＝3.0) を純水で薄めて4, 6, 8 wt％水溶液を作製した。

2つ目は, 中間層の膜厚の均一性を向上するために界面活性剤としての効果が期待できるドデシルベンゼンスルホン酸 (DBS) をPAcに添加した。PAc 4, 6, 8 wt％の各水溶液成分に対してDBSを各々6 wt％ (水溶液全体で見れば, 0.24, 0.36, 0.48 wt％) 添加した。

評価方法は, 用いた中間層が異なること以外はすべて以下の方法で評価した。下層レジスト (TDMR-AR87 LB) をシリコンウエハにスピンコータで3,000 RPM, 20秒間塗布, プリベークをホットプレートで130℃, 60秒間行った。次に, その上に中間層を3,000 RPMで20秒間塗布, ベークを100℃, 60秒間行った。さらに, 上層レジスト (AZ 6112) をその上に, 3,000 RPMで20秒間塗布, プリベークを90℃, 60秒間行った。その後, 露光を100秒まで5秒間刻みで行い, 最後に現像をNMD-3で60秒間行った。

2.3 結果と考察
2.3.1 各レジストの感度曲線

各レジストのプリベーク条件100℃,60秒間における感度曲線を図7に示す。特に高感度なレジストとしてはAZ6112,OFPR-5000,低感度なレジストとしてはTDMR-AR87LB,AZMiR703が挙げられる。ここでは上層レジストには,高感度で,かつ感度曲線の傾きが大きいことより高解像度が期待できるAZ6112を用いることとした。また,下層レジストには,最も低感度なTDMR-AR87LBを用いることとした。

2.3.2 下層レジスト,上層レジストの感度曲線

下層レジストと上層レジストとの感度差を拡大するためには,下層レジストは上層レジストに比較し低感度にする必要がある。最初に下層レジスト(TDMR-AR87LB)の感度について検討した。プリベーク条件として,90～150℃,60秒間で評価した。ここでプリベーク温度の上限を150℃としたのは,温度を上げすぎるとレジストが熱架橋し,露光,現像後も現像液に溶解しない可能性があるためである。下限を90℃としたのはプリベーク温度を下げすぎると上層レジストとの感度差が開かないと考えたからである。

下層レジストの感度を低下させることで,図5で記したb'の幅を広げることができる。また,上層レジストの溶媒で下層レジストが溶解しないように,下層レジストはある程度硬化していなければならない。以上2点より,下層レジストのプリベーク温度は高くする必要がある。一般にプリベーク温度が高いほど,レジスト中の溶媒が蒸発しレジストは硬化され,露光時の化学反応が起こりにくくなるため,化学反応に必要な露光量が増加し,その結果レジスト感度は低下する。

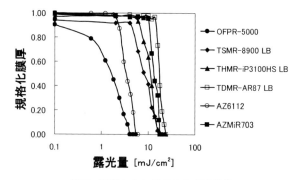

図7 評価したレジストの感度曲線

プリベーク温度に対する下層レジストの感度曲線を図8に示す。プリベーク温度が高温化するとともにレジスト感度が低下する傾向が得られた。プリベーク150℃ではレジストの感度が得られなかった。これは,プリベーク温度が高すぎたため溶媒が大部分蒸発し,レジストのベース樹脂同士で熱架橋が起こり,露光してもベース樹脂が

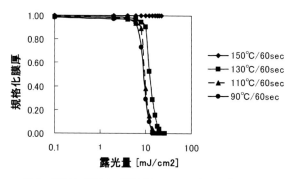

図8 下層レジスト(TDMR-AR87LB)のプリベーク温度を変えた時の感度曲線

第3章　多層レジストプロセス

現像液に溶解しなかったためと考えられる。ここで下層レジストは上層レジストとの感度差を拡大するため低感度であることが重要である。また，下層レジストは上層レジストを形成する際，界面で混合しあうことを防ぐためできるだけ硬化している必要もある。以上より，下層レジストは低感度でプリベーク時に架橋せず，かつ感度曲線の傾きが大きい130℃，60秒間でプリベークを行うこととした。

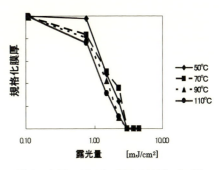

図9　上層レジスト（AZ 6112）のプリベーク温度を変えた時の感度曲線

下層レジスト（TDMR-AR87LB）のプリベーク条件が決定したので，次に上層レジスト（AZ 6112）のプリベーク条件を決定するための実験を行った。上層レジストの感度は，下層レジストに比較し高感度であることが重要である。従って，上層レジストのプリベークを比較的低い温度で行った。一般にプリベーク温度が低いほど高感度であるからである。そこで，上層レジストのプリベーク温度と感度曲線との関係について実験を行った（図9）。プリベーク温度に対して感度は大差なかったが，感度曲線の傾きが大きい高解像度が期待できる90℃，60秒間でプリベークを行うこととした。

2.3.3　プリベーク温度決定後の2層レジスト

これまでの実験で得られた下層レジスト（AZ MiR 703），上層（AZ 6112）レジストの感度曲線より，両レジストを組み合わせた場合の感度曲線のシミュレーションを行った（図10）。シミュレーションを行う場合，レジストの初期膜厚は両レジストの膜厚を単純に加算した。次に，上層レジストの膜厚がゼロになる露光量までは下層レジストは全く溶解しないと仮定し，そこまでは上層レジストのみが減少しそのときのレジスト残膜量を初期膜厚で除し規格化残膜とした。その後の露光量では，上層レジストが溶解し存在せず下層レジストの残膜量を初期膜厚で除した。すなわち，後半部分は下層レジストの感度曲線にのみ従うというものである。シミュレーションの感度曲線においては，X軸に対して水平となる部分（図5で示したb'の部分）が十分に確立できている。そこで，実際に両レジストを塗布して実験を行った。この時の感度曲線を同じく図10に示す。実験時の感度曲線は，シミュレーションでは現れるX軸に対して水平となる部分が全く確認できなかった。また，上層レジストの感度曲線より若干高感度で，かつレジスト膜べり量（未露光部の現像時のレジスト減少量）が大きく，レジストとして良好でないことがわかる。さらに，2層塗布時のレジスト膜厚を実際に測定した結果，2つのレジスト膜厚の加算値（1.8μm）より2層塗布時の絶対値（1.45μm）が少なかった。これらより，下層レジストが上層塗布時に上層レジスト中の溶媒に溶解し，界面で混合しあい膜厚が減少したことが予想される。

これまで報告されている多層レジスト技術には，下層レジストとして基板の段差をカバーし平坦な表面を作るノボラック樹脂を，上層レジストには像形成用のシリコン含有レジストを用いる2層レジスト法がある。この場合，下層レジストをハードベークし架橋することにより上層レジ

ストとの混合は起こらないが，上層レジストの現像を行い，その後それをマスクにして下層レジストのエッチングを行うことにより，計2回のパターンニング操作が必要である[7,8]。今回は，パターンニング操作を1回で行うことを目標としているため，本方法では目標は実現できない。

2.3.4 中間層の検討

そこで，図11に示すように，上層レジストと下層レジストとの間に，中間層を作製することで両レジストの混合を防げるのではないかと考えた。両レジストの中間層として，以下の材料を評価した。レジストは溶剤に溶解しているので両者を分離する観点から中間層には水溶性の材料を用いるのが良いと考えた。また，レジストの現像はアルカリ水溶液で行うので，現像時の中間層の溶解性を増加するため，特に酸性水溶液を用いることとした。

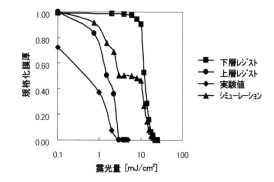

図10 2層レジストのシミュレーションと実験値の感度曲線

図11 上層レジスト，中間層，下層レジストを用いた多層レジストの断面図

(1) ポリアクリル酸

PAc 25 wt%水溶液を純水で薄めて4, 6, 8 wt%水溶液を作製し中間層として評価した。

ここで，下層レジスト (TDMR-AR87 LB) の膜厚は約 1.0 μm，上層レジスト (AZ 6112) の膜厚は約 1.1 μm であった。このときの中間層の膜厚は，PAc 4 wt%水溶液では約 0.1 μm，PAc 6 wt%水溶液の膜厚は約 0.2 μm，PAc 8 wt%水溶液の膜厚は約 0.5 μm となった。しかしながら，表1より，3層塗布時の実測の膜厚が各層の膜厚を単純に加算した値に全く一致しなかった。3種類ともほぼ全体で 1 μm 程度で，極言すると1種類分のレジストの厚みしかなかった。また，3層塗布時の表面状態が目視観察では非常に悪かった。このことから，PAc 4, 6, 8 wt%水溶液では，塗布位置によっては膜厚が非常に薄くなり上下のレジストを分離することができず中間層として機能しなかったと考えられる。中間層の膜厚が不均一な部分があり，直接両レジストが接触したためではないかと考えられる。以上より，PAcの濃度を単純に薄めた場合，中間層として用いることができないことがわかった。

(2) PAcへのDBS添加の効果

上記のPAc水溶液に対して，界面活性剤としての効果を期待し，ドデシルベンゼンスルホン酸 (DBS) を添加した。PAc 4, 6, 8 wt%水溶液に対してDBSを6 wt%添加した。DBS添加量は水溶液全体で見れば，0.24, 0.36, 0.48 wt%となる。このとき，DBSは酸性でありPAcに添加

第3章 多層レジストプロセス

表1 PAc 4, 6, 8%水溶液を中間層に用いたときの膜の厚みと表面状態

中間層	中間層の厚み [μm]	膜の厚み [μm]			膜の表面状態
		下層レジスト	下層レジスト+中間層	下層レジスト+中間層+上層レジスト	
PAc 4 wt%	0.1	0.9	1.0	1.0	悪い
PAc 6 wt%	0.2	0.9	0.9	0.9	悪い
PAc 8 wt%	0.5	0.9	0.9	1.0	悪い

下層レジスト(TDMR-AR87 LB)シリコンウエハ上：0.9 μm
上層レジスト(AZ 6112)シリコンウエハ上：1.1 μm

表2 PAc 4, 6, 8%/DBS 6 wt%水溶液を中間層に用いたときの膜の厚みと表面状態

中間層	中間層の厚み [μm]	膜の厚み [μm]			膜の表面状態
		下層レジスト	下層レジスト+中間層	下層レジスト+中間層+上層レジスト	
PAc 4 wt%/DBS 6 wt%	0.1	0.9	1.0	2.0	良好
PAc 6 wt%/DBS 6 wt%	0.3	0.9	1.2	2.2	良好
PAc 8 wt%/DBS 6 wt%	0.6	0.9	1.5	2.8	良好

下層レジスト(TDMR-AR87 LB)シリコンウエハ上：0.9 μm
上層レジスト(AZ 6112)シリコンウエハ上：1.1 μm

することで，現像時の溶解速度の向上も狙っている。ここで，下層レジスト(TDMR-AR87 LB)の膜厚は約 1.0 μm，上層レジスト(AZ 6112)の膜厚は約 1.1 μm である。表2より，3層塗布時の実測の膜厚が各層の膜厚を単純に加算した値にそれぞれ一致した。このことから下層レジストの上に中間層として PAc/DBS 水溶液は塗布することができ，また，PAc/DBS 中間層の上に上層レジストが塗布できているといえる。また，3層塗布時の表面状態が目視観察で良好であった。以上より，PAc 4, 6, 8 wt%水溶液に DBS 6 wt%を添加することで，中間層の膜厚が薄膜の状態でも均一になり，両レジストが直接接触することなくミキシングが防止できたと考えられる。よって，PAc/DBS 水溶液は本研究において中間層として適するといえる。

2.3.5 3層レジストの評価

上層レジストに AZ6112 (膜厚：約 1.1 μm) を，下層レジストに TDMR-AR87 LB を (膜厚：約 1.0 μm)，中間層に PAc 8 wt%/DBS 0.48 wt%水溶液 (膜厚：約 0.6 μm) を用いた場合の実際の感度曲線を図12に示す。これより，グラフの横軸に対して水平な b'の部分が確認できた。また，この時の3層塗布時のレジスト膜厚を測定した結果，3層の膜厚の単純な加算値 (2.7 μm) と実際の3層塗布時の絶対値 (2.8 μm) がほぼ等しかった。以上より，中間層 (PAc 8 wt%/DBS 0.48 wt%水溶液) を用いることで下層レジストと上層レジストとが接触することなく，下層レジストが上層レジストの溶媒に溶け込まず，両レジストの混合を防ぐことができたと考えら

れる。この感度曲線のX軸に対して水平な部分は露光量にすると30 mJ/cm² 程度あり，露光量の制御は十分可能であると考えられる。これまで報告されている3層レジスト法としては，上層レジストにはノボラックレジストを，中間層に酸化シリコンを，下層レジストにはフェノール樹脂／芳香族アミドを混合した樹脂（下地平坦化層）を用いる方法がある[9〜12]。しかし，この方法では，上層レジストの現像後，それをマスクに中間層のドライエッチング，さらに中間層をマスクに下層レジストをエッチングするという非常に多くの工程からなり，工程が煩雑である。そのため中間層には，今回開発した酸性水溶液のポリマーが適するといえる。

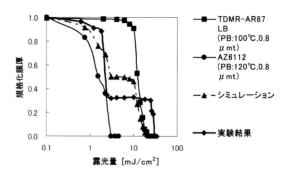

図12 Pac 8 wt％/DBS 0.48 wt％を中間層に用いたときの3層塗布時のシミュレーションと実験値

2.4 おわりに

感度の異なる2つのポジ型レジストを用い，感度の悪い方を下層レジストに，感度の良い方を上層レジストとし，2層塗布することにより，感度曲線におけるカーブが中間値で水平な部分を作製する検討を行った。

① レジストを2層塗布しベーク条件を最適化するだけではレジストが混合しあって水平な部分は得られなかった。

② 両レジスト間に水溶性の中間層膜（ポリアクリル酸8 wt％/ドデシルベンゼンスルホン酸0.48 wt％水溶液）を追加することにより，両レジストが混合しなくなり水平な部分が確立できた。

③ 水平な部分の露光量は30 mJ/cm² 程度であり十分制御可能な露光量である。

④ 本プロセスでのレジスト現像は最後に1度行うのみであり，従来の多層レジスト技術に比較し，工程が非常に単純である。

液晶デバイス，プリント基板等における異なる段差を同時に基板に2段階作製する工程を，ハーフトーンマスクを用い露光量を調整し，より簡便に，低コストに，かつ安定に製造することが可能となる多層レジスト技術を開発した。

第3章 多層レジストプロセス

文　　献

1) 川野健二，浅野昌史，岩松孝行，田中聡，伊藤信一，大西廉伸，電子情報通信学会大会講演論文，C2, p.151 (1995)
2) 平岡俊郎，堀田康之，真竹茂，東芝レビュー，**57** (4), 31 (2002)
3) 長谷川昇雄，第 24 回 VLSIForum 予稿集，p37 (1993)
4) 高松慎也，市川智和，堀邊英夫，応用物理学会中国四国支部学術講演会，Fp2-2 (2004)
5) 堀邊英夫，高松慎也，特願 2004-176408
6) 大野勇人，半導体プロセスハンドブック，月刊 Semiconductor World 編集部，プレスジャーナル，p227 (1996)
7) N. Saito, S. Okazaki, T. Matsuzaka, Y. Nakayama and M. Okumura, Digest of 3rd Micro Process Conf., p.48 (1990)
8) D. C. Hofer, R. D. Miller and C. G. Willson, *Proc. SPIE*, **469**, 16 (1984)
9) A. N. Broes, J. M. E. Harper and W. W. Molzen, *Toshiba Review*, **119**, 25 (1979)
10) J. M. Moran and D. Maydan, *J. Vac. Sci. Technol.*, **16**, 1620 (1979)
11) K. L. Tai and J. M. Moran, *J. Vac. Sci. Technol.*, **5**, 129 (1979)
12) E. Reichmanis and G. Smolinsky, *Proc. SPIE*, **469**, 38 (1984)

第4章 フォトレジストの除去特性（ドライ除去）

1 還元分解を用いたレジスト除去

堀邊英夫*

1.1 はじめに

　半導体デバイス製造工程において，レジストを用いたパターン作製は必要不可欠である。近年，科学技術の発展に伴い，デバイスのさらなる小型・高集積化が求められている。このため，デバイスはますます多密・複雑化しており，リソグラフィー工程（成膜，露光，現像，エッチング，レジスト剥離（除去），洗浄など）の繰返し回数も増加の一途である。本節では，この工程のなかでも，とりわけレジスト除去工程に注目し，環境負荷およびコスト低減を目指した新規なレジスト除去技術について紹介する。微細素子のパターニングに用いられるレジストの除去プロセスは，硫酸／過酸化水素，アミン系有機溶剤など環境負荷の大きい薬液によって行われている。そのため，薬液量の削減とその排液処理に関する環境負荷の低減が大きな課題である。

　それぞれのデバイスにおけるレジスト除去方式について述べる。まず半導体分野のレジスト除去では，ドライ方式である酸素プラズマアッシングおよび硫酸・過酸化水素混合液（Sulfuric acid Hydrogen Peroxide Mixture：SPM）処理が行われている。これらの問題点を挙げる。酸素プラズマアッシングでは，プラズマによるデバイス特性の変化やウェハ帯電によるレジスト除去不均一性，半導体基板や銅配線の酸化などの問題がある[1,2]。SPMによるレジスト除去では，残渣が再付着してしまうため洗浄工程が必要になるほか，レジスト除去速度として$0.2\,\mu m/min$程度と遅い。そこで，通常の生産ラインにおいては25枚程度のウェハをバッチ式で処理し見かけの除去速度を向上させ，引き続き大量の水で基板に残った薬液を洗浄する。そのため，超純水の大量消費などの問題が挙げられる。一方，LCD分野のレジスト除去においては，一般に薬液方式で行われており，「106溶剤」（エタノールアミン＋ジメチルスルホキシド）と呼ばれる薬液が広く用いられている。この薬液は高価なうえ，その使用量もLCD基板$1\,m^2$あたり数$100\,cm^3$と多い。また，この薬液の廃棄処理は生物分解で行っており，微生物を維持する設備に大きな電力を要する。これら有害な薬液を使用せずにレジストを除去できれば，環境負荷低減になるとともに，省エネルギー化にもつながる。

　これらの問題点を解決するため，還元力の優れた原子状水素に今回注目した。レジストは原子状水素により$-C_xH_y$や$-OH$へ還元分解される[1]。原子状水素は水素ガスと加熱触媒体との接触分解反応により生成される[2~4]。原子状水素を半導体基板に利用することで，不動態効果[5]やダン

　＊　Hideo Horibe　大阪市立大学　大学院工学研究科　化学生物系専攻長，
　　　高分子科学研究室　教授

第4章 フォトレジストの除去特性（ドライ除去）

グリングボンド（未結合手）終端化効果[6]，アモルファス Si の結晶化効果[7]，表面クリーニング効果[8]などが得られる。また，原子状水素は結晶 Si やアモルファス Si，ポリ Si をエッチングするが，SiO_2 はエッチングしないという特徴があり[9,10]，選択的なエッチングにも利用できる。さらに，原子状水素によるレジスト除去は薬液を用いないドライプロセスであるため，環境負荷低減が期待できる。加えて，半導体基板や銅配線を酸化させることなく，プラズマレスであるためデバイスへのダメージも抑えることができる。

タングステンの加熱触媒体を用いて生成した原子状水素によるレジスト除去に関して，これまでの研究で 1～1.6 μm/min 程度のレジスト除去速度が達成されている[2,11]。一方，これらのレジスト除去速度は加熱タングステンによる基板温度上昇が正確に計測されていないため，レジスト膜厚の熱収縮を考慮せずに求められていると考えられる。我々は，原子状水素生成時の基板温度上昇を正確に計測するとともに，レジスト膜厚の熱収縮量を明らかにした。レジストの熱収縮量を除外することで，原子状水素とレジストとの反応のみによるレジスト除去速度を求め，ノボラック系ポジ型レジストにおいて最終的に 2.5 μm/min のレジスト除去速度を達成した。さらに，原子状水素による基板への影響に関して，SEM 観察によりパターン（Poly-Si，SiO_2，SiN 膜）形状変化を，AFM 観察により Si 基板表面の状態を評価した。本節では，レジスト膜厚の熱収縮を除外して求めたレジスト除去速度と原子状水素による基板への影響について紹介する。

1.2 原子状水素発生装置

実験チャンバーの模式図を図1に，装置概観とチャンバーの拡大写真を写真1に示す。触媒体には，直径 0.7 mm，全長 500 mm のタングステンワイヤーをらせん状に巻いたものを用いた。らせん部の巻き数は 5 回，らせん直径 10 mm，長さは 40 mm である。らせん部先端から基板までの距離は 20 mm とした。触媒体の加熱には定電流源を用いた。水素・窒素混合ガス（$H_2 : N_2 = 10 : 90$ 体積%）は，上部中央からノズルを通して石英ガラスチャンバー内へ供給した。ガス流量は MFC（Mass Flow Controler）により調節した。レジストには，ノボラック系ポジ型レジスト（AZ-Electronic Materials 製 AZ6112）を用いた。実験基板には，Si ウェハ上にレジストを 2000 rpm で 20 秒間スピンコートし，100℃ で1分間プリベークしたものを用いた。レジスト除去の実験条件を表1に示す。レジスト

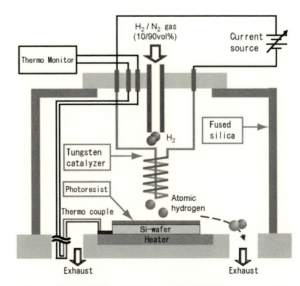

図1　原子状水素とレジストとの反応装置のイメージ図

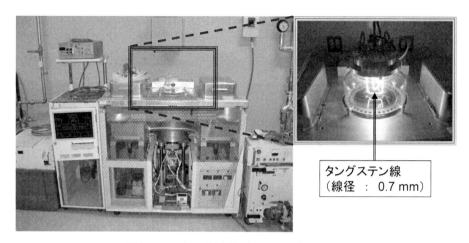

写真1　レジスト除去装置とチャンバーの外観

表1　原子状水素によるレジスト除去条件

初期基板温度（$T_{\text{ini-subst}}$）	50〜200℃
触媒体温度（WT）	1,560〜2,000℃
H_2/N_2（10/90 vol%）ガス量	10〜500 sccm
（H_2 ガス量）	（1〜50 sccm）
チャンバー内の全圧	4.0〜72.0 Pa
（H_2 ガス分圧）	（0.40〜7.20 Pa）
触媒体と基板との距離	20 mm
レジスト膜厚	1.2 μm

膜厚は触針式表面形状測定器（アルバック社製 DekTak 6 M）で計測した。

触媒体温度は2波長放射温度計（Impac Electronic 製 ISR12-L0）で計測した。この放射温度計の最小視野は直径1 mmであるため，チャンバーを通してタングステンワイヤー（直径0.7 mm）を見ると視野欠けがどうしても発生する。2波長放射温度計測では，2波長の放射エネルギー比（波長 0.80 μm，1.05 μm）により一義的に温度を計測できるが，十分なS/N比を得るためには5%以上の視野率が必要とされる。そこで，視野率が20%以上になるよう常にモニターし，温度の再現性が±10〜20℃となることを確認し実験した。同時に，触媒体による基板の温度上昇を熱電対（クロメル・アルメル）で計測した。熱電対による温度計測において，精度の良い温度計測を行うには短絡側と接点との温度差が重要となる。そこで，熱電対の短絡側を，加熱触媒体による影響を抑えるため排気口の奥へ配線した。そこからは被覆導線によりチャンバー上部へ壁伝いに配線した。熱電対の温度校正には，サーモラベル（日油技研工業社製サーモラベル-5E）を用いて行った。

第4章　フォトレジストの除去特性（ドライ除去）

1.3　レジストの熱収縮，レジスト除去速度の水素ガス圧依存性，基板への影響についての実験条件

写真2に，原子状水素の処理時間に対するSi上のレジスト除去性を示す。このとき，触媒体温度は2,000℃，基板温度150℃である。時間と共にレジストが除去され，2分後には完全にレジストが除去されSi基板表面が出ていることがわかる。

レジスト除去において，基板温度を高くすることで反応を促進させ，レジスト除去速度を増加させることは一般的である。一方で，レジストへの100℃，1分間のプリベークではレジスト中に溶媒が残っており，追加ベークすると残っていた溶媒が気化することでレジスト膜厚が収縮すると考えられる。実験チャンバー（図1）において，加熱触媒体により原子状水素を生成するとき，2,000℃程度の温度まで加熱された触媒体が基板から20 mmの位置にあるため，輻射熱で基板温度が100℃以上になることが予想される。

すなわち，プリベーク温度（100℃）よりも高い温度環境下において，原子状水素によるレジスト除去性を検討するには，「熱収縮によるレジスト膜厚減少」と「原子状水素とレジストとの反応による膜厚減少」とを区別する必要がある。そこで，原子状水素とレジストとの反応によるレジスト除去速度のみを求めるために，まず先にレジスト基板をホットプレートにより100～400℃の範囲で60分間追加ベークし，基板温度とベーク時間によるレジスト膜厚の熱収縮による膜厚減少量を計測した。

次に，水素ガス圧のレジスト除去速度への影響を調べた。水素ガス圧力が66.7 Pa（水素ガス流量300 sccm）以上では，水素ガス圧によるレジスト除去速度への影響がないことはすでに報告されている[2]。これは，原子状水素の生成量が飽和しているためと考えられる。そこで，水素ガス圧力を7.20 Pa（水素ガス流量50 sccm）以下にしたときの原子状水素によるレジスト除去性を調べた。レジスト膜厚の熱収縮を抑えるため，到達基板温度が200℃になる条件で実験を行った。触媒体温度が1,560℃，1,800℃において，それぞれ水素ガス圧に対するレジスト除去速度を求めた。

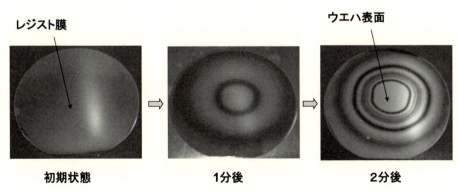

写真2　原子状水素処理時間に対するレジスト除去性
（触媒体温度：2,000℃，基板温度150℃）

最新フォトレジスト材料開発とプロセス最適化技術

最後に，原子状水素によるSi基板への影響について検討した。水素ガス圧力を4.53 Pa（水素ガス流量を30 sccm）として，初期基板温度を50～200℃の範囲で変えたときのレジスト除去速度をあらかじめ調べた。このとき，原子状水素生成時の基板温度は触媒体温度や照射時間によって変動することから，基板温度の時間変化も計測した。また，各レジスト除去条件において，Si基板上に作製したpoly-Si, SiO_2, SiN薄膜のパターン形状の変化をSEM観察により評価した。評価は，poly-Siの高さとSiN側壁の幅である。さらに，各触媒体温度において，平均基板温度が200℃になる条件で触媒体温度を変え原子状水素を照射し，照射時間に対するSi基板表面の粗さ（rms）を測定した。

1.4 追加ベーク温度，時間に対するレジストの熱収縮率評価結果

図2に追加ベークによるレジストの膜厚収縮率の時間プロファイルを示す。これより，レジスト膜厚収縮は100～250℃の追加ベークでは1分以内で完了し，そのときの収縮率はベーク温度にしたがって増加している。一方，300℃以上になるとベーク時間とともに膜厚が収縮し続けることがわかった。これは，今回用いたノボラック系レジストの化学構造に含まれているフェノールが，300℃以上のベークでは熱分解されてしまうためと考えられる[12]。原子状水素によるレジスト除去では，温度環境が100℃以上となるため，レジストの膜厚収縮を考慮してレジスト除去速度を検討する必要があることが明らかである。本節では，図2の結果をもとに，原子状水素生成時の基板温度上昇によるレジストの膜厚収縮を除外し，原子状水素とレジストとの反応のみによるレジスト除去速度を求めた。そのために，最初に原子状水素生成時の触媒体温度および基板温度を測定した。

基板の初期温度を26℃，水素ガス流量を15 sccm，水素ガス圧力を2.4 Paとした。このときの触媒体温度および基板温度を計測した。図3に触媒体での消費電力と触媒体温度との関係を示

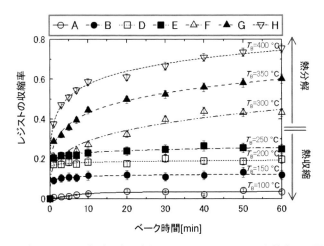

図2 追加ベーク温度（T_B），追加ベーク時間とレジスト収縮率との関係
（A；100℃ B；150℃ C；200℃ D；250℃ E；300℃ F；350℃ G；400℃）

第4章 フォトレジストの除去特性（ドライ除去）

す。触媒体温度は，消費電力が60Wで2,000℃に達した。また，触媒体温度の上昇は消費電力が高くなると飽和した。

次に，触媒体温度を1,560℃にして初期基板温度を変えたときに，触媒体による基板の温度上昇の時間プロファイルを図4に示す。基板温度の上昇は約1分で飽和することがわかった。1分後の基板温度は，初期基板温度が50℃のとき110℃，100℃のとき150℃，150℃のとき200℃，200℃のとき250℃になった。そこで，触媒体温度を変えたときの初期基板温度と1分後の到達基板温度との関係を図5に示す。触媒体温度が高くなるほど基板温度は上昇し，1分後の基板温度はすべて100℃以上になった。したがって，原子状水素をレジストに照射すると，レジストがプリベーク温度（100℃）よりも高い温度環境下にさらされる。一般に100℃で1分間のプリベークではレジスト中に溶媒が残っており，追加ベークすると残っていた溶媒が気化することでレジスト膜厚が収縮すると考えられる。原子状水素によるレジスト除去性を検討するためには，基板温度上昇によるレジスト膜厚の熱収縮を考慮する必要がある。

1.5 水素ガス圧力を変化させたときのレジスト除去速度

図6にチャンバー内への水素ガス圧力（水素ガス流量）を変化させたときのレジスト除去速度を示す。水素ガス圧力が66.7Pa（水素ガス流量300 sccm）以上では。水素ガス圧によるレジスト除去速

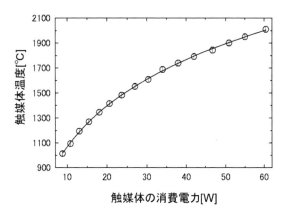

図3 触媒体（W）の消費電力と触媒体温度との関係
（水素ガス圧力 2.4 Pa）

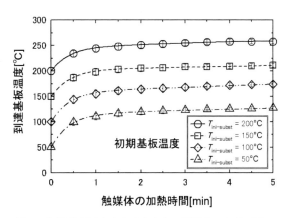

図4 初期基板温度を変えたときの触媒体の加熱時間に対する到達基板温度
（触媒体温度 1,560℃，水素ガス圧力 2.4 Pa）

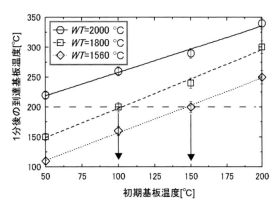

図5 触媒体の温度を変えた場合の初期基板温度と1分後の到達基板温度との関係
（水素ガス圧力 2.4 Pa）

度への影響がないことはすでに報告されている[2]。これは，原子状水素の生成量が飽和しているためと考えられる。そこで，水素ガス圧力を7.20 Pa（水素ガス流量50 sccm）以下にしたときの原子状水素によるレジスト除去速度を調べた。レジスト膜の熱収縮を抑えるため，到達基板温度が200℃になる条件で実験を行った。すなわち，図5より，触媒体温度が1,560℃のときは初期基板温度を150℃，1,800℃のときは100℃とした。ベーク温度が200℃のときのレジストの膜厚収縮率を考慮しレジスト膜厚の減少量を除いて，原子状水素によるレジスト除去速度を求めた。触

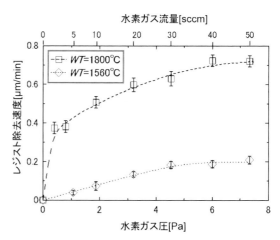

図6　チャンバー内の水素ガス圧とレジスト除去速度との関係
（到達基板温度200℃）

媒体温度が1,800℃で水素ガス圧力が0.4 Paのときのレジスト除去速度は7.20 Paのときに比べ約50％減速した。これに対し，1,560℃では1.0 Paのときのレジスト除去速度は7.20 Paのときに比べ約80％減速した。また，触媒体温度が1,560℃では水素ガス圧力が1.0 Paより低くなるとレジストを除去できなかったが，1,800℃では0.4 Paまでレジストを除去することができた。このことから，水素ガス圧が低くなるほどレジスト除去速度が遅くなり，その傾向は触媒体温度が低いほどより顕著に見られることがわかった。この原因として，水素ガス圧の低下に伴う水素分子濃度の低下により，触媒体での原子状水素の生成量が低減したことが考えられる。また，触媒体温度が低くなると接触触媒作用が低下するため原子状水素そのものの生成量が低減したと考察する[13]。以上のことから，原子状水素によるレジスト除去において，水素ガス圧力が7.20 Paより低くなると水素ガス圧力依存性が表れることが明らかとなった。

1.6　到達基板温度とレジスト除去速度との関係

　水素ガス圧力を4.53 Pa（水素ガス流量30 sccm）として，初期基板温度を50～200℃の範囲で変えたときの到達基板温度とレジスト除去速度との関係を図7に示す。レジスト除去速度は，レジスト除去時の基板温度に対する膜厚収縮率を除いて求めた。ここで，各条件におけるレジスト除去時の到達基板温度とレジスト除去時間を表2に示す。基板温度が250℃以下ならば，図2で示したように膜厚収縮は1分以上でほぼ一定となり，膜厚収縮率は約0.2以下である。一方，触媒体温度1,800℃，初期基板温度200℃のときおよび触媒体温度2,000℃，初期基板温度150，200℃のときに，到達基板温度は250℃を超えた。しかしながら，レジスト除去時間が1分以下であるため，膜厚収縮率としては0.3（基板温度350℃，1分）以下である。図7より，触媒体温度が1,560℃や1,800℃では，基板温度に比例してレジスト除去速度が増加する傾向が得られた。

第4章　フォトレジストの除去特性（ドライ除去）

一方で，触媒体温度が2,000℃になると，基板温度とレジスト除去速度との関係が比例とは言い難い。これは，初期基板温度が低い50℃において，基板温度上昇が非常に大きくなるためと考えられる。ただし，どの触媒体温度においても，基板温度が高くなるほど原子状水素によるレジスト除去速度が速くなることは明らかであった。基板温度が上昇することによって，原子状水素とレジストとの反応性が上がるため，レジスト除去速度が速くなったと考えられる。今回，触媒体温度が2,000℃で到達基板温度が340℃（初期基板温度200℃）のとき2.5 μm/min の最高のレジスト除去速度を達成した。

そこで，より基板温度とレジスト除去速度との相関を明らかにするために，あらたに平均基板温度を定義した。これは，原子状水素生成時の基板温度が図4のように触媒体温度や照射時間によって変動するため，基板温度の原子状水素照射時間に対する変化を時間平均した温度を平均基板温度とした。時間平均の時間は，レジストが完全に除去するまでの時間である。各触媒体温度における平均基板温度とレジスト除去速度との関係を図8に示す。レジスト除去速度は，各触媒体温度において平均基板温度に比例して増加することが明らかとなった。また，触媒体温度が高くなるほどレジスト除去速度が大きく向上することがわかった。触媒体温度が高くなると，指数関数的に原子状水素濃度が増加するためと考

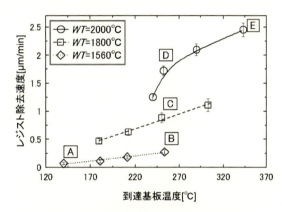

図7　種々の触媒体温度における到達基板温度とレジスト除去速度との関係
（水素ガス圧：4.53 Pa）

表2　種々の触媒体温度における初期基板温度，到達温度，レジスト除去時間

触媒体温度	初期基板温度	到達基板温度	レジスト除去時間
1,560℃	50℃	140℃	15.17 min
	100℃	180℃	9.00 min
	150℃	210℃	5.17 min
	200℃	250℃	3.25 min
1,800℃	50℃	180℃	2.12 min
	100℃	210℃	1.50 min
	150℃	250℃	1.00 min
	200℃	300℃	0.80 min
2,000℃	50℃	240℃	0.77 min
	100℃	250℃	0.58 min
	150℃	290℃	0.47 min
	200℃	340℃	0.42 min

えられ，例えば，触媒体温度1,560℃，1,800℃，2,000℃での原子状水素生成量の比は1：6.5：22.1となることが報告されている[13]。これに対し，図8より，平均基板温度200℃における各触媒体温度でのレジスト除去速度の比は1：4.2：9.2である。原子状水素生成量の増加量に対してレジスト除去速度の増加量は低く，すなわち原子状水素生成量に対するレジスト除去効率が低くなっている。明確な理由は不明である。

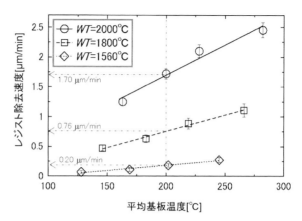

図8 種々の触媒体温度における平均基板温度とレジスト除去速度との関係
（水素ガス圧：4.53 Pa）

1.7 原子状水素照射によるPoly-Si，SiO₂，SiN膜のパターン形状への影響

原子状水素照射によるSi基板上に作製したPoly-Si，SiO_2，SiN膜のパターン形状への影響をSEM観察により評価した。図9に，今回評価した膜構造の模式図と原子状水素照射前後における断面SEM写真を示す。Refは原子状水素照射前のSEM写真である。AとDは，それぞれ図

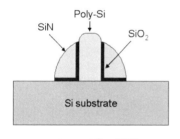

(a) モデル構造

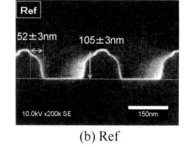

(b) Ref

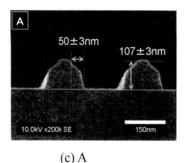

(c) A

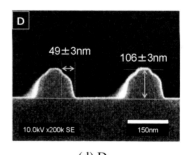

(d) D

図9 Si基板上のPoly-Si，SiO_2，SiN構造の断面SEM観察
（Ref：原子状水素照射前，A, D：原子状水素照射後の図7の状態）

第4章　フォトレジストの除去特性（ドライ除去）

7に示されたAとDのレジスト除去条件で原子状水素を照射した後のSEM写真である。表3に，図7に示されたA，B，C，D，Eのレジスト除去条件で原子状水素を照射した後のPoly-Siの高さおよびSiN側壁の幅を示す。Poly-Siの高さおよびSiN側壁の幅は，原子状水素照射前後ではほとんど影響が見られないことがわかる。さらに，図10に，原子状水素照射前後における基板表面のSEM写真を示す。原子状水素照射による基板表面状態の変化は，SEM観察ではほとんど見られなかった。そこで，原子状水素照射による基板表面状態の評価をAFM観察により行った。原子状水素とレジストとの反応は，触媒体温度（原子状水素生成量）や基板温度，照射時間によって影響されると考えられる。そこで，平均基板温度が200℃になる条件で，各触媒体温度において原子状水素の照射時間を変えたときのSi基板表面の2乗平均粗さをAFM観察に

表3　Poly-Siの高さ，SiN側壁の幅

試料	Poly-Siの高さ [nm]	SiN側壁の幅 [nm]
Ref	105 ± 3	52 ± 3
A	107 ± 3	50 ± 3
B	107 ± 3	50 ± 3
C	105 ± 3	47 ± 3
D	106 ± 3	49 ± 3
E	106 ± 3	49 ± 3

（Ref：原子状水素照射前　A〜E：原子状水素照射後の図7の状態）

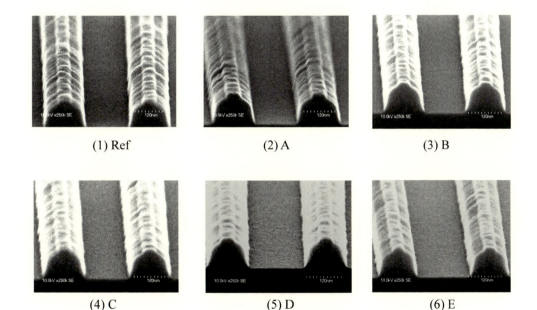

(1) Ref　　(2) A　　(3) B
(4) C　　(5) D　　(6) E

図10　Si表面のSEM観察
（Ref：原子状水素照射前，A〜E：原子状水素照射後の図7の状態）

より調べた。その結果を図11に示す。表面粗さは，触媒体温度の上昇とともに増加するが，300秒以上の照射領域でそれぞれ飽和していく傾向にあった。一方で，触媒体温度が2,000℃で平均基板温度が200℃のときの原子状水素照射時間（レジスト除去時間）は35秒であるため，表面粗さは0.15 nm rms程度に抑えられることもわかる。実際の半導体基板に対するレジスト除去においては，レジスト除去速度と表面状態劣化とのバランスを考慮し原子状水素照射条件を選択することが重要である。すなわち，表面状態が多少

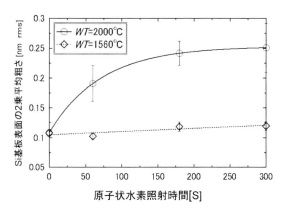

図11 原子状水素照射時間とその時のSi基板表面の2乗平均粗さとの関係
（触媒体温度：1560℃，2000℃，水素ガス圧：4.53 Pa，平均基板温度：200℃）

劣化してもかまわないプロセスの場合は，触媒体温度や基板温度を高温にして短時間でレジストを除去する。逆に，表面状態の劣化を抑えたい場合は，触媒体温度や基板温度を低温にして，ゆっくりレジストを除去する方がよい。

1.8 おわりに

タングステン加熱による接触触媒作用により生成した原子状水素によるレジスト除去について紹介した。レジスト膜厚の熱収縮率と原子状水素生成時の基板温度上昇をそれぞれ計測し，原子状水素照射時の熱収縮によるレジスト膜厚収縮量を除外して，原子状水素とレジストとの反応のみによるレジスト除去速度を求めた。水素ガス圧力が7.20 Pa以下でレジスト除去速度に対する水素ガス圧依存性を見出した。レジスト除去速度は平均基板温度に比例して増加し，平均基板温度が280℃（初期基板温度200℃）のとき，原子状水素によりノボラック系ポジ型レジストが最高 2.5 μm/min の速度で除去した。原子状水素のSi基板表面への影響は，SEM観察では見られなかった。AFM観察では数Årms程度の表面粗さであった。表面粗さは，触媒体温度（原子状水素生成量）の上昇および照射時間の経過とともに増加するが，300秒以上で飽和していた。

謝辞

本研究の遂行にあたり協力頂いた研究室の学生に感謝します。なお，本研究の一部は，平成24年度科学研究費助成事業によって行われました。

第4章 フォトレジストの除去特性（ドライ除去）

文　　献

1) A. Izumi and H. Matsumura, *Jpn. J. Appl. Phys.*, **41**, 4639 (2002)
2) K. Hashimoto, A. Masuda, H. Matsumura, T. Ishibashi and K. Takao, *Thin Solid Films*, **501**, 326 (2006)
3) J. N. Smith. Jr. and W. L. Fite, *J. Chem. Phys.*, **37**, 898 (1962)
4) S. A. Redman, C. Chung, K. N. Rosser and M. N. R. Ashfold, *Phys. Chem. Chem. Phys.*, **1**, 1415 (1999)
5) J. I. Pankove and N. M. Johnson, *Semiconductors and Semimetals*, **34** (1991)
6) R. Z. Bachrach and R. D. Bringans, *J. Vac. Sci. and Technol. B 1*, **34**, 142 (1983)
7) A. Heya, A. Masuda and H. Matsumura, *Appl. Phys. Lett.*, **74**, 2143 (1999)
8) T. Sugita and M. Kawabe, *Jpn. J. Appl. Phys.*, **30**, L402 (1991)
9) A. Izumi, H. Sato, S. Hashioka, M. Kudo and H. Matsumura, *Microelectron. Eng.*, **51-52**, 495 (2000)
10) K. Uchida, A. Izumi and H. Matsumura, *Thin Solid Films*, **395**, 75 (2001)
11) M. Takata, K. Ogushi, Y. Yuba, Y. Akasaka, K. Tomioka, E. Soda and N. Kobayashi, *Thin Solid Films*, **516**, 847 (2008)
12) E. Asayama, *Plastics E-ji*, 54 (1985), プラスティック読本, ver.14.
13) H. Umemoto, K. Ohara, D. Morita, Y. Nozaki, A. Masuda and H. Matsumura, *J. Appl. Phys.*, **91**, 1650 (2002)

2 酸化分解を用いたレジスト除去

堀邊英夫*

2.1 はじめに

電子デバイス製造工程は，大きく分けて，成膜，リソグラフィー（レジスト塗布，露光／現像），エッチング，イオン注入，レジスト除去，洗浄で構成されている。とりわけ，イオン注入工程は，p/n 型半導体を製造するために不可欠である。イオン注入工程では，リソグラフィー工程において Si 基板上に形成したレジストの微細パターンをマスクとして 13/15 族の元素（B, P, As など）を Si 基板全面に加速して照射する。このとき，マスクとなったレジストにもイオンが注入されることになり，イオン注入によってレジストが変性して除去が非常に困難となる。現状としては，酸素プラズマによるアッシングと，硫酸・過酸化水素水（SPM）やアンモニア・過酸化水素水（APM）を用いた薬液方式とを組み合わせることで，困難ながらも除去している。ただし，酸素プラズマアッシングでは，基板や金属配線の酸化が危惧されている。一方，薬液方式である SPM や APM では以下のような課題が挙げられる。SPM にはパーティクル除去能力がないため，バッチ式で 25 枚程度のウェハを処理した場合，超純水による洗浄工程が必須となる。また，SPM は硫酸と過酸化水素水を混合した瞬間に最も活性となるため，イオン注入レジストの除去においては，基板接触の直前に混合タイミングを制御することが重要となる。そのため，薬液は常にフレッシュな状態が要求されるほか，混合した薬液の分離・再利用には膨大なコストと労力が必要となる。APM では，寿命が短い，金属不純物が堆積する，表面を劣化させるなどの問題がある。また，APM は，数 Å/min のエッチング速度で Si や SiO_2 をエッチングしてしまうため[1,2]，45 nm 世代以降の極薄膜（1 nm 程度）の SiO_2 絶縁膜がエッチングされてしまうことも危惧されている。

今回，我々は，薬液フリーな湿潤オゾン方式を用いて，イオン注入レジストの除去とイオン注入によるレジストの硬化との関係について検討を行ったので報告する。湿潤オゾン方式では，オゾンとレジストとの反応中に少量の水を加えることでレジストを水溶性のカルボン酸に加水分解する[3~5]。オゾンは洗浄効果に加え，反応後は酸素に戻るため残留性がなく，薬液方式に比べて非常に環境に優しいレジスト除去方式である。また，薬液を用いないので，薬液コストをカットでき，経費削減にも貢献できる。オゾンによる金属酸化に関しては，水の代わりに 100% 溶剤を用いてカルボン酸の電離を抑えることで酸化を防止することができる[6]。ノボラック系ポジ型レジストに B, P, As を 70 keV で $5×10^{12}~1×10^{16}$ 個/cm^2 注入したレジストについて，湿潤オゾンによる除去を行った。一般的に，イオン注入レジストは，イオン注入によりレジスト表面が硬化していると言われている[7~11]。しかしながら，イオン注入レジストの硬さは定量的に評価されていない。今回，我々はイオン注入レジストの硬さに関して，微小押し込み硬さ試験[12~15]によ

---

* Hideo Horibe　大阪市立大学　大学院工学研究科　化学生物系専攻長,
　　高分子科学研究室　教授

第4章 フォトレジストの除去特性（ドライ除去）

り硬さを計測した。イオン注入レジストに関して，湿潤オゾンによる除去性と硬さとの関係を明らかにした。また，イオン注入レジストの硬化について，SRIM2008[16]による数値シミュレーションにより検討した。

2.2 実験
2.2.1 湿潤オゾンによるイオン注入レジスト除去

湿潤オゾンによるレジスト除去装置（Mitsubishi Electric Corp. and SPC Electronics Corp.）の模式図を図1に示す。オゾンガスはオゾナイザー（OP-300C-S；Mitsubishi Electric Corp.）により生成した。オゾンガスの濃度および流量は，それぞれ230 g/m³（10.2 vol%），12.5 L/minである。オゾンガスを温水にバブリングさせ，蒸気と混合させることで湿潤オゾンを生成し，これをシャワーヘッドノズルからレジスト表面に照射した。レジストを塗布した基板を2,000 rpmで回転させ，基板全面に均一に湿潤オゾンを照射した。レジストの加水分解に必要な微量の水の調整は，湿潤オゾン温度（T_1=60℃）と基板温度（T_2=50℃）との温度差により生じる結露量を制御することで行った。レジスト除去の実験条件を表1に示す。湿潤オゾン方式では，レジスト表面層をカルボン酸に変化させて，これを純水で洗い流すことでレジストを表面から徐々に分解・除去する。そのため，湿潤オゾンによるレジスト除去では，湿潤オゾン照射，純水洗浄，乾燥を1サイクルとして，これを繰り返す。1サイクルでの湿潤オゾン照射時間，純水洗浄時間，乾燥時間は，それぞれ10，5，10秒とした。実際のレジスト除去プロセスにかかる時間は，これらの時間の足し合わせとなる。本実験では，数サイクルごとのレジスト膜厚の変化を計測することで，湿潤オゾン照射時間に対するイオン注入レジストの除去性を評価した。

レジストにはノボラック系ポジ型レジスト（AZ6112；AZ-Electronic Materials）を用いた。Siウェハ上にレジストをスピンコータ（ACT-300A；Active）により2,000 rpmで20秒間スピ

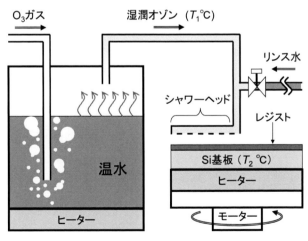

図1　湿潤オゾンによるレジスト除去装置の模式図

最新フォトレジスト材料開発とプロセス最適化技術

表1　湿潤オゾンによるレジスト除去条件

湿潤オゾン温度（T_1）	60℃
基板温度（T_2）	50℃
1サイクルごとの湿潤オゾン照射時間（t_{wet-o3}）	10秒
リンス水温度	70℃
1サイクルごとのリンス時間	5秒
1サイクルごとの乾燥時間	10秒
1サイクルごとの湿潤オゾンプロセス時間（t_{proc}）	25秒
基板回転数	2000 rpm
オゾン濃度	230 g/m^3（10.2 vol%）
オゾン流量	12.5 L/min

表2　イオン注入レジストのサンプル条件

注入イオン (70 keV)	イオン注入量 [個/cm^2]	膜厚 [μm]	ビーム電流 [μA]	注入時間 [秒]
−	Non-implantation	0.9〜1.0	−	−
B	5×10^{12}	0.84	4.5	33
B	5×10^{13}	0.85	29.3	51
B	5×10^{14}	0.85	46.9	320
B	5×10^{15}	0.73	61.6	2410
B	1×10^{16}	0.68	60	4940
P	5×10^{12}	0.99	4.9	38
P	5×10^{13}	0.99	31	48
P	5×10^{14}	0.95	52.8	282
P	5×10^{15}	0.93	63.5	2325
P	1×10^{16}	0.86	59.5	5038
As	5×10^{12}	0.98	5	30
As	5×10^{13}	0.93	30.9	49
As	5×10^{14}	0.86	53.6	278
As	5×10^{15}	0.78	61.5	2435
As	1×10^{16}	0.75	60.1	4944

ンコートし，ホットプレート（PMC 720 Series；Dataplate）により100℃で1分間プリベークした。レジスト膜厚は触針式表面形状測定器（DekTak 6 M；ULVAC）で計測した。レジストの初期膜厚は0.9〜1.0 μm である。このレジストに，B，P，Asをそれぞれ70 keVの加速エネルギーで5×10^{12}〜1×10^{16}個/cm^{2}注入した。イオン注入時の真空度は10^{-6} Paのオーダーである。基板の初期温度は23℃（室温）としているが，イオン注入時に基板の冷却は行っていないため，基板温度は100℃程度にまで上昇していると考えられる[17]。イオン注入レジストの膜厚と，各イオン注入時の電流値，注入時間を表2に示す。これらのイオン注入レジストに関して，湿潤オゾンによる除去性と硬さとの関係を調べた。

第4章　フォトレジストの除去特性（ドライ除去）

2.2.2　イオン注入レジストの硬さ評価

微小押し込み硬さ試験（ENT-1040；ELIONIX）によるイオン注入レジストの硬さ評価の模式図を図2に示す。微小押し込み硬さ試験では，設定した最大荷重まで荷重を増加させていき，そこで荷重を一時的に保持した後，除荷していくことで負荷-除荷曲線（図2のI-II）を得る。P_{max}およびh_1はそれぞれ図2に示す最大荷重と押し込み深さである。微小押し込み硬さ試験の条件を表3に示す。最大荷重は1〜360 mgfの間で設定した。荷重ステップは，荷重が1〜8 mgfまでは0.004 mgf/s（下限）とし，8 mgf以上では荷重の2000分の1とした。最大荷重に達

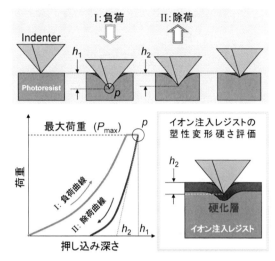

図2　微小押し込み硬さ試験によるイオン注入レジストの硬さ評価の模式図

してから除荷に移るまでの荷重保持時間は2秒である。稜角115°のバーコビッチ型ダイヤモンド圧子を使用し，異なる荷重における除荷曲線（図2のII）から得られる塑性変形硬さによりイオン注入レジストの硬さを評価した。塑性変形硬さは，除荷曲線における接線とx軸との交点h_2（塑性変形深さ）から求められ，試料の塑性を表す。塑性変形硬さ（H_2）は次式で定義される。

$$H_2 = K \cdot \frac{P_{max}[\mathrm{mgf}]}{h_2^2[\mu\mathrm{m}^2]} \tag{1}$$

ここで，Kは圧子形状に起因する係数で，今回用いたバーコビッチ型の圧子の場合37.926である。荷重を変化させることで様々な押し込み深さでの塑性変形硬さを計測し，イオン注入レジスト膜内の硬さ分布を得た。イオン注入レジストの硬さを，イオン注入していないレジスト（AZ6112）の塑性変形硬さで規格化（規格化したH_2）して評価した。

表3　微小押し込み硬さ試験の実験条件

最大荷重（P_{max}）	1〜320 mgf
負荷-除荷速度（$P_{max} = 1〜8$ mgf）	0.004 mgf/ms
負荷-除荷速度（$P_{max} \geq 8$ mgf）	（P_{max}/2000）mgf/ms
荷重保持時間	2秒
圧子材質	ダイヤモンド
圧子形状	バーコビッチ（先端部稜角115°）

2.3 結果と考察
2.3.1 湿潤オゾンによるイオン注入レジスト除去

図3に，Bイオンが注入されたレジストの湿潤オゾンによる除去過程を示す。Bイオンが$5\times10^{12}\sim10^{13}$個/cm^{2}注入されたレジストの膜厚は，AZ6112と同様に，湿潤オゾンを照射するとともに減少していった。レジスト除去速度は，注入量が5×10^{13}個/cm^{2}の方が5×10^{12}個/cm^{2}に比べて若干遅く，5×10^{12}個/cm^{2}のとき$1.26\,\mu$m/min，5×10^{13}個/cm^{2}のとき$0.83\,\mu$m/minであった。一方，Bイオンが5×10^{14}個/cm^{2}になると，オゾン照射時間が120秒までは膜厚の減少がほとんど見られなかったが，それ以降は通常のレジストと同様に除去することができた。最終的に，$0.28\,\mu$m/minの速度でレジストを除去することができた。5×10^{15}個/cm^{2}以上のイオン注入レジストに関しては，照射時間を増やしても膜厚に変化は見られず，レジストを除去することができなかった。イオン注入量が増加するとともに除去速度が低下しており，高ドーズ量のイオン注入レジストになるほど除去が困難になった。

図4に，Pイオンが注入されたレジストの湿潤オゾンによる除去過程を示す。Bイオンのときと同様に，Pイオンが$5\times10^{12}\sim10^{13}$個/cm^{2}注入されたレジストを除去することができた。レジスト除去速度は，5×10^{12}個/cm^{2}のとき$1.19\,\mu$m/min，5×10^{13}個/cm^{2}のとき$0.99\,\mu$m/minであった。一方，5×10^{14}個/cm^{2}の注入量においては，Bイオン注入レジストは

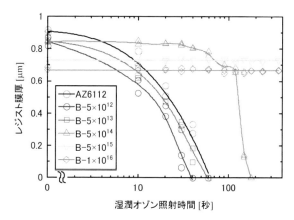

図3 Bイオンが注入されたレジストの湿潤オゾンによる除去過程

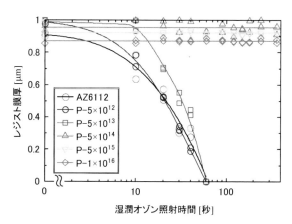

図4 Pイオンが注入されたレジストの湿潤オゾンによる除去過程

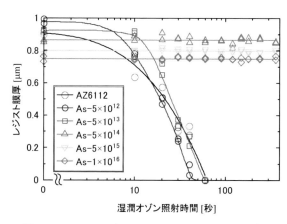

図5 Asイオンが注入されたレジストの湿潤オゾンによる除去過程

第4章 フォトレジストの除去特性（ドライ除去）

低速ながらも除去することができたが，Pイオン注入レジストを除去することはできなかった。注入量が 5×10^{15} 個/cm² 以上では，Bイオンの場合と同様に除去することができなかった。

図5に，Asイオンが注入されたレジストの湿潤オゾンによる除去過程を示す。Asイオン注入レジストでは，5×10^{12} 個/cm² のときのレジスト除去速度は $1.28\,\mu m/\min$，5×10^{13} 個/cm² のときのレジスト除去速度は $0.90\,\mu m/\min$ であった。一方，5×10^{14} 個/cm² 以上の注入量においては，Pイオンの場合と同様に，Asイオン注入レジストも除去することができなかった。

以上の結果から，各イオン種に関して，5×10^{13} 個/cm² 以下のイオン注入レジストは，AZ6112（未注入レジスト）と同様に，湿潤オゾンにより除去することができた。除去速度はイオン注入量が 5×10^{13} 個/cm² の方が，5×10^{12} 個/cm² に比べて若干遅くなった。イオン注入量が 5×10^{14} 個/cm² になると，Bイオン注入レジストのみ低速ながらも除去することができ，P，Asイオン注入レジストを除去することはできなかった。5×10^{15} 個/cm² 以上のイオン注入レジストに関しては，どのイオン種でも除去することができなかった。このことから，5×10^{14} 個/cm² 以上の注入量になると，イオン注入によってレジスト表面に硬化層が形成され始めると考えられる。ただし，Bイオンが 5×10^{14} 個/cm² 注入されたレジストは，そのほかのイオン注入レジストに比べて表面の硬化層が柔らかいためオゾン照射時間を増やすことで除去できたと推測される。そこで，イオン種，イオン注入量による除去性の違いを検討するために，イオン注入レジストの表面硬化層の硬さを調べた。

2.3.2 イオン注入レジストの硬さ

図6に，Bイオン注入レジストの微小押し込み硬さ試験の測定結果を示す。これは，AZ6112（未注入レジスト）の塑性変形硬さで規格化したイオン注入レジストの硬さの深さ分布を示している。5×10^{13} 個/cm² 以下のイオン注入量では，硬さはAZ6112と同様であった。注入量が 5×10^{14} 個/cm² 以上になると，注入量が増加するに従って硬さが増加した。イオン注入が 5×10^{14} 個/cm² のとき，深さ $0.09\,\mu m$ 付近をピークにして約 $\pm 0.05\,\mu m$ の幅の硬化領域が見られた。一方，5×10^{15} 個/cm² 以上の注入量において，硬さが10以上（規格化した $H_2=10$）の領域が約 $0.06\,\mu m$，2以上（規格化した $H_2=2$）の領域が約 $0.20\,\mu m$ と，幅広い領域が硬化していた。硬さのピークは，注入量が 5×10^{14} 個/cm² のとき 1.8，5×10^{15} 個/cm² および 1×10^{16} 個/cm² のとき 19 であった。Bイオンでは 5×10^{14} 個/cm² から 5×10^{15} 個/cm² へ注入量が増加したとき，硬さのピークは約 10.6 倍上昇

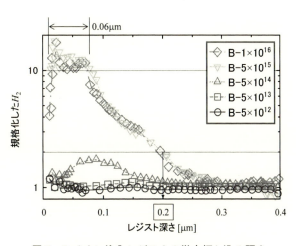

図6 Bイオン注入レジストの微小押し込み硬さ試験の測定結果

した。

図7に，Pイオン注入レジストの微小押し込み硬さ試験の測定結果を示す。$5×10^{13}$個/cm^{2}以下のイオン注入量では，Bイオン注入レジストと同様に，硬さはAZ6112とほぼ同じであった。また，イオン注入量が$5×10^{14}$個/cm^{2}以上になると，注入量が増加するに従って硬さが増加した。注入量が$5×10^{14}$個/cm^{2}において，表面から約$0.08\mu m$の深さまで，硬さが2以上の硬化領域が見られた。注入量が$5×10^{15}$個/cm^{2}以上においては，規格化した$H_2=10$の領域が約$0.04\mu m$，規格化した$H_2=2$の領域が約$0.16\mu m$と，Bイオン注入レジストに比べて硬化領域が表面側にシフトしていた。硬さのピークは，注入量が$5×10^{14}$個/cm^{2}のとき6.3，$5×10^{15}$個/cm^{2}および$1×10^{16}$個/cm^{2}のとき17であった。Pイオンでは$5×10^{14}$個/cm^{2}から$5×10^{15}$個/cm^{2}へ注入量が増加したとき，硬さのピークは約2.1倍上昇した。

図8に，Asイオン注入レジストの微小押し込み硬さ試験の測定結果を示す。$5×10^{13}$個/cm^{2}以下のイオン注入

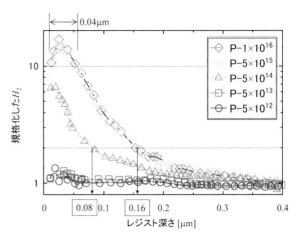

図7　Pイオン注入レジストの微小押し込み硬さ試験の測定結果

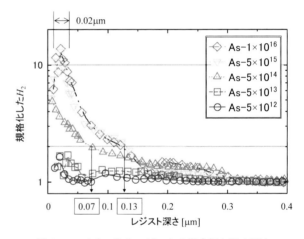

図8　Asイオン注入レジストの微小押し込み硬さ試験の測定結果

表4　各イオン注入レジストの塑性変形硬さが10以上のとき（規格化した$H_2 \geq 10$）と2以上のとき（規格化した$H_2 \geq 2$）の硬化層の厚み

イオン注入量 [atoms/cm^2]	硬さ	Bイオン [mm]	Pイオン [mm]	Asイオン [mm]
$5×10^{14}$	規格化した$H_2 \geq 2$	−	0.08	0.07
$5×10^{14}$	規格化した$H_2 \geq 10$	−	−	−
$5×10^{15}$および$1×10^{16}$	規格化した$H_2 \geq 2$	0.20	0.16	0.13
$5×10^{15}$および$1×10^{16}$	規格化した$H_2 \geq 10$	0.06	0.04	0.02

第4章 フォトレジストの除去特性（ドライ除去）

量では，B，Pイオン注入レジストと同様に，硬さはAZ6112とほぼ同じであった。また，イオン注入量が$5×10^{14}$個/cm^2以上になると，注入量が増加するに従って硬さが増加した。注入量が$5×10^{14}$個/cm^2において，表面から約0.07 μmの深さまで，硬さが2以上の硬化領域が見られた。注入量が$5×10^{15}$個/cm^2以上においては，規格化した$H_2=10$の領域が約0.02 μm，規格化した$H_2=2$の領域が約0.13 μmと，Pイオン注入レジストに比べて硬化領域が表面側にシフトしていた。硬さのピークは，注入量が$5×10^{14}$個/cm^2のとき5，$5×10^{15}$個/cm^2および$1×10^{16}$個/cm^2のとき13であった。Asイオンでは$5×10^{14}$個/cm^2から$5×10^{15}$個/cm^2へ注入量が増加したとき，硬さのピークは約2.6倍上昇した。

図6，7，8に示したように，イオン注入量が増加するに従って硬さが増加した。硬さの増加は$5×10^{14}$個/cm^2の注入量を境に増加する傾向があった。イオン注入量が$5×10^{15}$個/cm^2以上になると注入量による硬さの違いは見られなかった。これは，イオン注入によるレジストの硬化が飽和しているためと考えられる。加えて，$5×10^{14}$個/cm^2以上の注入量において，注入イオン種の原子番号が増加するほど硬化領域が表面側にシフトしていた。表4に，イオン注入量が$5×10^{14}$個/cm^2以上のイオン注入レジストの塑性変形硬さが10以上のとき（規格化した$H_2≥10$）と2以上のとき（規格化した$H_2≥2$）の硬化領域の結果を示す。注入イオン種の原子番号が増加するほど硬化領域の幅が狭くなった。以上のことから，注入イオン種の原子番号が増加するとともに，硬化領域が表面側に集中していることがわかる。これは，注入イオンのレジスト中での分布や注入イオンからレジストに与えられるエネルギーが，硬化領域や硬化層の硬さに影響していると考えられる。そこで，湿潤オゾンによる除去性および硬さの変化の閾値と考えられる$5×10^{14}$個/cm^2のイオン注入レジストに注目した。

図9に，図3，4，5で示した，各イオンが$5×10^{14}$個/cm^2注入されたレジ

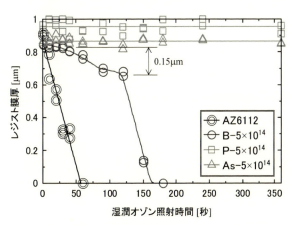

図9 $5×10^{14}$個/cm^2注入されたレジストの湿潤オゾンによる除去性

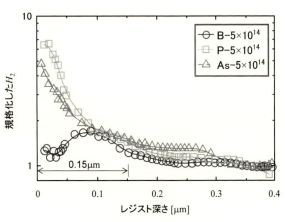

図10 $5×10^{14}$個/cm^2注入されたレジストのAZ6112で規格化した塑性変形硬さ

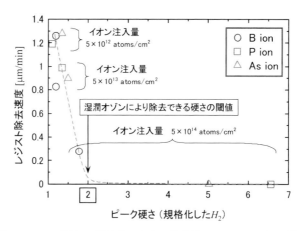

図11　5×10¹⁴個/cm² 以下のイオン注入量におけるレジスト除去速度とピーク硬さ（規格化した H_2）との関係

ストの湿潤オゾンによる除去性を示す。AZ6112では，湿潤オゾン照射時間に比例して膜厚が減少した。一方，イオン注入レジストでは，湿潤オゾン照射に伴う膜厚の減少が見られなかった。ただし，Bイオン注入レジスト（5×10¹⁴個/cm²）では，表面から約0.15μmの層が除去されるまでは徐々に膜厚が減少していき，その後はAZ6112と同様にオゾン照射時間に比例して膜厚が減少した。また，図10に，図6，7，8で示した，各イオンが5×10¹⁴個/cm²注入されたレジストのAZ6112で規格化した塑性変形硬さを示す。Bイオン注入レジストの硬さは，PやAsイオン注入レジストに比べて硬さの増加が少なく，柔らかかった。また，注入イオンの原子番号が大きくなるにつれて，硬さのピーク位置が表面側にシフトした。Bイオン注入レジストは，深さ0.09μm付近をピークにして約±0.05μmの幅の硬化領域が見られ，AZ6112に比べて約1.8倍の硬さを示している。P，Asイオンの場合，表面側ほど硬くなっている。Pイオン注入レジストの表面側の硬さはAZ6112の約8倍，Asイオンでは約5倍となっている。さらに，図11に，5×10¹⁴個/cm²以下のイオン注入量におけるレジスト除去速度とピーク硬さ（規格化した H_2）との関係を示す。規格化した H_2 が約2以上になると，レジスト除去速度は0μm/minとなり除去できなかった。すなわち，湿潤オゾンによるレジスト除去における除去可能な硬さの閾値が，AZ6112の2倍程度であると推測される。イオン種による硬化領域や硬さの違いを検討するために，SRIM2008を用いてレジストへのイオン注入の数値シミュレーションを行い，注入イオンのレジスト内での分布と注入イオンからレジストに与えられるエネルギーを求めた。

2.3.3　イオン注入レジストの硬化のメカニズム

注入イオン種による硬化領域や硬さの違いを検討するために，SRIM2008を用いてレジストへのイオン注入の数値シミュレーションを行い，注入イオンからレジストに与えられるエネルギーを求めた。

図12に，各注入イオン1個からレジストに与えられるエネルギーのレジスト内分布を示す。

第4章 フォトレジストの除去特性（ドライ除去）

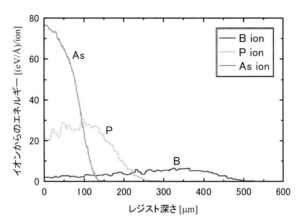

図12 各注入イオン1個からレジストに与えられる
エネルギーのレジスト内分布

重い元素ほど，レジストに与えられるエネルギーが大きく，表面側に集中していた。各注入イオン1個からレジストに与えられる総エネルギーは，Bイオンで19.1 keV/個，Pイオンで48.6 keV/個，Asイオンで63.6 keV/個である。各イオンの加速エネルギーが70 keVであることから，重いイオンほど効率よく注入エネルギーがレジストを構成している元素に与えられていることがわかる。一方，70 keVのうちレジストを構成している元素に与えられなかったそのほかのエネルギーは，熱エネルギーに代わり，レジストを熱架橋させると考えられる。このことから，Bイオンは熱架橋，P，Asイオンは組成変性架橋による硬化が支配的になっていると推測される。すなわち，レジストは，注入イオンから与えられたエネルギーによって硬化すると考えられる。また，与えられるエネルギーは注入量が増加するとともに増加することから，図6，7，8で示したように，イオン注入量が多くなるほど硬化したと考えられる。同じ注入量，とりわけ，図10に示したように，5×10^{14}個/cm^{2}のイオン注入量に注目すると，Bイオンでは幅広い領域でエネルギーのやり取りが起こるため，その硬さはP，Asイオンの場合に比べて低くなったと考察する。P，Asイオン注入レジストに関しては，組成変性のためのエネルギーとしてはAsイオンの方がPイオンに比べて大きく，表面側に集中しているため，硬化としてはAsイオンの方が硬くなるように予想される。しかしながら，図10において，Pイオン注入レジストの硬さの方がAsイオンのものより硬くなっている。これは，図11で示したように，Pイオンの方が深くまで注入されるため，Asイオン注入レジストに比べて厚い硬化層を形成していることが影響していると考えられる。以上のことから，注入量が5×10^{14}個/cm^{2}において，Bイオン注入レジストのみ湿潤オゾンにより除去できた理由としては，Bイオン注入により得られるエネルギーのやり取りが広い領域で起こるため，P，Asイオン注入レジストに比べて硬化が起こりにくかったと考えられる。

2.4 結論

湿潤オゾンによるイオン注入レジストの除去性と硬さとの相関について紹介した。また，イオン注入によるレジストの硬化のメカニズムについて，数値シミュレーションにより検討した。

湿潤オゾンを用いてB，P，Asイオンが$5×10^{12}$から$1×10^{16}$個/cm^{2}注入されているレジストの除去を行った。$5×10^{13}$個/cm^{2}以下の注入量のイオン注入レジストは，未注入のレジストとほぼ同じ硬さであり，どのイオン種でも除去することができた。$5×10^{15}$個/cm^{2}以上の注入量のイオン注入レジストは，未注入のレジストに比べて10倍以上の硬さであり，どのイオン種でも除去することができなかった。$5×10^{14}$個/cm^{2}では，Bイオン注入レジストのみ低速ながらも除去することができたが，P，Asイオン注入レジストを除去することができなかった。この注入量において，Bイオン注入レジストの硬さは未注入レジストの約1.8倍，Pイオンでは約8倍，Asイオンでは約5倍であり，Bイオン注入レジストの硬さはP，Asイオン注入レジストよりも低かった。湿潤オゾンにより除去可能な硬さの閾値として，未注入レジストの硬さの約1.8倍程度であることが明らかとなった。数値シミュレーションから，重い元素ほどレジストを構成している元素に与えられるエネルギーが大きく，表面側に集中していることを示した。注入量が$5×10^{14}$個/cm^{2}において，Bイオン注入レジストのみ湿潤オゾンにより除去できた理由としては，Bイオンでは幅広い領域でエネルギーのやり取りが起こるため硬くなりにくいのに対し，P，Asイオンの場合ではエネルギーが表面側に集中するため硬くなると考えられる。

文　　献

1) M. Itano, F. W. Jr. Kern, M. Miyashita and T. Ohmi, *IEEE Trans. Semicond. Manuf.*, **6**, 258 (1993)
2) K. Yamamoto, A. Nakamura and U. Hase, *IEEE Trans. Semicond. Manuf.*, **12**, 288 (1999)
3) H. Horibe, M. Yamamoto, T. Ichikawa, T. Kamimura and S. Tagawa, *J. Photopolym. Sci. Tech.*, **20**, 315-318 (2007)
4) S. Noda, M. Miyamoto, H. Horibe, I. Oya, M. Kuzumoto and T. Kataoka, *J. Electrochem. Soc.*, **150**, G537 (2003)
5) S. Noda, H. Horibe, K. Kawase, M. Miyamoto, M. Kuzumoto and T. Kataoka, *J. Adv. Oxid. Technol.*, **6**, 132 (2003)
6) S. Noda, K. Kawase, H. Horibe, I. Oya, M. Kuzumoto and T. Kataoka, *J. Electrochem. Soc.*, **152**, G73 (2005)
7) S. Fujimura, J. Konno, K. Hikazutani and H. Yano, *Jpn. J. Appl. Phys.*, **28**, 2130-2136 (1989)
8) P. M. Visintin, M. B. Korzenshi and T. H. Baum, *J. Electrochem. Soc.*, **153**, G591-G597 (2006)
9) K. K. Ong, M. H. Liang, L. H. Chan and C. P. Soo, *J. Vac. Sci. Technol. A*, **17**, 1479-1482

第 4 章　フォトレジストの除去特性（ドライ除去）

　　　（1999）
10）　M. N. Kawaguchi, J. S. Papanu and E. G. Pavel, *J. Vac. Sci. Technol. B*, **24**, 651-656（2006）
11）　M. N. Kawaguchi, J. S. Papanu, B. Su, M. Castle and A. Al-Bayati, *J. Vac. Sci. Technol. B*, **24**, 657-663（2006）
12）　A. Nakaue and N. Kawakami, *Kobe Steel Engineering Reports*, **52**, 74-77（2002）
13）　M. Lichinchi, C. Lenardi, J. Haupt and R. Vitali, *Thin Solid Films*, **312**, 240-248（1998）
14）　X. Chen and J. J. Vlassaka, *J. Mater. Res*, **16**, 2974-2982（2001）
15）　B. D. Beake, G. J. Leggett and M. R. Alexander, *J. Mater. Sci.*, **37**, 4919-4927（2002）
16）　J. F. Ziegler, J. P. Biersack and M. D. Ziegler, "SRIM, The Stopping and Range of Ions in Matter", Lulu Press Co.（2008），http://www.srim.org
17）　T. C. Smith, "Handbook of Ion Implantation Technology", Ed. J. F. Ziegler, Elsevier Science Publishers B. V.（1992）

第 5 章 フォトレジストの除去特性（湿式除去）

柳　基典[*1]，太田裕充[*2]

1 はじめに

フォトリソグラフィプロセスは，ナノメートルの超微細加工技術を必要とするMPU, FPGA, NAND, DRAMに代表される半導体素子から，ミリメートル加工技術のプリント基板まで，電子部品の製造で最も利用される基本的な加工プロセスである。したがって，製造される製品によって，レジストの材料・プロセスも多々存在する。またレジストは，加工対象の膜エッチングや基板へのイオン注入用マスクなどに利用されるため，レジスト表面はダメージを受け変性する場合が多い。レジストは，これら加工プロセスを実施したのちは不要なものとなるので，最後にレジスト除去プロセスが必要となる。本章では，このフォトリソグラフィプロセスの最終処理となるレジスト除去技術のうち，溶液を用いた湿式によるレジスト除去技術の主要な技術と，当社独自技術をベースに除去特性などについて述べる。

2 現状の技術

図1は，横軸の加工寸法に対応した製造部品，フォトレジスト主材料，湿式除去材料の関係を示す。加工寸法が1μm以上の製造部品はMEMS, FPD, Power Deviceなどの電子部品，半導体素子・電子部品を実装し製品化するPWB, BGA, SiP, WLP, TSVなどの金属配線基板などである。使用されるレジストは，架橋型ネガ（ゴム系），ドライフィルム型ネガ（アクリル系，スチレン系）のレジストなどが主に用いられ，露光光源はブロードバンド光源（g線h線i線を主に含む光源）が用いられている。加工寸法が1μm未満の製造部品は，CIS, CCD, Analog-ICなどの半導体素子がある。使用されるレジストは，溶解阻止型ポジ（ノボラック樹脂）が主に用いられており，露光光源が単波長のg線i線で高解像度を実現し多用されてきた。また，前述したMPUなどや超高解像度のCIS, CCDの場合，超微細加工（0.25μm以下の加工寸法）が必要なため，レジストは化学増殖型ポジが適用され，KrFエキシマー光源用でポリビニールフェノール（PHS）樹脂が，ArFエキシマー光源用でポリメタクリル酸メチル（PMMA）が主材料として使用された[1]。このような主材料を使用するレジストの湿式によるレジスト除去方法は，加工寸法が1μm以上では有機アミン・有機溶液，無機アルカリ溶液による溶解・膨潤を利用す

[*1] Motonori Yanagi　野村マイクロ・サイエンス㈱　技術企画部
[*2] Hiromitsu Ota　野村マイクロ・サイエンス㈱　技術企画部

第 5 章　フォトレジストの除去特性（湿式除去）

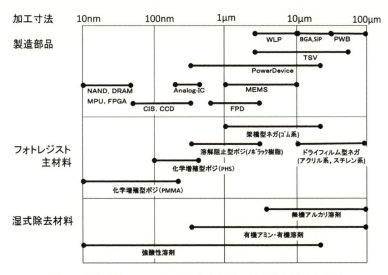

図 1　製造部品，フォトレジスト主材料，湿式除去材料の関係

る方法と，加工寸法にかかわらず，強酸性溶液による酸化・分解を利用する方法に大別される。

3　湿式によるレジスト除去方法の分類

3.1　溶解・膨潤による方法

　加工寸法が 1 μm 以上の製造部品は，FPD や Power Device などの半導体素子があり，L/S は 1〜10 μm で，塗布膜厚は 1〜2 μm が標準的なため，アスペクト比は 2 以下と小さく，レジスト除去も数十秒レベルで完了する。しかし，構造物の MEMS や，金属配線プリント基板の場合は，L/S は 10〜100 μm で，アスペクト比が 5 以上と非常に大きいものもあるため，レジスト膜厚は大変厚く，製造部品によっては膜厚がミリメートルレベルのものもある。したがって，レジスト除去には数分から数十分の処理時間を必要とする。使われるレジスト除去溶液は，前者は MEA，NMP などの有機アミン溶液と DMSO などの有機溶液との混合液，後者は数％の無機アルカリ溶液（KOH，NaOH）などである。溶解・膨潤によるレジスト除去の場合，使用するレジストの主材料の SP 値（溶解度パラメーター）に近い溶液を選定することが基本である。また，製品レベルでレジスト除去を完結するには，対象基板とレジストの密着性，除去後の基板残留物の低減，基板上に形成された膜へのダメージなどを考慮しなければならない。また，半導体素子の場合は，ドライアッシングなどが併用され，また，イオン注入用マスクとして用いる場合が多いので，レジスト変性物の除去も考慮しなければならない。したがって使用するレジスト，材料，製造プロセスによってレジスト除去溶液の種類は多岐にわたっている[2,3]。また，ゴム系架橋型ネガの場合は，架橋度が高いものでは，溶解・膨潤では完全除去できないため，後述する酸化・分解に類似する方法を併用する場合もある。

3.2 酸化・分解による方法

酸化・分解によるレジスト除去で，頻繁に用いられる方法は，SPM（Sulfuric acid/hydrogen Peroxide Mixture）溶液である。SPM 溶液は，濃硫酸（濃度96％以上）と過酸化水素（濃度30％以上）を，例えば3～8：1で混合した溶液であり，強力な酸化性を示す。これは，硫酸と過酸化水素を混合した際にペルオキソ一硫酸（H_2SO_5）が生成されるためである。SPM 溶液は，この強力な酸化性から別名ピラニア溶液（Piranha Solution）とも呼ばれ，金属不純物除去や有機汚染物除去として，半導体素子製造の初期から用いられてきた。半導体素子の超微細加工では，オゾン，酸素，プラズマを用いたアッシングが主流であり，アッシング処理後のレジスト残渣や変性物除去用としての利用が多い。また，半導体素子製造プロセスの中のFEOLでは，シリコン，シリコン酸化膜，シリコン窒化膜など，基板や膜が酸化・分解しにくい材料なので適用可能であるが，BEOLにおいては，金属配線プロセスのため適用されていない。SPM 溶液は，寿命も数時間と短く，液交換頻度も多いため，濃硫酸を電気分解して，ペルオキソ一硫酸などを連続的に製造する技術[4]，オレフィンに含まれる二重結合と特異的にオゾンが反応すること[5]を利用するオゾン溶解水[6,7]などを用いて，環境負荷低減も可能とする新規レジスト除去技術が実用化されてきている。

4 湿式によるレジスト除去特性事例

4.1 概要

FPDのLCD，OLED用や，加工寸法数μmのWLP用には，溶解阻止型ポジを使用したレジストが使用されており，これに対応した湿式のレジスト除去溶液はアミン系有機溶剤が使用されている。具体的には，MEA：DMSOを7：3で混合した溶液（以降 MEA：DMSO 溶液と記載する。）が代表的である。MEA：DMSO 溶液は，優れたレジスト除去性能をもち，かつ，非常に安価なため，特にLCDのアレイ製造工程には大量に使用されている。一方で，アミン系有機溶剤の場合，レジスト除去後の純水リンス移行の際に，アルカリ性水溶液となるため，シリコン酸化膜，ITO膜，金属膜などを微量にエッチングしてしまい，使用条件が極端に変化した場合には，膜表面にダメージを与えてしまうなどの技術的な問題もある。当社では，アミン系有機溶剤の問題を改善するレジスト除去溶液として，2002年に㈱ピュアレックスの村岡久志ら[8]が発見した炭酸エチレン（以降ECと記載する。）をベースとしたレジスト除去溶液およびシステムの開発を行ってきた。本文では，湿式によるレジスト除去溶液として代表的な MEA：DMSO 溶液とECをベースとした溶液の除去特性について比較考察したので，以降この考察結果について述べる。

4.2 物性と特徴

表1に，MEA，DMSO，ECの3種類の溶剤物性の主な特徴をまとめた。ECは，MEA，

第5章　フォトレジストの除去特性（湿式除去）

表1　溶剤物性比較

	MEA	DMSO	EC
沸点（℃）	171.0	189.0	246
融点（℃）	10.5	18.5	36
引火点（℃）	93	95	152
蒸気圧（hPa）	0.7（20℃）	0.6（20℃）	0.03（36.4℃）
臭気	アミン臭	無臭	薄い酸臭
消防法（危険物）	第4類 第3石油類	第4類 第3石油類	非該当
急性毒性　ラット 傾向　LD50（g/kg）	3.3	19.7	10.0
生分解性	あり	あり 硫黄臭大	あり
オゾンとの反応性	反応する。	反応する。	殆ど反応しない。

DMSOに比較して，沸点，引火点が高く，無臭で蒸気圧が非常に低く，また消防法において危険物に非該当であることが大きな特徴である。但し，融点が36℃と高く常温固体のため，レジスト除去溶液として使用する場合は，昇温し溶解しないと利用できない不便さがある。しかしながら，MEA，DMSOよりも効率的な生分解性をもち[9]，かつ，EC溶剤中に溶解したレジストをオゾンガスで酸化・分解し溶液を簡便に再利用可能にできる[10]など，MEA，DMSOにはない，環境にやさしい特徴を備えている。

4.3　機構

　湿式によるレジスト除去を考える際の重要なパラメーターとして，SP値（溶解度パラメーター）がある。レジスト材料は，高分子なので，SP値の算出にFedorの推算法を用い[11]，EC溶液をベースとした混合溶液で考察した。レジスト TSMR-iN009PM（東京応化工業㈱製）を用いてEC単体，EG単体，EC/EGブレンド溶液でレジストが完全に除去されるまでの時間を計測したところ，EC/EGブレンド溶液の混合比率がEG20 vol％で，除去速度が3.0 μm/minと最も早く，接触角が最小値でレジストへの浸透性も良好であった。そしてSP値がノボラック樹脂のSP値とほぼ合致する結果が報告されており[12]，高分子材料向けのSP値にもとづく溶剤選定の一つとしてFedorの推算法が効果的であることが確認された。一方，パターン形成されたレジストは，20～30 nmの高分子集合体で形成されている[13]ことから，溶液はレジストの高分子集合体の隙間から全体に浸透したのちに，高分子集合体への浸透が起こり，高分子集合体が溶解・膨潤し，除去できると推定する。図2にアミン系有機溶剤とEC溶剤の溶解の違いを示す。図2(a)のようにEC溶剤では，単純に，EC溶剤がレジストへ浸透し，溶解・膨潤によって除去を行う。アミン系有機溶剤では，図2(b)のとおり，レジストのポリマー鎖と緩やかな化学反応を起こしながらその表面から分解し，かつ，溶解と膨潤により除去する。レジスト除去後のアミン系有機溶剤中に溶解したレジストは感光材 diazonaphthoquinone（以降DNQと記載する。）によ

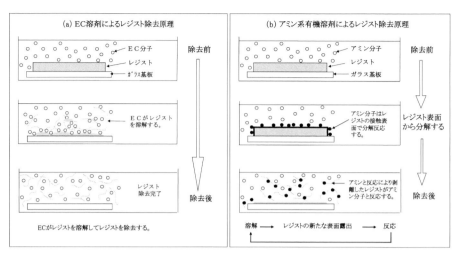

図2　EC 溶剤とアミン系有機溶剤によるレジスト除去原理の比較

る着色が見られるが，この溶液は時間経過とともに色変化が起こることから，化学反応を起こしていると推定している。また，この色変化は，定性分析では検出できないレベルの現象なのでDNQ とアミン系有機溶剤との反応か，ノボラック樹脂とアミン系有機溶剤との反応かは確認できていない。

4.4　レジスト除去のシミュレーション

前述した SP 値はレジスト除去溶液とレジストの溶解相性を示す指標で溶剤を選定する際に重要な要素であるが，電子部品を製造する現実的な製造工程を検討するには，基板や基板上の膜とレジストの付着脱離現象を考慮しなければいけない。これは，例えば液体表面，固体表面の濡れと考えることができ，液体表面，固体表面には，表面エネルギー γ と呼ばれる有限のエネルギーが存在し，個々の成分の表面エネルギーの成分を解析考察することで，レジスト除去溶液の製造工程への適用性がシミュレーション可能となる。具体的には，物質間の接触角を計測しレジスト及び各種基板の表面エネルギー（γ）の分散成分（γ^d），極性成分（γ^p）を求め，γ^d と γ^p の関係図を作成することで，選定した溶液がレジスト除去の製造工程に適しているかをシミュレーションできる[14]。

図3に MEA：DMSO 溶液，溶液サンプル A と B，溶解阻止型ポジレジストとシリコン酸化膜，シリコン窒化膜，Mo 膜の γ^d と γ^p をプロットした関係図を作成した。シリコン窒化膜上の溶解阻止型ポジレジストの除去を考察する際には，まずシリコン窒化膜と溶解阻止型ポジレジストの点間を直径とした円を作成する。γ^d と γ^p の関係図にプロットした溶液などにおいて，この円の内側に位置した溶液サンプル B は，溶液サンプル A，MEA：DMSO 溶液より，シリコン窒化膜と溶解阻止型ポジレジストとの界面への浸透性が高く，レジスト除去能力も高いと推定できる。この考え方をモデルにすることで，基板および基板上の膜種に最適なレジスト除去溶液の

第 5 章　フォトレジストの除去特性（湿式除去）

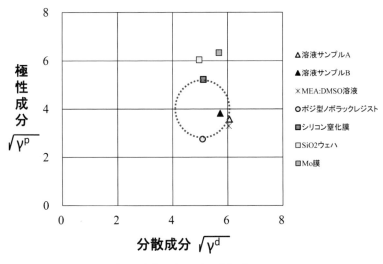

図 3　表面エネルギー成分プロット

シミュレーションが可能となる。ここで示した溶液サンプル A, B は，当社で開発した EC 溶液ベースのレジスト除去溶液である。以降，この溶液サンプル B（以降本文では Resist Stripper の頭文字をとり RS と記載する。）と MEA：DMSO 溶液のレジスト除去特性などを比較した。

4.5　レジスト除去速度比較

　レジスト除去速度は，レジストが塗布されたサンプル基板を，50 g の評価溶液に浸漬し，浸漬開始からレジスト除去が完了する終点までの時間をもって算出した。なお，レジスト除去終点は顕微鏡観察にて確認した。ここで図 4 は，シリコン窒化膜表面に溶解阻止型ポジのノボラック樹脂レジストを塗布し，フォトリソグラフィプロセスを完了した 20 mm 角のサンプル基板を用いて，MEA：DMSO 溶液と RS のレジスト除去速度を比較した結果である。レジスト膜厚 2 μm で液温が 45 ℃ の場合，MEA：DMSO 溶液で 0.16 μm/sec，一方 RS は 0.31 μm/sec と 2 倍近く早い除去速度が得られた。この結果は前記した表面エネルギーの結果と合致する傾向であった。

4.6　金属配線ダメージ比較

　半導体素子の BEOL，LCD のアレイ工程，パッケージング基板や WLP は金属配線を行う工程のため，製造過程での金属配線ダメージは製品不良につながる。レジスト除去においても，金属配線ダメージは無い方が理想的である。表 2 に MEA：DMSO 溶液と RS による金属材料の溶解速度試験の結果を示す。金属は，Cu，Al，Mo 基板を使用し，あらかじめ表面積確認済みの金属基板を，60 ℃ の各溶液 200 g に 100 分間浸漬し溶液中へ溶解した金属量を分析し，1 分間あたりの金属基板の膜減り量に換算した。RS は評価金属すべて溶解していないことを確認できた。MEA：DMSO 溶液は，Cu，Mo において，溶液への溶解が確認できた。この結果を膜減り量に

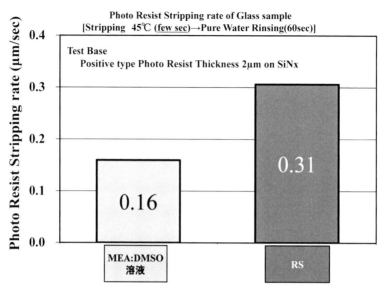

図4 溶解阻止型ポジレジスト除去速度

表2 金属配線材料の溶解速度比較表
単位（Å/min）

分析金属	MEA：DMSO 溶液 60℃	RS 60℃
Cu	34.0	<0.1
Al	<0.1	<0.1
Mo	0.8	<0.1

換算すると，Cu は 34 Å/min であった。加工寸法が 1 μm 未満を想定した場合，数％影響を与える量であり無視できないレベルである。さらに Cu においては，配線を作成し SEM 観察を行った。評価サンプルは，シリコン酸化膜上に Cu 膜を形成しレジスト塗布，現像，加工を行い Cu 配線を形成した 20 mm 角基板を準備した。レジスト除去条件は，各溶液とも溶液量 50 g で液温 50℃，浸漬時間 180 秒とした。写真1は，レジスト除去後の Cu 配線表面状態を SEM 観察した結果である。MEA：DMSO 溶液処理の 3.5 k 倍観察では，Cu 配線のエッジ近傍に穴のような点があり非常に荒れていることが見て取れた。また，50 k 倍による Cu 配線中央部観察においても，表面荒れが見て取れた。しかし，RS では，3.5 k 倍，50 k 倍とも，表面荒れは確認できなかった。

4.7 膜表面残留物比較

LCD のアレイ工程は，Al，Mo，Cu などの金属膜，シリコン酸化膜，シリコン窒化膜，アモルファスシリコン，ITO 膜などを加工処理しながら積層し製造している。レジスト除去の際に溶液成分が残留すると，TFT の電気特性が変化したり，金属配線の腐食が発生する原因となる。したがってレジスト除去後の純水リンス後には，各膜表面に残留しないレジスト除去溶液が求め

第5章 フォトレジストの除去特性（湿式除去）

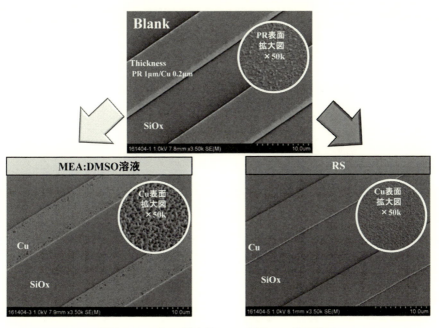

写真1 レジスト除去後のCu表面SEM観察結果

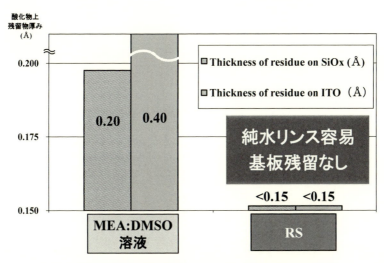

図5 シリコン酸化膜及びITO膜上の各溶液残留量

られている。図5にMEA：DMSO溶液とRSの処理による溶解阻止型ポジレジスト除去後のシリコン酸化膜及びITO膜上の各溶液残留量を分析比較した結果を示す。評価は50 mm角の各サンプル基板を準備し，そのレジストを70℃の各種溶液にて60秒間除去処理を行い，その後，常温の純水にて60秒間リンス処理を行い，基板上の溶液残留量を確認した。また溶液残留量は，RSはWTD-GC-MSでEC，MEA：DMSO溶液はLiquid extraction CE-MSでMEAの主成分

のみを分析定量した。定量分析結果を残留厚みに換算すると，RS 中の EC 成分は検出下限値以下であった。一方 MEA 成分は，概ねシリコン酸化膜表面で 0.2 Å，ITO 膜表面で 0.4 Å レベルが検出された。レジスト除去溶液において，膜表面に残留するもの，しないものがあることが検証できた。

5　おわりに

　湿式によるレジスト除去特性の溶解・膨潤による方法を中心に，SP 値，表面エネルギーからの溶液選定とレジスト除去速度確認および溶液による膜表面へのダメージ，残留物について述べてきた。製造部品の加工寸法などに対応して，レジストの材料・プロセスも多々存在し，かつ加工寸法が微細になればなるほどプロセスが複雑化することから，前記した事項に加えて，界面活性剤の添加による表面エネルギーの制御，酸化・分解による方法の併用，超音波，メガソニックなどの物理力の併用を行い，製造部品に最適な湿式によるレジスト除去技術を完成させることが重要である。また，最近では環境への配慮が重要視されているため，しばしば溶液を使う技術は敬遠されがちである。しかしながら，必須の技術であることから，今後は毒性の少ない溶液を使用し，使用済み溶液を回収再利用することで，より環境に配慮した湿式によるレジスト除去技術が求められると考える。当社の RS はこれらの要求に対応できる新規の湿式によるレジスト除去溶液である。

文　　献

1) 関口淳，フォトレジスト材料の評価，p4-5，サイエンス＆テクノロジー（2012）
2) 津屋英樹監修，ULSI プロセス材料実務便覧，p315，サイエンスフォーラム（1992）
3) 田中初幸，レジストプロセスの最適化テクニック，p223-225，情報機構（2011）
4) 速水直哉ほか，東芝レビュー，**64**（5），38-41（2009）
5) 太田静行，オゾン利用の理論と実際，p84-86，リアライズ（1991）
6) 野田清治ほか，最新レジスト材料ハンドブック，p178-179，情報機構（2006）
7) 南朴木孝至，レジストプロセスの最適化テクニック，p248-259，情報機構（2011）
8) 村岡久志ほか，第 49 回応用物理学会関連連合講演会公演予稿集，28p-E-8（2002）
9) 野口幸男ほか，クリーンテクノロジー 2012，**22**（8），4-7（2012）
10) H. Ota, *IEICE TRANS. ELECTRON*, **E93-C**, (11) (2010)
11) 山本秀樹，月刊マテリアルステージ，**33**，123-127（2003）
12) 堀邊英夫ほか，第 61 回高分子学会年次大会予稿集，1Pa005-1132（2012）
13) 河合晃ほか，最新レジスト材料ハンドブック，p208-219，情報機構（2006）
14) 河合晃，現場で応用できるコーティングの理論と現象，p22-23，加工技術研究会（2012）

第6章　フォトレジストプロセスに起因した欠陥

河合　晃*

1　はじめに

リソグラフィー工程は，製造プロセスフローの中でも初期に位置付けられ，かつ，製品完成までに何度も繰り返し行われる。そのため，ピンホールや異物などの欠陥は，製品の性能および歩留りを著しく低下させる要因となる。フォトレジストの欠陥には，レジスト液や現像液およびリンス液に起因したもの，また，コーティングや乾燥などのプロセスに起因したもの，ケースやハンドリングなどの装置に起因したものがあり，それらの形態は多岐にわたる。これらの欠陥の管理は，通常，サイズや数量などの検査パラメータで行われることが多いが，発生メカニズムを解析して要因を特定し，物理的観点から欠陥撲滅への対応が求められる。ここでは，レジスト膜の表面硬化層，濡れ欠陥（ピンホール，ピンニング），ポッピング，環境応力亀裂（クレイズ），乾燥むら，乾燥痕（ウォータマーク）に注目し，その欠陥の形成過程および防止策について述べる。

2　レジスト膜の表面硬化層[1〜5]

通常，レジスト膜のコーティング後には熱処理を行うが，その膜の均一性はどうであろうか？これは，レジスト膜内の残留溶剤の蒸発促進，レジスト膜の凝集性の向上，および基板との付着性の改善などが目的である。そして，熱処理後のレジスト膜には，表面硬化層が形成される。この表面硬化層の膜厚は 20 nm 程度であり，原子間力顕微鏡（AFM：atomic force microscope）による微細探針のインデンテーション（押込み試験）解析によって検出できる。この手法は，微小プローブをレジスト膜表面から内部へ押込みながら荷重を計測し，硬さの深さ分布を計測する。熱処理によりレジスト膜内の残留溶剤が蒸発し，樹脂などの熱架橋反応が促進し凝集力が増加する。レジスト膜の凝集性の増加により，応力が発生するが耐久性も向上する。図1は，力曲線として，レジスト膜表面層の硬化処理の違いを示している。熱処理法として，オーブン加熱，電子ビーム照射を用いている。表面から内部にプローブを押し込むにつれて，荷重が増加する様子が分かる。この場合，曲線の傾きが大きい場合は，比較的硬化が進んでいることを示す。結果として，熱処理によって，表面近傍は硬化しているが，必ずしも膜内は均一ではないことが分かる。これは熱伝導や溶剤の拡散状況などの違いに依存する。図2はレジスト膜表面に形成された

---

*　Akira Kawai　長岡技術科学大学大学院　教授
　　電気電子情報工学専攻　電子デバイス・フォトニクス工学講座

プローブの圧痕を示している．オーブン加熱と未処理の場合は，押込み深さは同じであるが，図1のようにレジスト膜表面からの硬さ分布は異なる．図3は，インデンテーション試験に使用される微細カンチレバー探針の先端写真を示している．先端の曲率半径は8 nm，ばね定数は97 N/mであり，レジスト膜内へシャープな先端を押し込むことができる．さらに詳細な測定手法について述べる．図4はAFMの微細探針を用いたインデンテーション法の概略を説明している．最初に，レジストパターンの表面像をナノスケールで観察し，AFM探針をインデントする位置を決定する．その後，探針をレジスト膜内へ荷重をかけて押し込みながら荷重曲線を取得する．インデンテーション試験は，(a) レジストパターン上面，(b) パターン側面，および，(c) パターン内部での試験が可能となる．パターン内部のインデンテーション試験では，あらかじめパターン表層部をAFM探針で除去し，パターン内部を露出させる．そして，露出させたレジスト膜表面にAFM探針をインデントする．このような細かい操作もAFMを用いることにより可能となる．インデンテーション試験のサンプルは，アクリル系樹脂を主成分としたArF化学増幅型レジストを用いている．図5は，インデンテーション試験後の線幅500 nmのレジストパターン像である．インデンテーションの痕跡が明確に確認できる．ここでは，隣接するインデント試験同士が影響しないように，インデント位置を徐々にずらしている．よって，レジストパターンの横断面内の硬さ分布を解析できる．また，パターンエッジ付近では，AFM探針をインデ

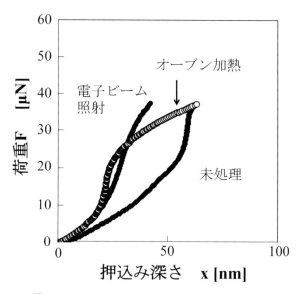

図1　AFMによるレジスト膜の硬さ試験（40μN）

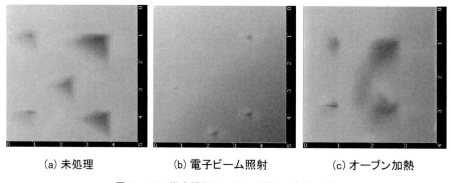

(a) 未処理　　(b) 電子ビーム照射　　(c) オーブン加熱

図2　AFM微小探針のレジスト膜への押込み痕

第6章 フォトレジストプロセスに起因した欠陥

ントすることにより，パターン側面が崩れている。パターンエッジ部では，インデンテーション試験に誤差が含まれる。図6は，各インデント位置での荷重曲線を示している。パターンエッジ付近では，比較的低い荷重で探針がインデントされている。これは，パターンエッジ部での破壊に起因する。パターン中央付近では，良好な荷重曲線が得られており，パターンエッジ部の影響は無い。荷重曲線には，パターン表面で傾きが大きく，内部に進むにつれて低くなっている。これは，レジスト膜表面の硬化層の存在を示しており，その膜厚は約20 nmである。さらにAFM探針をインデントして基板近くでは，探針を押し込めなくなる。基板近傍でも硬化層が存在しており，これはホットプレートによる基板からの熱伝達に起因した硬化である。図7は，レジストパターン上面，側面，内部でのインデンテーション試験による荷重曲線の傾きを示している。荷重曲線の傾き（N/m）は，その深さ位置での押込み硬さを表す。レジストパターン上面には，内部に比べ大きい硬化層が存在する。パターン側面にも僅か

図3　原子間力顕微鏡（AFM）の微細探針

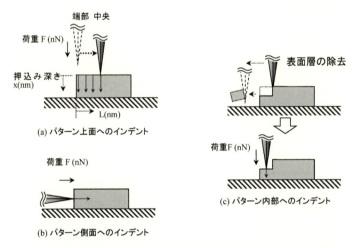

図4　AFMによるレジストパターンへのインデンテーション試験

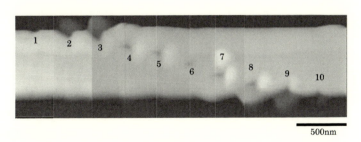

図5　インデンテーション試験後のレジストパターン表面の痕跡

な硬化層が形成されている。このように，同一のレジストパターン内でも凝集性に違いがあることが分かる。よって，図8にパターン断面における硬化層モデルを示している。パターンを覆うように表面硬化層が形成されている様子が分かり，乾燥プロセスに大きく起因している。また，レジストパターン側面の凝集性は，エッジラフネスとしてパターン寸法精度に直接影響する。以上のように，AFMを用いたインデンテーション試験によって，微細構造内の凝集性を定量的に得ることができる。

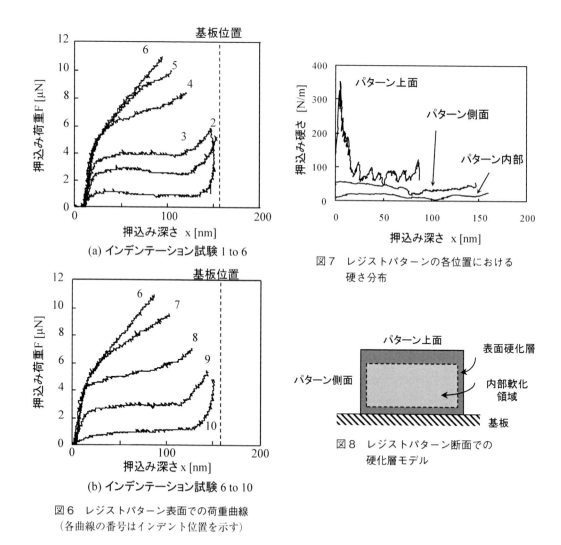

第6章 フォトレジストプロセスに起因した欠陥

3 濡れ欠陥（ピンホール）[6〜9]

濡れコントロールは，レジスト液と基板との界面相互作用が基礎となる。基板上の濡れ性解析は洗浄・乾燥・接着におけるトラブル低減に効果がある。ここではピンホール形成のメカニズムと対策について紹介する。薄膜形成法の1つであるスピンコート法は，その均一性の良さ，および量産プロセスへの適合性のため様々な分野で用いられている。この手法は，大規模集積回路（LSI）や大型表示デバイスの製造技術であるリソグラフィーにおいても，LSI基板上へのレジスト膜の塗布やパターン現像時のウェット処理に用いられる。ここでは，レジスト膜のスピンコート中に発生する大面積ピンホール（濡れ不良）に注目する。使用したレジスト膜には，ノボラック樹脂，溶剤，感光剤が含まれている。スピンコート用基板として，6インチサイズのシリコン酸化膜（スピンオンガラス：SOG）基板を用いる。図9はレジスト膜に生じたピンホール写真を示している。ピンホール部は，直径約 250 μm の範囲にわたりレジスト膜が濡れていない。また，ピンホール中心部には大きさ数 10 μm の異物が存在している。よって，レジスト膜が遠心力で基板上を拡がる際，異物によってレジスト膜の連続性が失われピンホールが形成される。このピンホールはウェハ中心部より外周部に多く発生し，ウェハ回転時の遠心力が一要因となっている。結果として，図10のように，レジスト膜の表面張力により膜の収縮が加速され，ピンホールはデバイス製品全体に拡大される。ここで，ピンホールの発生メカニズムを考察する。図11は，発生したピンホール数のSOG基板の熱処理温度依存性

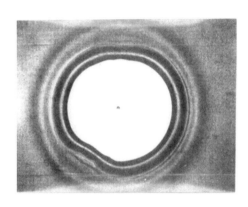

図9 レジスト膜のピンホール不良
（中心に点欠陥が存在する）

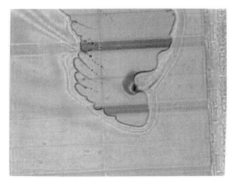 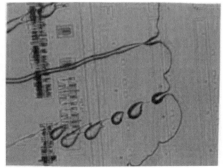

(a) メモリ部　　　　　　　(b) 周辺回路部

図10 半導体デバイス基板上で生じたピンホール不良

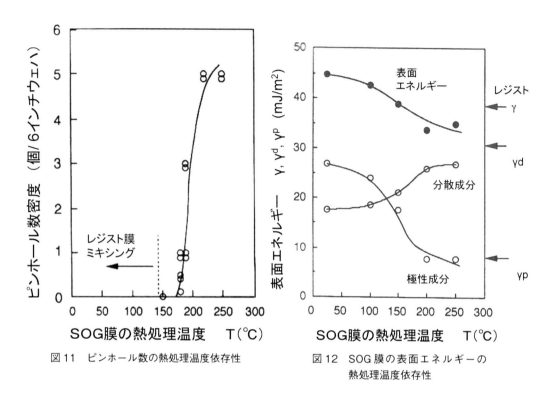

図11 ピンホール数の熱処理温度依存性

図12 SOG膜の表面エネルギーの熱処理温度依存性

表1 レジスト膜の拡張係数Sと濡れエネルギーW_a

SOGの熱処理温度	拡張係数S	濡れエネルギーW_a
25℃	2.24 mJ/m^2	76.2 mJ/m^2
100	2.80	75.6
150	3.36	75.0
200	5.60	72.8
250	4.48	73.9

を示している。175℃以上の熱処理によって，ピンホール数が急激に増加する。また，図12はSOG基板の表面自由エネルギーの熱処理温度依存性を示している。SOG膜の表面自由エネルギーは熱処理温度の増加と共に低下している。また，熱処理温度の上昇に伴い極性成分は減少し，分散成分は逆に増加する。そして，レジスト材料の各成分値に徐々に近くなる。SOG膜の表面エネルギーの減少は極性成分が主な要因である。ここで，レジスト膜のピンホールが発生する175℃での値は37.5 mJ/m^{2}である。ここで，基板表面のレジスト膜の拡張係数S，および濡れ仕事W_aは下式で求められる。

$$W_a = \gamma_1 + \gamma_2 - \gamma_{12} \tag{1}$$

$$-S = \gamma_1 + \gamma_2 - \gamma_{12} \tag{2}$$

第6章 フォトレジストプロセスに起因した欠陥

ここでγ_1, γ_2, γ_{12}は，それぞれ基板とレジスト膜の表面エネルギー，および界面エネルギーを表している。表1にレジスト膜の拡張係数Sと濡れ仕事W_aを示している。拡張係数Sは熱処理温度範囲で正の値となり，レジストが拡がりにくい状態である。この傾向は熱処理温度の増加とともに強くなる。同様に濡れ仕事W_aも熱処理温度の増加とともに減少する。拡張係数Sと濡れ仕事W_aの挙動から，SOG膜の熱処理温度の増加に伴いレジスト膜のピンホールは発生しやすくなる。

以上のように，SOG膜上でのレジスト膜のピンホール発生要因について，以下のように考察できる。

① SOG膜上の異物がきっかけとなり，レジストのピンホール核が形成される。
② レジスト材料の拡張係数S, 濡れ仕事W_aによる考察から，SOG膜の表面エネルギー変化によりピンホールが安定化される。レジスト膜のピンホール形成に関しては，基板の表面エネルギー制御が重要となる。

4 ポッピング[10,11]

液晶や半導体デバイスプロセスに用いられているレジスト膜は，ポリマーの特性を生かした特殊な実用例であると言える。高品質でかつ無欠陥のレジストパターンを得る事は，製造においても重要な課題である。1983年にLongがポジ型レジスト膜（フォトレジスト）にLSIパターンを紫外線で焼き付ける際にボイドが生じる事を初めて報告した。この現象は，最近の高解像レジストにおいて顕著に見られている。しかし，このボイドの発生機構は，まだ十分に解析されていない。ここでは，ボイド形成ファクターとして，レジスト膜中の感光剤濃度，および付着エネルギーの2つに注目し，そのメカニズムを考察する。これらのファクター依存性を調べるため，感

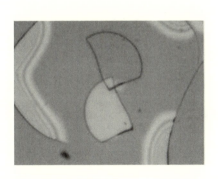
(a) WSi_2膜上のポッピング

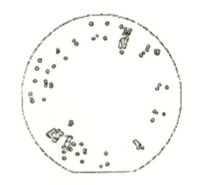
(b) 発生分布
98個／6インチウェハ

図13　レジスト膜に発生した局所ポッピング

光剤濃度を変えた種々のレジスト，および表面エネルギーの異なる無機基板を用いてボイド発生実験を行った。レジスト中の感光剤が光分解する際に生じる N_2 ガスによって，局所的にレジスト膜が基板との付着力以上に押し上げられた時にボイドが発生すると考えられる。図13はノボラック樹脂を主成分とするレジスト膜に生じたポッピングの写真である。基板は WSi_2 膜である。ポッピングはウエハ周囲に多く発生している。このようにレジスト膜の欠陥は，膜応力などの様々な要因が関与してくる。

以上の検討より，レジスト膜／基板界面に紫外線照射中に発生するボイド形成について以下の知見が得られた。

① レジスト膜に発生した歪エネルギーによって，基板とレジスト膜の付着は破壊されレジスト膜が局所的に浮き上がる事によりボイドは形成される。
② 感光剤濃度と表面エネルギーはボイド形成の主要因である。

5 環境応力亀裂（クレイズ）[10〜16]

一般的に，スピンコート法はその均一性，プロセス，装置の簡易さにより多くの産業で用いられている。膜厚均一性を向上させるにはスピン回転数の上昇が効果的であるが，そのためウェハ周辺部の周速度は速くなり，レジスト膜からの溶剤蒸発の不均一性を引き起こす。レジスト膜をアルカリ現像液へ浸した場合に，未露光部のレジスト表面に微細なひび割れが生じる。この現象はウエハの大口径化に伴い顕著になる。また，この現象は，応力歪みを有したレジスト膜に溶液が触れる際にクラックが発生する環境応力亀裂（Environmental Stress Cracking）である。ここではレジスト膜中に発生した微細亀裂の発生機構を，レジスト膜中の残留溶剤量に注目して解析する。使用したレジスト成分は，ノボラック樹（m-クレゾール，p-クレゾール），感光剤（ナフトキノンジアジド），溶剤（エチルセルソルブアセテート）の混合物である。図14はウエハ内での代表的なレジスト亀裂分布を示している。この図は肉眼によるスケッチであるが，TMAH水溶液中に浸漬させて約5秒程度で発生する。光干渉効果により亀裂部のみが変色して見えるた

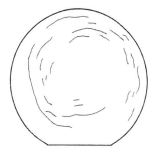

図14 レジスト膜表面に形成された
環境応力亀裂
（6インチサイズウェハ）

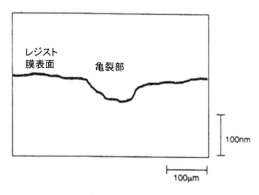

図15 亀裂部の断面プロファイル

第6章　フォトレジストプロセスに起因した欠陥

め，肉眼で確認することができる。ウェハの中心部では亀裂はほとんど発生せず，ウェハ周辺部に多く発生することが分かる。また亀裂はウェハ中心に対して同心円状に発生し，その長さも周辺部ほど長いことが分かる。これらより，レジスト膜内の応力分布が影響していることが分かる。図15は表面粗さ計で測定した亀裂部の断面形状を示している。亀裂の幅は約100 μm であり，最大深さは約60 nm である。レジスト膜の表面粗さは数nmである事からも，亀裂はかなり深いことが分かる。環境応力亀裂のモードにはクラックおよび

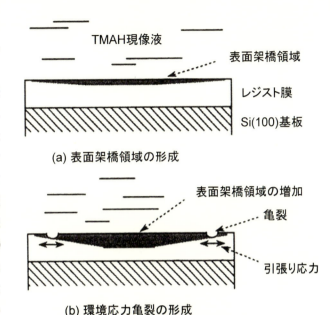

(a) 表面架橋領域の形成

(b) 環境応力亀裂の形成

図16　レジスト膜表面の環境応力亀裂の発生モデル

クレイズがあるが，この亀裂は完全な膜分離に至っていないためクレイズであるといえる。すなわち，この亀裂の発生原因はレジスト膜表面が収縮したことによる凝集破壊である。また，亀裂部のレジスト膜は正常部より薄くなるため，後工程のドライエッチング中にレジストの膜減りが生じ加工精度に影響を与える。図16はTMAH水溶液中でレジスト膜に発生した環境応力亀裂の発生機構を示している。(a)のように，TMAH水溶液中のレジスト膜表面にはクロスリンク（架橋）が生じ，残留溶剤量の多いウェハ中央部では膜収縮が顕著に起こる。その結果，(b)のように強い引っ張り応力が，ウェハ周辺部のレジスト膜表面に生じる。ウェハ周辺部の表面クロスリンク層は薄いと予想されるため，レジスト膜表面のみの凝集破壊が起こり亀裂発生に至る。よってレジスト膜内の残留溶剤量のコントロールは，亀裂発生を防止する上で重要な要素となる。

6　乾燥むら[17]

液晶パネルや太陽電池パネルの大型化に伴い，大面積対応のコーティングプロセスの高精度化が求められる。パネル面内の膜厚および膜質均一性は，重要な管理パラメータである。しかし，図17のような乾燥むらと称するコーティング後の濃淡模様が製造上の問題となっている。この乾燥むらも，液体内対流が原因で生じる。乾燥むらの濃淡は，以下のように，レジスト膜の僅かな膜厚変化を反映している。

$$\Delta d = \lambda / 4n \tag{3}$$

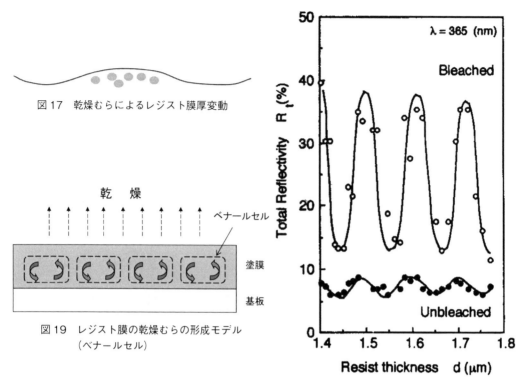

図17 乾燥むらによるレジスト膜厚変動

図19 レジスト膜の乾燥むらの形成モデル
（ベナールセル）

図18 レジスト膜の膜内多重反射による色むら

ここで，Δd は濃淡領域の膜厚差，λ は光の波長，n は波長 λ におけるレジスト膜の屈折率である。レジスト膜の場合，可視光線（$\lambda=500$ nm），屈折率 $n=1.6$ とすると，濃淡の膜厚差 Δd は 78 nm となる。よって，図18のように，コーティング後の乾燥むらの濃淡は，約 80 nm の膜厚差を反映していることとなり，液晶パネルなどの光学デバイスにおいては製造上の問題となる。図19のように，乾燥むらはレジスト液内の溶剤が乾燥中に対流し，同時に樹脂成分を移動させることで生じる。液滴の場合と異なり，レジスト膜は面積が大きいため，各セグメントに分かれて対流が生じる。このセグメントはベナールセルと称し，日常的にもよく観察される。身近なところでは，味噌汁などの溶質を含む液体を観察すると，分割したセル模様が見られる。理想的な条件下では，六角形の集合体として観察できる。対流による乾燥むらは時間経過とともに過剰になる。よって，レジスト膜の乾燥むらを防ぐには，コーティング後の速やかな乾燥が必要である。

第 6 章　フォトレジストプロセスに起因した欠陥

文　　献

1) A. Kawai, *J. Photopolymer Sci. Technol.*, **16**, 381-386 (2003)
2) A. Kawai, *J. Adhesion and Interface*, **6** (1), 7-10 (2005)
3) 河合晃, 日本接着学会誌, **31**, 187-191 (1995)
4) A. Kawai, *J. Photopolymer Sci. Technol.*, **16**, 381-386 (2003)
5) A. Kawai, *J. Vac. Sci & Technol.*, **B17**, 1090-1093 (1999)
6) 河合晃, 日本接着学会誌, **30**, 582-585 (1994)
7) P. G. Saffman and G. I. Taylor, *Proc. Roy. Soc.*, A245, 312 (1958)
8) A. Kawai, *J. Photopolymer Sci. Technol.*, **17**, 103-104 (2004)
9) A. Kawai, *J. Vac. Sci. & Technol.*, **B22** (6), Nov/Dec 3525-3527 (2004)
10) A. Kawai, *Jpn. J. Appl. Phys.*, **33**, L149-L151 (1994)
11) A. Kawai, *Jpn. J. Appl. Phys.*, **33**, 3635-3639 (1994)
12) 河合晃, 日本接着学会誌, **31**, 498-501 (1995)
13) 河合晃, 日本接着学会誌, **31**, 452-457 (1995)
14) A. Kawai, *J. Photopolymer Science and Technology*, **14**, 749-750 (2001)
15) A. Kawai, *J. Photopolymer Science and Technology*, **14**, 751-752 (2001)
16) A. Kawai, *J. Photopolymer Sci. Technol.*, **17**, 441-448 (2004)
17) A. Kawai, *Jpn. J. Appl. Phys.*, **45**, 5383-5387 (2006)

【第Ⅳ編　材料解析・評価】

第1章　レジストシミュレーション

関口　淳[*]

1　はじめに

　感光性樹脂のリソグラフィー評価は，感光性材料をSi基板に塗布し，ステッパやアライナーなどの露光機を用い，微細なパターンを転写して現像，電子顕微鏡（SEM）を用いてその形状を観察するのが一般的である。この方法を直接評価法と呼ぶ。直接評価法では，リソグラフィーの最終目的である現像後のレジストパターンの形状をSEMにて直接観察できるため，確実な評価方法といえる。しかし，ステッパやアライナーなどの露光装置は大変高価であり，評価ラインを整備することは大きな投資となる。また，EUVなどの最新の露光装置を入手することは難しい。そこで，リソテックジャパンではステッパやアライナーを用いず，リソグラフィー・シミュレータを用いてリソグラフィー特性の評価を行うバーチャル・リソグラフィー評価システムVLES（Vatual Lithograhy Evaluation System）を提案している。VLESは実際にパターニングするのではなく，リソグラフィー・シミュレータを用いてリソグラフィーの評価を行うところに特徴がある。

2　VLESの概要

　図1に従来の直接評価法とVLES法との違いを示す。VLESはステッパーなどの高額な露光機を用いるのではなく，オープンフレーム簡易露光装置を用いて，ウェハ基板上に異なる露光量にて10 mm×10 mm □の均一露光を行う。ついで，レジスト現像アナライザー（RDA）を用い，異なる露光における現像速度を測定する。得られた現像速度データファイルをリソグラフィー・シミュレータProlith（KLA-TENCOR）に入力することで，現像後のレジスト形状をシミュレーションにより知ることができるのである。

　従ってVLESは簡易露光装置，現像速度測定装置，リソグラフィーシミュレーションから構成される。

　得られた現像速度と出力としてのレジストシミュレーション結果を図2に示す。VLESの特徴を以下にまとめる。

・　ステッパやアライナーのような高額露光装置を必要としない。

---

　[*]　Atsushi Sekiguchi　リソテックジャパン㈱　専務取締役，ナノサイエンスグループ
　　　　　　　　　　　　ナノサイエンスグループ長

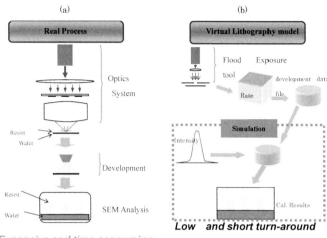

図1 (a)直接評価法とVLESと(b)VLES法

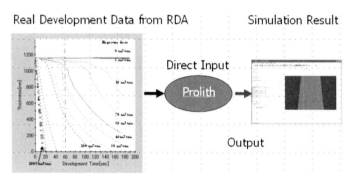

図2 VLES法の計算フロー

- シミュレーション技術を用いるため，さまざまな露光条件やレンズ収差の影響，下地膜の影響などを考慮したリソグラフィー特性の検討が可能。
- レジストや感光性樹脂の開発（スクリーニング）に威力を発揮する。

3 VLES法のための評価ツール

感光性樹脂の評価の流れは，
① 感光性樹脂の塗布（成膜）
② 露光
③ 露光後ベーク
④ 現像速度の測定
⑤ シミュレーション

である（図3）。

4 露光ツール（UVES および ArFES システム）

感光性樹脂の露光は通常はマスクアライナーやステッパなどのパターン転写装置が用いられる。しかし，本書で示す材料評価においては，パターニングの必要はなく，オープンフレームと呼ばれる均一露光を行えばよい。そこで，リソテックジャパンでは感光性樹脂の評価を行うためのオープンフレーム露光装置を開発した。本装置はウェハ上に露光量を変えて，10 mm×10 mm □の領域に均一露光（パターニングはしない）を行う。

露光ステップの例と露光装置の概観を示す（図4，5）。

UVES-2000 は高圧水銀ランプを光源として搭載し，バンドパスフィルターで単色光を取り出して露光することができる。選択できる波長とウェハ上での照射強度を表1に示す。

大きな露光量を必要とする場合は広帯域フィルターを，よりシャープな単色光で露光したい場合は狭帯域フィルターを選択する。

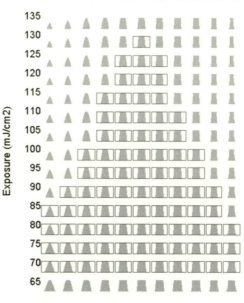

図3 露光・フォーカスマトリクス

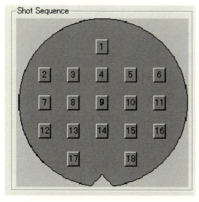

図4 露光ステップ例　露光位置と露光時間

図5 材料解析用紫外線露光装置 UVES-2000

表1 波長と狭帯域フィルターの関係（250W高圧水銀ランプ）

UVES-2000の照射エネルギー一覧

波長	広帯域フィルター	狭帯域フィルター
FWHM	20 nm	5 nm
436 nm	30	5
405 nm	30	5
365 nm	30	5
248 nm	10	5
ブロード光	30	–
	（単位 mJ/cm²）	（単位 mJ/cm²）

露光量モニターは光路の途中にビームスプリッターを入れ，光の一部を取り出してIn-situモニターを行う。248〜436 nmの紫外線露光は水銀ランプを用いてカバーできることになる。

一方，より短波長の193 nmでの露光を行う場合，DUV光源が必要である。図6に「DUV露光装置 ArFES-3000」の写真を示す。

本装置はエキシマランプにより193 nmでの露光を可能にしている。これらの露光装置には露光中の透過率の変化から光反応にともなうレジストのパラメータABCパラメータの測定機能や，露光中のアウトガスを捕集する機能も付いている。

図6 DUV露光装置 ArFES-3000

5 現像解析ツール（RDA）

レジスト特性の基本的性能を決める要因の一つが，レジストの現像液への溶解性（現像特性）である。レジストは未露光部と露光部の現像コントラストによりパターンを形成する。そこで，レジストの現像液への溶解性を調べることにより，レジストの現像特性を把握することが可能となる。古くは，露光したサンプルを一定時間現像液に浸漬させ，引き上げてリンスした後，膜厚測定器を用いて現像によって減膜した減膜量を求めて現像速度を測定していた。しかし，この方法では時間あたりの平均的な現像速度しか得られない。レジストを単色の露光光により露光すると，レジスト膜内に定在波が発生し，現像速度はレジスト深さ方向に繰り返し速度分布の強弱を形成し（この効果を定在波効果と呼ぶ）[1]，この効果を現像速度の変化として正確に測定する必要がでてきた。そこで，Dillらは，He-Neレーザーを用いた光干渉式の現像速度測定装置を考案した[2]。

第1章　レジストシミュレーション

その後，Dillらの手法を用いたマルチ・チャンネル現像速度測定装置がパーキンエルマー社からDRM（Development Rate Monitor）として発売された。しかし，DRMはSi基板上の単層レジストについてしか現像速度の測定ができない問題があった。実際のプロセスは多層膜基板上や反射防止膜上にパターンを形成するため，多層膜基板や反射防止膜上のレジストの現像速度を正確に知る必要が出てきた。

そこで，筆者は，モニター波長の最適化と多層薄膜の干渉理論を用いて，多層膜基板上でのフォトレジストの現像速度を精密に測定できる現像速度測定装置 RDA-790（Resist Development Analyzer）を開発した[3]。RDAの外観を図7に示す。

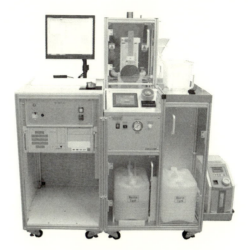

図7　現像速度測定装置 RDA（Resist Development Analyzer）の外観

5.1　測定原理

レジストの現像速度は現像中のレジストに単色光を当てることにより測定する。すなわち，単色光が現像中のレジストに当たるとレジストの表面からの反射光と基板からの反射光とが干渉し，レジストの厚みが変化するにつれ，その反射強度が時間に対して正弦波状の曲線として観測される。現像速度測定装置の構成を図8に示す。LEDからの光をレンズを用いて集光した後，現像中のウェハに照射する。次いで，反射した光を受光レンズで受け，フォトトランジスタで電気信号に変換し，A-DコンバータでディジタイズしてPCで解析する。現像の進行と得られた干渉波形の関係を図9に示す。モニター波長は，はじめレジストの吸収および溶解生成物の吸収の影響を少なくする目的で740 nmの光を採用したが，さらに溶解生成物の吸収の影響の少ない950 nmに変更した。950 nmでは特にレジスト膜が全て溶解し，基板表面が現れる，いわゆるブ

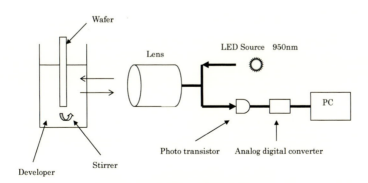

図8　現像速度測定装置の模式図

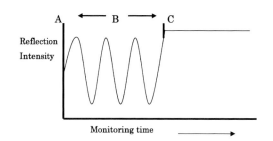

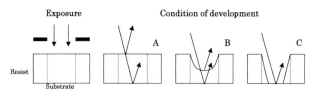

図9　干渉波形と現像の進行の関係

レークスルーにおいて溶解生成物の吸収の影響を受けずにより精度の高い測定が可能である。

図10に740 nmと950 nmそれぞれの波長で観測した干渉波形の比較を示す（レジストは，ノボラック樹脂を用いたポジ型レジスト。現像液はTMAH2.38％水溶液。）。横軸は現像時間，縦軸は現像中のレジストからの反射強度（Refrection Intensity）で単位は任意（a.u.）である。干渉波形が終了する近傍において，950 nmの方がブレークスルー点（レジストが現像され基板が現れたポイント）が明確に観察されることがわかる。図11に溶解生成物の溶け込んだ現像液の分光特性を示す。950 nmの方が，740 nmと比較してより溶解生成物の吸収の影響が少ないことがわかる。

レジストの深さ方向における現像速度分布の計算は，実測で求めた反射強度とモニター時間との関係と計算により求めた反射強度とレジスト膜厚との関係をそれぞれ比較することにより行う。構成されている基板のモデルとその時のパラメータを図12に示す。

基板の屈折率をn_0，その膜厚は基板上に存在する薄膜と比べて圧倒的に厚いものとする。この基板上に第1層，…，第j層，…そして最上層の第m層が存在する。この時の各膜の屈折率をそれぞれn_1，…，n_j，…，n_m各膜の膜厚をx_1，…，x_j，…，x_mとする。ここでは，最上層の第m層はレジスト膜，その上は現像液となる。現像液の屈折率はn_{dev}とする。この場合，平坦な境界をもつ複数の材料からなる多層膜に垂直に一様な単色光が入射した場合について考える。Dillら[4]によれば，第j層に対して反射係数は，

$$r_j = \frac{\exp(-2_i\Phi_{j-1})(F_{j-1}-r_{j-1})-F_{j-1}(1-F_{j-1}r_{j-1})}{F_{j-1}\exp(-2_i\Phi_{j-1})(F_{j-1}-r_{j-1})-(1-F_{j-1}r_{j-1})} \tag{1}$$

ここで，F_jはFresnel係数で，

$$F_j = \frac{n_{dev}-n_{j+1}}{n_{dev}+n_{j+1}} \tag{2}$$

第1章　レジストシミュレーション

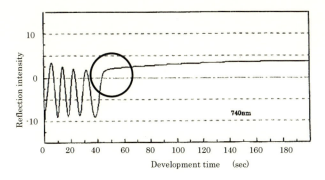

(a)モニター波長 740 nm

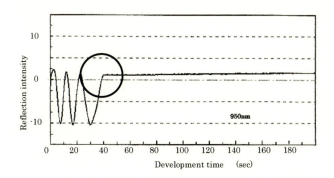

(b)モニター波長 950 nm

図 10　モニター波長 740 nm と 950 nm で観測した干渉波形の比較

Φは位相因子で，

$$\Phi_j = \frac{2\pi}{\lambda} n_{j+1} X_{j+1} \tag{3}$$

λは入射光（モニター光）の波長を示す。n_j は第 j 層の屈折率で，一般的に光の吸収を扱うために複素数となっている。この式を次の境界条件の下で解く。境界条件は，基板表面で，

$$t_0 = \frac{2(n_{dev} R_e(n_0))^{1/2}}{n_{dev} + n_0} \tag{4}$$

$$r_0 = \frac{n_{dev} - n_0}{n_{dev} + n_0} \tag{5}$$

であり，最終的には系の表面での反射強度は，

$$R = |r_m|^2 \tag{6}$$

と求められる。

このようにして求めたレジスト表面の反射強度とレジスト膜厚の関係と，先に実測で得た反射

193

強度とモニター時間の関係から，反射強度を消去してレジスト膜深さ方向の現像速度分布を精密に求めることができる．図13にその手順をを示す．すなわち，計算で求めた膜厚対反射強度のうち，あるフリンジ P-Q 間に着目すると，反射強度 R を微小領域の ΔR に分割して反射強度 R と膜厚 T の組み合わせの (R, T) データテーブルが得られる．一方，実測で得た反射強度と時間のデータからは，計算で得た反射強度に対応す

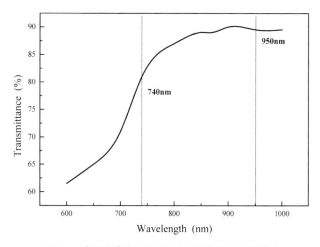

図11　溶解生成物の溶け込んだ現像液の分光特性

るフリンジ P-Q 間を規格化し，反射強度 R を ΔR に分割することにより，反射強度 R と時刻 t の組み合わせの (R, t) データテーブルが得られる．この2つのデータテーブルは，共通のパラメータとして反射強度 R を持つため，この R を消去することにより膜厚 T とその時の時刻 t の (T, t) データテーブルが得られる．以上により，レジスト現像速度は(7)式より求められる．

$$V_{dev} = \frac{\Delta T}{\Delta t} = \frac{T_n - T_{n-1}}{t_n - t_{n-1}} \tag{7}$$

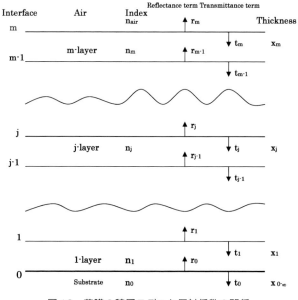

図12　薄膜の積層モデルと反射係数の関係

第1章 レジストシミュレーション

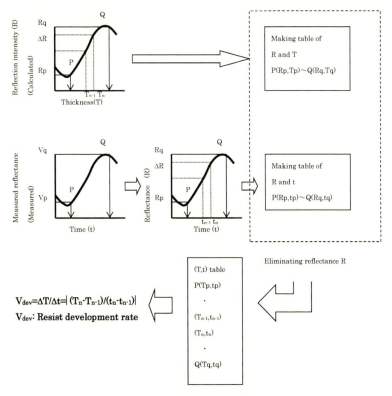

図13 現像速度の算出方法

そして，この方法は薄膜中の光強度の計算を(1)〜(6)式に従って求めているので多層膜の薄膜を含む任意の基板や反射防止膜を用いたサンプルについても適用できる。また，何種類かの露光量に対して膜厚 T と現像速度 V_{dev} をプロットすると露光量に対するレジスト膜深さ方向現像速度分布が作成できる[3]。図14に異なる露光量におけるレジスト残膜厚と現像時間の関係を測定例として示す。

5.2 現像速度を利用した感光性樹脂の現像特性の評価

フォトレジストの解像性の指標として，従来 γ 値が用いられてきた[5]。しかし，γ 値は感度曲線のプロットの傾きから求めるため，非常に高い γ

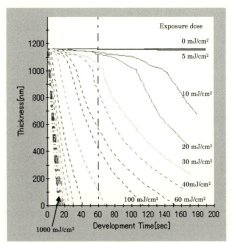

Resist：PFR-IX500EL
Thickness：1.19 μm
Pre-bake：90℃, 90s
P.E.B.：110℃, 90s
Exposure wavelength：365 nm

図14 異なる露光量におけるレジスト残膜厚と現像時間の関係

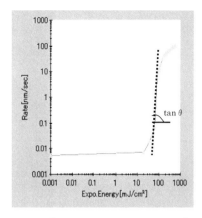
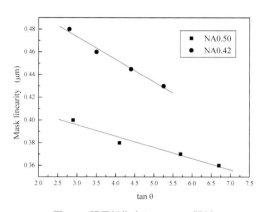

図15 ディスクリミネーションカーブと現像コントラスト tan θ

図16 限界解像度と tan θ の関係

値を有するレジストでは,これによる解像性の議論は困難である。高γ値を有するレジストが一般化した今日では,レジストの解像性の指標としては必ずしも満足のいくものではなくなってきている[6]。

一方,現像速度曲線の立ち上がりの直線部分で表される傾きをレジストのコントラストのdiscrimination（∂rate/∂dose）を表すパラメータと見なして tan θ で定義する（図15）と解像力と tan θ の間には相関があるという報告がある[7]。そこで,数種類のi線レジストについて,tan θ とマスクリニアリティーの関係を調べた。ここで,マスクリニアリティーとは,ライン・アンド・スペースパターンがライン幅：スペース幅＝1：1に分離解像する露光量においてラインとスペースパターンが分離解像可能な最小マスク寸法値とした。tan θ と限界解像度の関係を図16に示す（露光波長は365 nm）。異なるNAにおいても両者には相関が見出された。このことからレジストのコントラスト（discrimination）がパターンの解像性に大きく影響していることが確かめられた[8]。

6 リソグラフィーシミュレーションを利用したプロセスの最適化-1

6.1 シングルシミュレーション

リソグラフィーシミュレーション技術は,露光・露光後ベーク（Post Exposure Bake：PEB），現像の工程を実際のプロセスを行うがごとく,PC上で再現する技術である。古くは1970年代初頭に,F. H. Dill らによって提唱された[9]。その後,PCの進化に伴い,高精度化され,現在は,市販のシミュレータとして数社から販売されている。リソグラフィーシミュレーションの計算の流れを図17に示す。

まず,投影光学系におけるレンズのNAや,照明系のコヒーレントファクタ（σ），波長,パターンの寸法の条件などを入力し,投影レンズを通過した後の,パターンの空間像を計算する。

第1章　レジストシミュレーション

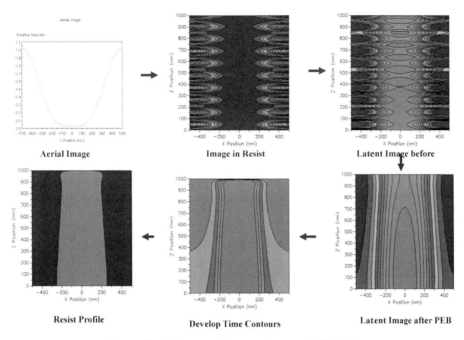

図17　リソグラフィーシミュレーションの計算の流れ

ついで，レジスト膜中での露光エネルギーの分布を計算する。その際，基板からの反射などの定在波効果も計算に取り入れる。ついで，化学増幅レジストの場合，露光エネルギーに対応した酸の濃度を計算する。PEBを行い，保護基の脱離の計算を行う。最後に，現像におけるレジストの溶解を計算する。ある現像時間で現像されるレジストパターンの輪郭を抽出すると，その現像時間におけるレジストプロファイルが得られることになる[10]。

光強度の計算では，投影光学系におけるレンズのNAや，照明系のコヒーレントファクタ（σ），波長，パターンの寸法の条件などを入力する。図18に光強度空間像の計算例を示す。

リソグラフィーシミュレーションでは2次元のマスクパターンに対して，3次元のパターン形状を計算することも可能である。たとえば，図19に示すようなライン・スペースパターンと孤立ラインが混在するマスクパターンにおいて，ライン・スペース部分と孤立ライン部分でのリソグラフィー特性の違いを計算し，比較することができる。図19(b)はレジストトップビューとマスクデザインの比較例である。レジストパターンのショートニング効果（パターンが長手方向に縮む効果）の検討などができる。図19(c)はレジストパターンの3次元計算例である。

6.1.1　CD Swing Curve

レジストのパターン形状はレジスト膜厚によって，大きく変化する。これは，単色光で露光することによる定在波効果の影響をうけるためである。従って，レジスト膜厚の設定と管理はフォトリソグラフィーにおける最重要管理項目である。CD Swing Curveは，レジストの膜厚変化に対する，パターンの仕上がり寸法を計算することで得られる。

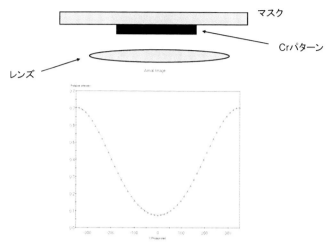

図18 光強度空間像の計算例

3次元 レジスト・シミュレーション

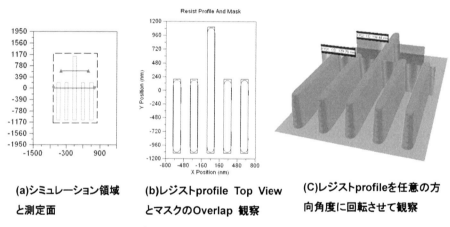

(a)シミュレーション領域と測定面　(b)レジストprofile Top Viewとマスクの Overlap 観察　(C)レジストprofileを任意の方向角度に回転させて観察

図19　2次元マスクと3次元レジストパターンの計算例

図20にCD Swing Curveの計算例を示す。露光波長は248 nm（KrFエキシマレーザー），パターン寸法は180 nmのライン・スペースパターンである。照明光学系の条件はNA＝0.60，σ＝0.85・0.50の輪帯照明（Annular）を仮定した。Inputパラメータはレジスト膜厚，計算条件はBARC膜厚を62,102,142 nmとした。

レジスト膜厚が変化すると，パターンの寸法値はサインカーブ状に変化することがわかる。また，BARC膜厚を62 nmとすることで，スイングレシオを最小にすることができる。このようにシミュレータを用いることで，BARC膜厚の最適化が可能である。

第1章　レジストシミュレーション

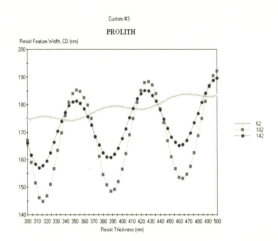

図20　異なるBARC膜厚におけるレジスト膜厚とパターンの仕上がり寸法の関係

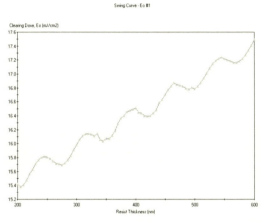

図21　E_0とレジスト膜厚の関係

　また，レジスト評価において，E_0（Eth）Swing Curveという考え方もある。ある現像時間において露光したレジスト膜が抜ける最小の露光時間をE_0またはE_{th}と呼ぶ。レジスト膜厚の変化がE_0に影響を与える。この影響はレジストにより異なっている。従って，どのようなレジストがレジスト膜厚の変化に対して，どの程度，感度が敏感なのかといった評価も可能である。図21にE_0とレジスト膜厚の関係（例）を示す。
　この例では，KrF露光において，Swing Ratio＝1.82%という値が得られている。

6.1.2　Focus-Exposure Matrix

　リソグラフィー特性の評価の基本項目として，Focus-Exposure Matrixという考え方がある。これは横軸にデフォーカス量，縦軸にパターンの仕上がり寸法をとり，露光量を変えて計算するものである。計算例を図22に示す。露光波長は248 nm，NA＝0.6，σ＝0.8/0.5の輪帯照明を仮定した。パターンの寸法は180 nmライン・スペースパターンである。

Bossung 曲線

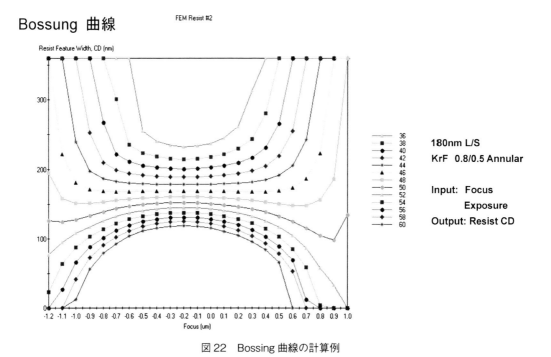

図22　Bossing 曲線の計算例

　デフォーカス値がマイナスからベストフォーカスを経て，プラス側へ移動すると，露光エネルギーが低い場合，パターン寸法は細って行き，ベストフォーカスを境として再び太くなる。露光量が高い場合は，この逆の傾向を示す。そして，デフォーカス値を変化させてもあまり寸法が変化しない露光量が存在する。この露光量をピボタルポイントと呼ぶ。ピボタルポイントが最もベストな露光条件である。図22の例では50 mJ/cm^{2}の露光量がピボタルポイントである。図23に横軸にデフォーカス値，縦軸に露光量をとったマトリクスにおけるレジストパターンの形状を示す。四角い枠線で囲まれたエリアはパターン形状がスペックに入った領域を示す。ここでのスペックとは，パターンの寸法が設計寸法の±10%以内，パターンプロファイル角度が80度以上，未露光領域のレジストの膜べりが10%以下を満たした条件である。

　図23のデータをもとに，横軸にデフォーカス量，縦軸に露光量をとって，パターン寸法が設計寸法値の+10%のライン，-10%のラインを示した図が図24である。また，破線は未露光領域での膜べりが10%となるライン，一点斜線がパターンプロファイルの側壁角度が80度以内を示すラインである。これらすべてのスペックを満たすエリアが図の中心にある楕円のエリアである。楕円の中心の [・] が最適化プロセス中心条件である。

　このような図をプロセスの最適領域を示す，プロセス・ウィンドウと呼ぶ。また，人の顔が笑っているように見えることから，スマイルカーブと呼ばれることもある。本例では，ベストフォーカスは-0.17 μm，ベスト露光量は45 mJ/cm^{2}であることがわかった。また，プロセス・ラチチュード（余裕度）は露光量で10%，DOFで1.57 μmであることがわかる。

第1章　レジストシミュレーション

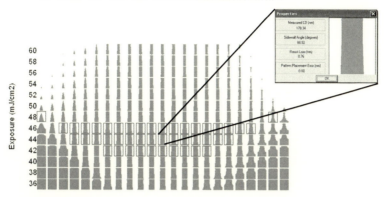

図23　露光量とデフォーカス値におけるパターンプロファイルの計算結果

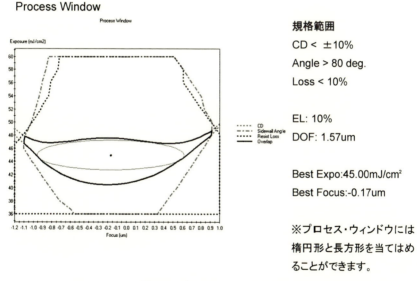

図24　プロセス・ウィンドウ

　図25に図24からもとめた，露光裕度とフォーカス裕度の関係を示す。横軸はDOF，縦軸が露光裕度である。この図から，露光裕度とDOFはトレードオフの関係にあることがわかる。たとえば10%の露光裕度を確保する場合，許容できるDOFは1.57 μmであることがわかる。一方，露光裕度を15%確保する場合，許容できるDOFは1.35 μm，逆に露光裕度5%であれば，許容できるDOFは1.75 μmであることがわかる。

　本機能を用いることで，多点CDに対応したプロセス解析が可能となる。たとえば，ラインスペースパターンや孤立ラインが混在するマスクデザインにおいて，プロセス・ウィンドウを求

201

め，すべての条件でオーバーラップする条件を見出すことも可能である。図26に多点CDの解析結果を示す。ライン・スペースパターンや孤立ラインが混在するマスクデザインにおいて，数箇所のプロセス抽出ポイントを決め，プロセス・ウィンドウを求める。それらすべての条件でオーバーラップする範囲を求めることができる。

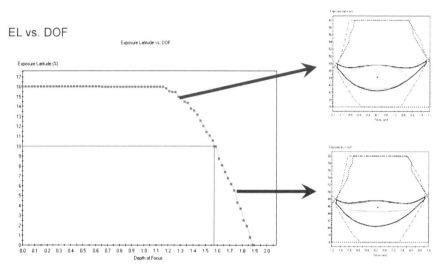

図25　露光裕度とDOFのトレードオフの関係

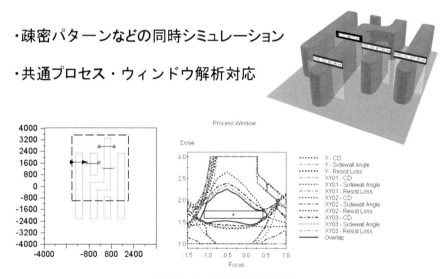

図26　多点CD解析の計算例

第1章　レジストシミュレーション

7　リソグラフィーシミュレーションを利用したプロセスの最適化-2

　リソグラフィープロセスの最適化は，これまで，プロセスエンジニアの勘や経験にたよったプロセス技術が主流であった。しかし，パターニングの寸法が，光学系の解像限界に近づくにつれ，プロセスの最適化には，より多くの時間とコストがかかるようになった。最適化すべきプロセスパラメータの数が飛躍的に増えたからである。そこで，従来の勘や経験に頼るのではなく，リソグラフィーシミュレータを用いる技法が登場した。リソグラフィーシミュレータは瞬時に，より多くのプロセスパラメータの最適化が可能である。本節ではリソグラフィーシミュレータを用いたリソグラフィープロセスの最適化について述べる。

7.1　ウェハ積層膜の最適化

　レジストと基板界面における反射が，露光の際に定在波干渉パターンをレジスト膜中に生じさせることがある。この定在波干渉効果は，レジスト断面における定在波の側壁のがたつきや，CDスイングカーブの効果など，多くの問題を引き起こす。反射防止膜（BARC）を使って，基板反射率を低減させることが有効であるが，BARCの膜厚を最適化しなければ，かえって定在波効果を大きくしてしまう恐れもある（図27）。

　図28にBARC膜厚と基板反射率および，BARC膜が無い場合と，BARC膜62 nmにおけるレジストの形状の比較を示す。Si基板にBACR膜を付けると基板の反射率は低下する。BARC膜厚62 nmで最小となり，その後，BARC膜厚が増加するに従い，増加，減少を繰り返す。BARC膜が無い場合，基板からの強い反射により，レジストパターンは細ってしまう。一方，BARC膜を62 nm付けた場合，膜内定在波効果は減少し，パターンの形状は矩形に近いパターンが得られている。

　図29に異なるBARC膜厚におけるパターン寸法値とレジスト膜厚の関係を示す。BARC膜厚102 nmではSwing Ratioが22.7％，62 nmでは1.85％とBARC膜厚を最適化することで，定在

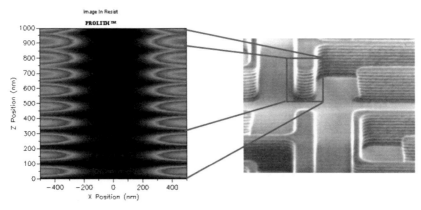

図27　パターン側壁における定在波効果

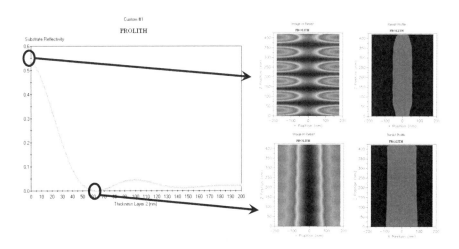

Input: BARC膜厚、Output: 基板反射率
BARCの最適な膜厚は、基板反射率を最小にする値

図28　BARC膜厚と基板反射率の関係

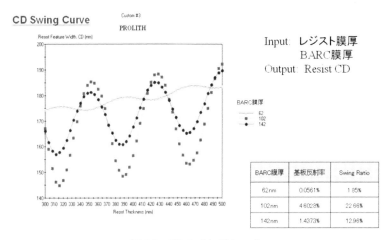

図29　CDスイングカーブ

波効果を1/10に低減することが可能である。

　図30にBARC膜厚，酸化膜厚の複合的な最適化の結果を示す。Si基板上に酸化膜があり，その上にBARCを載せて，レジストをパターンニングする場合，先に示したSi基板上の場合とは，最適なBARC膜厚は異なる。そこで，BARC膜厚と酸化膜厚を同時に振って，基板の反射率を計算した。その結果，酸化膜厚146 nm，BARC膜厚88 nmにおいて基板反射率が0.071％となることがわかった。このような評価を実際に基板を作成して実装評価することは不可能である。シミュレータを用いれば，瞬時にこのような評価が可能となるのである。

第1章 レジストシミュレーション

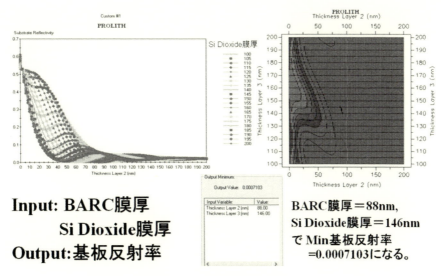

図30 酸化膜厚の最適化結果

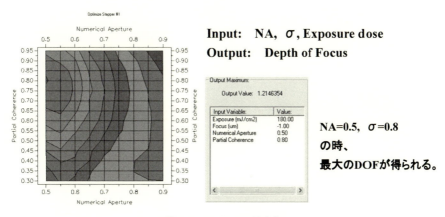

図31 NAとσの最適化

7.2 光学結像系の影響の評価

最近の縮小投影露光装置（ステッパ）はNAや，照明系のコヒーレントファクタσを可変できる装置が登場している。そこで，もっとも，DOFを広くとることのできるNAとσの関係を求めることができる。図31にその計算例を示す。インプットはNA，σ，露光量，アウトプットはDOFである。NA,σを振りながらDOFを算出する。その結果NA＝0.5，σ＝0.8において最大DOF＝1.215μm（@露光量＝180 mJ/cm^2）が得られることがわかる。

また，出力値をDOFではなく，空中像強度対数勾配（NILS）として求めることもできる。NILSはいわば光強度のコントラストである。従って，最大解像度を得るためのNAとσの条件はNILSが最大となる条件と言える。

図32にインプットをNAとσ，アウトプットをNILSとした時のNA，σ最適化計算結果を

最新フォトレジスト材料開発とプロセス最適化技術

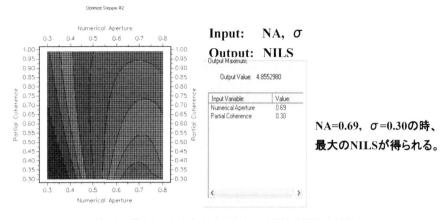

図 32　最大 NILS を与える NA と σ の最適化計算の結果

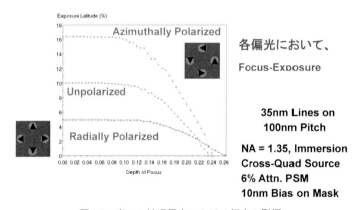

図 33　高 NA 液浸露光における偏光の影響

示す。

　また，液浸露光などでは高 NA 化による偏光の影響を考慮しなければならない。図 33 に NA = 1.35，ArF 液浸露光における偏光の影響を計算した結果を示す。照明は 4 重極照明である。パターンは 35 nm ライン・65 nm スペース（100 nm ピッチ）で，6％のハーフトーンマスクを用い，10 nm のマスクバイアスを設けた。Unpolarized は偏光を行わない場合である。Azimuthally Polarized は偏光の方向が回転方向に向かった場合である。DOF は変わらないものの，露光裕度が大きく増加している。一方，Radially Polarized は偏光の方向が放射方向に向いている場合である。DOF は無偏光の場合と比べて少し増加しているものの，露光裕度が半減することがわかる。この様に，特に NA の高い液浸露光では，偏光の影響を十分考慮する必要がある。

　図 34 にレンズの収差の影響を示す。

　レンズに Coma 収差があると，転写パターンは位置ずれを起こす。図 34 に Coma 収差量とパターンの位置ずれ量（Palcement error）を示す。たとえば位置ずれ量 11 nm が許容範囲とする

第1章　レジストシミュレーション

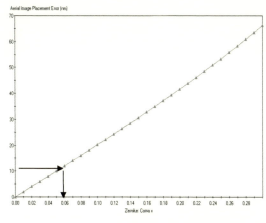

図34　レンズ収差（Coma）の影響

と，レンズに許容されるComa収差量は0.06以下であることがわかる。

7.3　OPCの最適化

従来，光強度計算はKirchhoffの境界近似を用いていた。しかし，Kirchhoff近似では以下のことを無視して計算している。

① 入射光の偏光
② マスクへの入射角度
③ マスク材料の光学特性
④ マスクの段差

しかし，この近似では図35に示すλ＞d,lの条件に当てはまらない。PSMや，OPCのようなマスク段差を有する場合，または，解像度以下の補助パターンなどを考慮する場合は，Maxwellの厳密解が必要となる。

図36にKirchhoff近似とMaxwell計算法での計算結果の比較を示す。Maxwell計算法では従来示されなかった光学特性が見えてくる。

そこで，Maxwell計算手法を用いた，セリフ寸法の最適化について述べる。パターンサイズが，光の波長に近づくと，近接効果により，元にマスクデザインのままでは，望ましいレジスト形状が得らない（図37）。

シミュレーションでは，与えられたマスクサイズに従い，露光，酸の発生，PEBによる脱保護反応，現像の計算過程を経て，レジスト形状が得られる（図38）。

そこで，マスクデザインにセリフを付加して，現像後のレジスト形状を元にデザインに近づける。この技術を光近接補正（OPC）と呼ぶ。シミュレーションではCSEという技術を用いた計算により，マスクデザインの最適化を行う。まず，最終的に得たい，元のマスクの形状（しいてはレジストの形状）を定義する（Critical Shape Metrology）。ついで，シミュレーションの計算

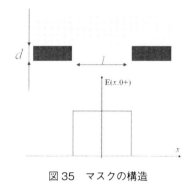

図35 マスクの構造

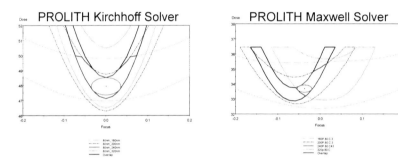

- Results show that Kirchhoff approximation does not comprehend the effect mask structures and pitch imaged with extreme off-axis illumination have on the center of focus, exposure dose and overall process window for these deep-sub-wavelength imaging conditions.

- In terms of optical-proximity-correction (OPC) the error in the Kirchhoff approximation could be 20% or larger from experimental results and that Maxwell is in good agreement.

図36 Kirchhoff 近似と Maxwell 計算法での計算結果の比較

を駆使して，目標とするレジストパターンになるように，元のデザインに，OPC パターン（セリフ）を付けていくのである（図39）。

目標となる CSM となるように元のデザインのマスクにセリフを付加してゆく。そして，最終目標の形状と，計算結果のずれ量を，セリフパターンのサイズでプロットする。CSD 値が最小となるセリフサイズが最適化されたセリフのサイズである（図40）。

CSE を用いて最適化されたセリフによるシミュレーション結果を図41に示す。レジスト形状がより矩形に近づいていることがわかる。

また，OPC パターンは照明光学系の形状により最適な形状が異なってくる。図42のようなパ

第1章 レジストシミュレーション

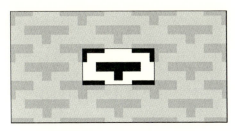

元のデザインのままでは望ましいレジスト形状を得られない

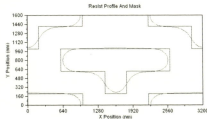

図37 OPCが無い場合のマスク形状と現像後のレジスト形状

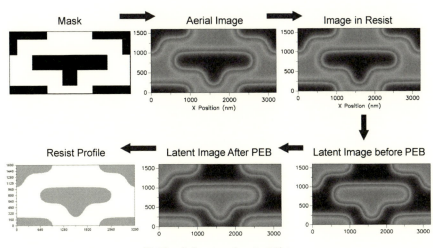

図38 シミュレーションの流れ

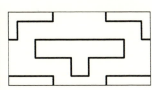

図39 OPCマスクと最終目標となるレジスト形状

209

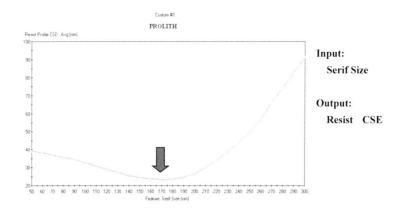

Serif Sizeの最適な寸法は、CSDを最小にする値

図40　レジストプロファイルCSDとセリフサイズの関係

CSEが最小となる点から最適のセリフ寸法が決まる

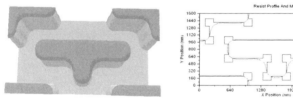

図41　セリフサイズの最適化結果

ターンの最適化を異なる照明形状で検討した。

　照明の形状により最適なOPCパターンが異なることがわかる。照明光学系の形状の最適化も必要となるだろう（図43）。

7.4　プロセス誤差の影響予測とLERの検討

　プロセス評価，歩留まりの予測を行う上で，CD分布を解析することは重要である。しかし，実験でCD分布を解析することは，大変手間がかかる。また，コストの面でも難しい。そこで，シミュレータを用いたYield解析が有効な手段である。プロセスエラーに起因するCD分布を統計的に予測することが可能である（図44）。

　入力値としてフォーカスエラー，露光量エラー，膜厚エラーなど，歩留まりに影響を与えるパ

第1章 レジストシミュレーション

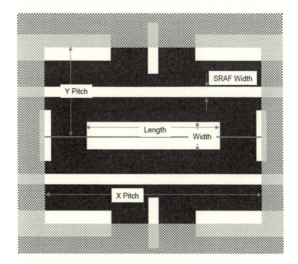

図42 ArF液浸露光を想定したOPCパターンの検討

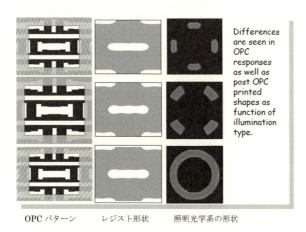

OPCパターン　　レジスト形状　　照明光学系の形状

図43 異なる照明光学系の形状とOPCパターン形状

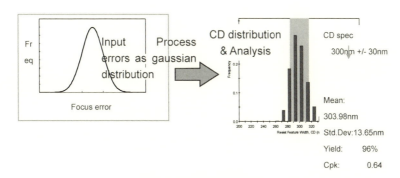

図44 歩留まり解析の例

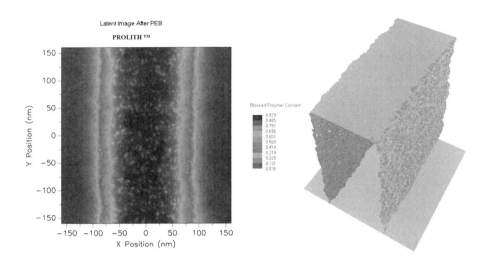

- Example latent image after PEB (left) and resist profile (right) for

図45　LERの予測計算

ラメータを入力する。出力値はパターンの寸法値である。どのエラー成分がどの程度，歩留まりに影響を与えているかを検討することが可能である。

また，LERも歩留まりに影響を与える。どの程度LERがあると，どの程度，パターン寸法に影響を与え，しいては歩留まりに影響を与えるかなどの予測計算も可能である（図45）。

8　まとめ

リソグラフィーシミュレータを用いることで，多彩なプロセスの最適化の検討を行うことが可能である。現在は，リソグラフィーシミュレータは一般に市販されており，KLA-Tencor社からProlith[11,12]というリソグラフィーシミュレータも発売されている。日本国内では，リソテックジャパン社（http://www.ltj.co.jp/index.html）から購入可能である。

文　　献

1) 鳳紘一郎，半導体リソグラフィ技術，pp.98-100，産業図書（1989）
2) K. L. Konnerth and F. H. Dill, *IEEE Trans. Electron Dev.*, **ED-22**, (7), 452-456 (1975)
3) 南洋一，関口淳，電子情報通信学会論文誌（C-2），**J76-C-II**（12），562-570（1993）
4) F. H. Dill, W. P. Hornberger, P. S. Hauge and J. M. Shaw, *IEEE Trans. Electron Dev.*, **ED-**

22, (7), 445-452 (1975)
5) G. N. Taylor, Solid State Technology 日本語版, **8**, 56 (1984)
6) 関口淳, 南洋一, 扇子義久, 藤田俊一, Semiconductor World, **11**, 45-52 (1990)
7) 小久保忠嘉, 富士ハント技術セミナー'88, p.6 (1988)
8) A. Sekiguchi, Y. Minami and Y. Sensu, The Electrochemical Society of Japan, Proc. of the 42nd Sysmp., On Semiconductors and Integrated Circuits Technology, **42**, 109-114 (1992)
9) F. H. Dill, W. P. Hornberger, P. S. Hauge and J. M. Shaw, *IEEE Trans. Electron Devices*, **ED-22**, 440-444 (1975)
10) F. H. Dill, W. P. Hornberger, P. S. Hauge and J. M. Shaw, *IEEE Trans. Electron Devices*, **ED-22**, 445 (1975)
11) C. A. Mack, *J. Electrochem. Soc.*, **134**, 148 (1987)
12) C. A. Mack, *J. Electrochem. Soc.*, **139**, L35 (1992)

第2章 EUVレジストの評価技術

小島恭子*

1 EUVリソグラフィとEUVレジスト材料

1.1 EUVリソグラフィの背景

　電子機器の超高集積回路（LSI）の微細加工（リソグラフィ）プロセスでは，フォトレジスト材料と呼ばれる，光硬化性樹脂が使用される。フォトレジスト材料は，露光部分の現像液に対する溶解性が増大するポジ型と，その逆に，露光部分の溶解性が減少するネガ型の二種類に分類される。典型的なフォトレジスト材料は，アルカリ可溶性高分子をベースポリマーとしており，用途により，光酸発生剤，溶解阻害剤，架橋剤，塩基性のクエンチャーなどが添加される。現像液には，テトラメチルアンモニウムヒドロキシド（TMAH）水溶液が用いられる。

　LSIの微細加工の背景について述べる。電子機器の発展は，LSIの高性能化と低価格化により実現されてきた。LSIの高性能化と低価格化の両立は，主に，フォトリソグラフィにおける露光波長の短波長化により支えられてきた。フォトリソグラフィに用いる露光装置の解像性能を論じるには，一般に，レイリー（Rayleigh）の(1)式が用いられる。

$$R = k1^* \lambda / NA \tag{1}$$

　　（ここで，Rは解像線幅，k1は露光装置・レジスト・超解像技術などで決定される
　　比例定数，λは光源の波長，NAは開口数）

　図1は，ULSIの微細化トレンドと露光波長の短波長化の経緯を示すものである[1]。初期は高圧水銀灯の輝線であるg線（波長436 nm）が使われ，i線（365 nm）に移行した。1990年代になると，光源はレーザとなり，KrFエキシマレーザ（248 nm），ArFエキシマレーザ（193 nm）と世代交代して現在に至っている。さらに液浸技術による高NA化を組み合わせて，露光波長を大きく下回る，100 nm以下の加工が実現されている。次世代の超微細加工量産プラットフォームとして，波長13.5 nmの軟X線を露光光源に用いて真空中での縮小投影露光を行う，EUV（Extreme Ultraviolet，極端紫外光）リソグラフィ技術の開発が進められている。EUVリソグラフィでは，露光波長がArFの193 nmから13.5 nmへと，一気に14分の1に短波長化され，前世代より大きなk1値を採用することが可能であることから，EUVリソグラフィは10 nm以下の世代まで延命可能な究極の技術として開発が進められてきた。2019年頃に，量産適用が期待されている。表1は，10 nm以下のノードのロジック，3Dフラッシュメモリなどの量産向けの

---

　*　Kyoko Kojima　㈱日立製作所　研究開発グループ　主任研究員

第2章　EUVレジストの評価技術

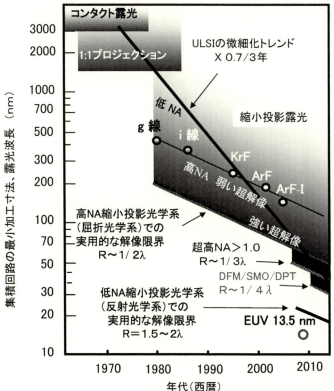

図1　ULSIの微細化と露光波長の短波長化

表1　次世代リソグラフィ技術の比較

次世代リソグラフィ技術	課題
ArF液浸＞4×パターニング	・ランダムロジック対応
EUV	・稼働率，スループット ・マスクの欠陥 ・レジストの感度，解像度とラフネス ・高NAでのフィールドサイズ
ナノインプリント	・欠陥 ・位置合わせ ・20 nm以下のマスタテンプレート描画と検査 ・20 nm以下のテンプレート複製
DSA	・パタン配置 ・欠陥および欠陥検査技術 ・デザイン ・3D検査技術

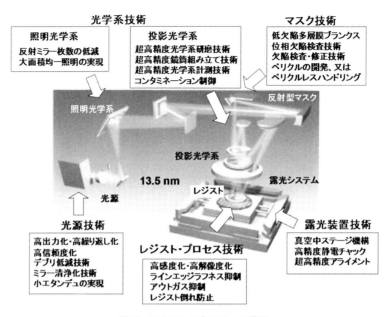

図2 EUV リソグラフィの課題

次世代リソグラフィ技術として開発が進められている4種のプラットフォーム技術（EUV，ArF 液浸＞4×パターニング，ナノインプリント，自己組織化（DSA））の課題を示したものであり，EUV リソグラフィは，コストや量産性で他のプラットフォームに対して優位であるとされている。

図2は，EUV リソグラフィの概念図と，各要素技術の課題を示したものである[1]。EUV リソグラフィは究極の技術と言われるだけに，個々の課題も難易度が高いものであるが，それぞれ，着実に量産実用化に向けて進歩を続けている。以下，本章では，EUV レジストの課題と評価技術について述べる。

1.2 EUV レジスト材料と技術課題

EUV レジストの開発は，KrF や ArF リソグラフィで使用された，化学増幅系レジスト（Chemically Amplified Resists, CARs）の転用をベースに進められてきた。しかし，CARs は，原理的に，露光で生成した酸の熱拡散を利用したものであるため，図3に示すように，感度・解像度・ラフネスが同時に達成困難である問題が顕著になってきた。これは，加工寸法の微細化により，加工寸法と酸の拡散長が近づいたこと，エネルギーが 92 eV と非常に大きい EUV 光の露光では，レジストに入射するフォトン数が少なくなり，光の粒子性が顕著になるため（ショットノイズ問題），である。その他にも，加工寸法が小さくなるにつれて，レジスト膜厚も小さくせざるをえないこと，現像時にレジストパタンが倒れる問題など，従来の技術の延長のみでは解決困難な課題が明らかになってきた。そのため，非化学増幅型レジスト（Non-Chemically

第2章　EUV レジストの評価技術

Amplified Resists, Non-CARs)[2,3]，無機レジスト[4]，光増感化学増幅レジスト（Photosensitized Chemically Amplified Resist, PSCAR)[5]，ナノ粒子含有レジスト[6] などの新しいタイプのレジスト材料の発表があり，良好な性能が示されている。

　EUV レジストの反応機構は，前の世代までのフォトレジストの反応機構と大きく異なる（図4)[7]。ArF 世代までのフォトレジストは，光酸発生剤（Photo acid generator, PAG）の光励起により反応が開始される。一方で，EUV レジストでは，光による酸発生剤の励起ではなく，露光によるマトリクスポリマーのイオン化で反応が開始し，イオン化ポリマーからの脱プロトン，ポリマーのイオン化の際に生成した二次電子と酸発生剤との反応によるカウンターアニオン生成，プロトンとカウンターアニオンとの反応による酸の生成，のように続き，生成した酸が脱保護反応などのマトリクスの化学反応を誘起することで，像形成が行われる。EUV レジストでは，このような反応機構の違いを利用した新材料が提案されている。

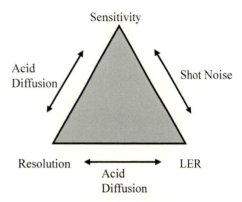

図3　レジストの感度・解像度・ラフネス（LER）のトレードオフ

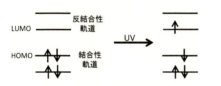 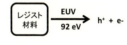

図4　KrF・ArF レジストと EUV レジストの反応機構比較
(a) KrF, ArF レジスト，(b) EUV レジスト

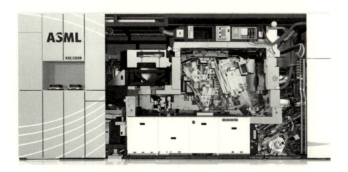

図5　ASML 社製 EUV 露光装置 NXE:3350B の外観
（ASML ジャパン提供）

2 EUVレジストの評価技術

2.1 量産向け EUV 露光装置

　LSI の量産向けの EUV 露光装置を開発しているのは，現在は ASML のみである。EUV リソグラフィでは，露光波長である 13.5 nm の光を透過する光学材料が無いため，反射型の投影光学系を用いる。反射鏡には，モリブデン（Mo）とシリコン（Si）の多層膜が用いられるが，反射率は原理的に 70% 程度に限られる。Mo/Si 多層膜の反射率の極大は 13.5 nm 付近である。EUV 光源としては，CO_2 レーザを励起光源に，スズをターゲットに採用した，レーザ生成プラズマ（LPP, laser-produced plasma）などが使用されている。2006 年に，ASML 社がフルフィールド露光が可能な α 機（Alpha Demo Tool, ADT）をベルギー IMEC と米国 Albany NanoTech に納入した[8]。EUV 露光による半導体デバイス試作が可能になり，2009 年 4 月には，IMEC は ADT を用いた 22 nm 世代の SRAM セル試作に成功した[9]。以後，量産向け EUV 露光装置の開発が進み，2013 年には NXE:3300B，2015 年には NXE:3350B がそれぞれリリースされた[10]。NXE:3350B は，16 nm の解像性と 2.8 nm 以下の重ね合わせ精度を有し，125 W 光源により 1 時間当たり 85 枚のウエハ露光が可能となり，量産性が向上した。2017 年には，重ね合わせ精度とフォーカス機能をアップグレードし，量産レベルで 13 nm の解像性を有する NXE:3400B のリリースが予定されている。さらに二世代先の機種では，スループット 185 WPH，高 NA 光学系の採用が計画されている[11]。図 5 は，NXE:3350B の外観である。

2.2 EUV レジストの評価項目

　EUV リソグラフィによる先端半導体デバイスの製造プロセス開発は，2.1 項に記載の量産向け EUV 露光装置を用いて行われるが，レジスト材料のスクリーニングなどの，基礎的な EUV レジスト材料開発には，高価な量産向け露光装置を用いることが困難である。これは，稼働中の量産向け露光装置の台数がまだ少ないこと，アウトガス評価，感度評価など，レジスト材料を量産向け露光装置に持ち込む以前に行うべき評価項目があること，などの理由による。以下，表 2

表 2　EUV レジストの評価項目と評価ツール

評価項目	評価ツール
EUV 光透過率	・放射光利用 EUV 光透過率評価系
アウトガス	・GC-MS ・RGA
レジスト感度／解像度	・量産向け露光装置 ・放射光利用 ・電子線描画装置 ・UV 露光装置（ArF, KrF など） ・SEM
新原理レジスト評価	・UV 全面露光装置（TEL）

に，EUV レジスト開発で行われる評価技術を挙げる。

2.3 EUV 光透過率評価

　ArF 液浸世代までのレジスト材料は，露光波長の光透過率が非常に重要であった。これは，レジスト材料が露光光を吸収しすぎると，光がレジスト層の奥まで届かず，良好な像ができないからである。一方で，EUV レジストの場合は，有機のポリマーであれば，波長 13.5 nm の EUV 光の吸収は無視できると考えられてきた。一方で，無機系のレジスト材料[4]や，有機ポリマーベースのレジストの高感度化を指向した無機ナノ粒子添加レジスト[12]のように，無機元素を含むレジストの場合は，EUV 光の透過率評価を用いて材料設計が行われている。

　無機ナノ粒子添加レジスト[12]の報告の中に，EUV 光の透過率評価についての記載がある。図 6 は，EUV 光透過率評価系の構成を示す図である。光源には，兵庫県立大学のニュースバル放射光施設[13]のビームラインを利用した EUV 反射光学系により，SiN 膜上に形成したレジスト膜の透過率を評価可能である。関口らは，この評価系を用いて，無機ナノ粒子の PAG に対する添加量最適化を行い，TeO_2 粒子の添加により，EUV 光の吸収量増加と粒子による増感作用に伴う

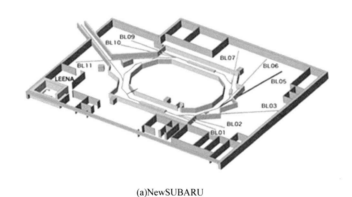

(a)NewSUBARU

(b)Measurement system

図 6　ニュースバル放射光施設の EUV 光透過率評価系

二次電子生成量が増加し，その結果，PAGからの酸生成量増加によるレジスト感度が向上することが示された。

2.4　EUVレジストからのアウトガス評価

EUV光は，空気の構成成分（酸素，窒素など）によっても吸収されるため，真空中で露光が行われる。EUVレジストへの露光によって誘起される脱保護反応で生成する保護基のフラグメントやPAGの分解生成物などの低分子の有機成分は，レジスト膜から揮発し，アウトガスとして真空雰囲気に放出されると，露光装置の反射鏡やマスクに堆積し，露光装置の性能低下の原因となる。このため，レジスト材料開発では揮発性が低い材料の採用を検討している。

EUVアウトガスの評価には，質量分析計を検出器とした，RGA（Residual Gas Analyzer）[14]，GC-MS（Gas Chromatography - Mass Spectrometry）などのガス分析装置が，EUV露光装置と組み合わせて使用される。SEMATECHにおけるアウトガス評価[15]では，二酸化炭素，イソブテン，tert-ブチルベンゼンなどの脱保護成分由来のガスが放出されていることが明らかにされた。その他，レジスト溶剤（PGMEA）やPAGの分解物（SO_2）が特定された。

2.5　EUVレジストの感度・解像度に係わる評価

これまで，EUV露光装置の台数が少なくかつ非常に高価であるという，露光ツールの制約により，EUVレジストとして開発されている材料の評価は，248 nmや193 nmの紫外光露光や，電子線（Electron beam, EB）描画装置を用いて行うことが多かった。しかし，それらのツールは，解像性の評価には必ずしも適しているとは言い難かった。数は多くないものの，研究向けのEUV露光装置があり，それらを用いてEUVレジストの感度や解像度評価が行われている。以下，研究向けのEUV露光装置の例を示す。

安定な光源である，スイスの放射光（Swiss Light Synchrotron Source, SLS）のビームラインXIL-IIを利用した，PSI（Paul Scherrer Institute）のEUV干渉露光装置を用いたEUVレジストの解像度評価が，Buitragoらによって報告されている[16]。コヒーレントな干渉光を用いた露光装置であるため，解像性に優れ，現在では6 nmまでの解像が可能である。エッチング耐性に優れる無機レジストでハーフピッチ11 nmの解像例，分子レジストにより比較的高感度（<25 nm/cm^2）でハーフピッチ16 nmの解像例が示された。

化学増幅系レジストでは，EUV光の露光によって発生した酸が，露光後ベーク工程でレジス

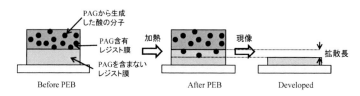

図7　レジスト膜中の酸拡散長測定方法

第 2 章　EUV レジストの評価技術

ト膜内に拡散し，脱保護反応などの化学反応の触媒として作用するが，酸の拡散長とレジストの解像性との相関についての，Kim らによる報告があり[17]，酸の拡散長が小さいほど解像性には有利であり，22 nm ライン＆スペースでは，拡散長が 10 nm を超えると解像性が悪化することが示された。また，許容される酸拡散長は，加工ピッチにより異なることも判明した。レジスト膜中の酸の拡散長の評価方法について，Kang らによる報告[18]に記載があり，図 7 に酸拡散長の測定方法を示す。PAG を含むポジ型レジスト膜と，PAG を含まないポジ型レジスト膜を積層し，露光により前者に酸を発生させてから加熱を行うと，PAG を含まないレジスト膜内に酸が拡散し，脱保護反応などの化学反応がおこる。この後に現像処理を行うと，PAG 含有レジスト膜と，PAG を含まないレジスト膜の，酸が拡散した部分が現像される。従って，残存膜厚を測定すると，酸拡散長が判る。

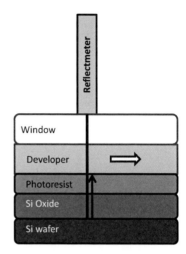

図 8　レジスト溶解速度モニタの模式図

　10 nm 以下の微細加工を視野に入れている EUV リソグラフィでは，現像メカニズムの重要性が認識されている。IMEC は，図 8 に示すレジスト膜の溶解速度モニタを用いて測定した EUV レジストの溶解速度の露光量依存性について報告した[19]。SiO_x 層を形成したシリコンウエハ上に，EUV レジストを塗布，可視光を照射すると，シリコンウエハの表面で光が反射し，レジストの厚さに対応した干渉スペクトルが得られ，これより，溶解速度を求めることが可能である。

2.6　新プロセスを採用した EUV レジストの評価

　EUV レジストの開発は，ArF およびそれ以前の世代の化学増幅系レジストの転用を中心に行われてきたが，感度・解像度・ラフネスが同時に成立しない問題などが深刻化し，非化学増幅系レジストや，無機系レジストなど，新材料の提案[4,12]，新プロセス採用の提案[20]などが行われ，レジスト材料の限界を超える試みが行われている。

　PSCAR^TM は，EUV と UV の光反応機構の違いを利用し，EUV 露光の高い解像性を維持しながら UV 励起反応を利用した高感度化を実現したものであり，大阪大学の田川らが最初に報告した[20]。PSCAR は，一般的な化学増幅系レジストプロセスを改良し，EUV 露光と露光後ベーク（PEB）の間に，UV（365 nm）全面露光プロセスを行うことが特徴である（図 9）。工程数が増えるが，全面露光なので，位置合わせが不要でパラメータは露光量のみである。永原らは，UV 全面露光プロセスの最適化による PSCAR の高感度化の検討を行い，10.4 mJ/cm^2 という高感度でハーフピッチ 16 nm が解像したことを示した[5]。

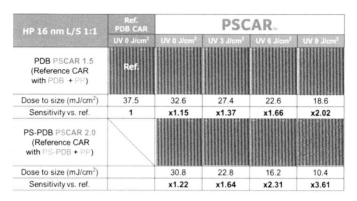

図 9　PSCAR の特性

文　　献

1) 関口，岡崎ら，リソグラフィ技術　その 40 年，S&T 出版（2016）
2) S. A. Woo et al., *Polymer*, **98**, 336（2016）
3) S. Ghosh, *Scientific Reports*, **6:22664**, 1（2016）
4) A. Greville et al., *Proc. SPIE*, **9425**, 94250S（2015）
5) S. Nagahara et al., *Proc. SPIE*, **10146**, 10460G（2017）
6) M. Yu et al., *J. Photopolymer Sci. Tech.*, **29**, 3, 509（2016）
7) T. Kozawa et al., *J. Vac. Sci. Technol.*, **B22**, 3489（2004）
8) N. Harned et al., *Proc. SPIE*, **6517**, 651706（2007）
9) http://www.leuveninc.com/event/36/841/IMEC_presents_functional_22nm_SRAM_cells_fabricated_using_EUV_technology/
10) Igor Fomenkov, presentation at EUVL Workshop 2016, https://www.euvlitho.com/2016/P2.pdf
11) J. Miyazaki, EUV Lithography Industrialization Progress, SEMICON JAPAN 2016 における講演
12) A. Sekiguchi et al., *Proc. SPIE*, **10143**, 1014322（2017）
13) ニュースバル放射光施設 HP，http://www.lasti.u-hyogo.ac.jp/NS/
14) http://www.vacuum-uk.org/pdfs/ve10/Shannon.pdf
15) I. Pollentier et al., EUVL symposium（2009），http://www.sematech.org/meetings/archives/litho/8653/pres/O_R2-04_Pollentier_IMEC.pdf
16) E. Buitrago et al., EUVL Symposium, S33.3（2016）
17) E.-J. Kim et al., EUVL Symposium, RE-P05（2015），http://www.sematech.org/meetings/archives/litho/8059/poster/RE-P05-Kim.pdf
18) S. Kang et al., *Proc. SPIE*, **7273**, 72733U（2009）
19) Y. Vesters et al., EUVL Symposium, S33-4（2016）
20) S. Tagawa et al., *Proc. SPIE*, **9048**, 90481S（2014）

第3章 フォトポリマーの特性評価

堀邊英夫*

1 はじめに

　半導体集積回路の高密度化は著しい速度で進展している。半導体素子の中でも，メモリー特に DRAM（Dynamic Random Access Memory）において，最も微細な加工技術が用いられる。1997年現在では，256 M DRAM が量産されており，このデバイスで使用される最小パターンの 0.24 μm は，KrF（248 nm）エキシマレーザにより作製されている。さらに，次世代のデバイスの製造には，ArF（193 nm），F_2（157 nm）エキシマレーザおよび電子線（EB）リソグラフィーが候補に挙げられている[1]。EB リソグラフィーは，光リソグラフィーで実現できない 16 G DRAM（0.10 μm 以下）のような先行 LSI の開発や，マスクを用いないで作製するカスタム IC の開発に使用される。しかしながら，EB リソグラフィーは，光，X 線リソグラフィーに比較して一括露光が不可能なため，スループットが低く，DRAM の量産に適用するにはレジストの高感度化が必要不可欠である。DRAM を作製する上で，微細パターンはホール工程に多く，この場合のパターン作製には，露光領域が少なくて済むポジ型レジストが有利である。従って，高感度・高解像度ポジ型 EB レジストの開発は重要な研究課題となる。

　レジストの高感度化に対しては，1982年に Ito ら[2,3]が提案した化学増幅機構を適用した。化学増幅型レジストは，光照射により触媒（プロトン）を生成し，その触媒により多数の反応を引き起こす。従って，露光により少数の触媒分子を発生するだけでパターンニングが可能なため，高感度レジストになりうる[4,5]。これまで，化学増幅型レジストに関して，多くの研究開発が進められてきた[6〜10]。

　本研究は，将来のリソグラフィーと期待される EB に着目し，レジストの化学構造と解像度および感度との関係を明らかにし，最終的に高感度・高解像度ポジ型 EB レジストを開発することを目的に行ったものである。開発したレジストは，ベース樹脂，溶解抑制剤，酸発生剤の3成分より構成され，ベース樹脂に製膜性と耐ドライエッチング性を，溶解抑制剤に溶解性の制御を，酸発生剤に感光性を付与することにより，機能の分担を行い材料設計を容易にした。さらに，それぞれのレジスト成分の開発指針を提示し，最後に開発したレジストの実デバイスへの適用結果を記す。

＊　Hideo Horibe　大阪市立大学　大学院工学研究科　化学生物系専攻長，
　　高分子科学研究室　教授

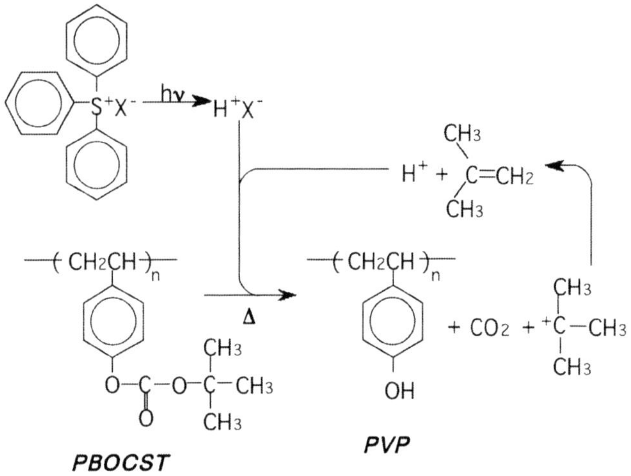

図1　化学増幅型レジストの反応メカニズム

2　ベース樹脂の設計 —部分修飾によるレジスト特性の制御と最適化—

2.1　ベース樹脂の設計指針

　化学増幅機構を用いたレジストは，Itoらにより提案された[2,3]。このレジストは図1に示すように，ベース樹脂（ポリ（p-tert-ブトキシカルボニルオキシスチレン）（PBOCST））と酸発生剤からなり，光照射で発生したプロトンが，ベース樹脂中のtBOC基を分解し酸であるポリ（p-ビニルフェノール）（PVP），CO_2およびイソブテンを生成する。このため，アルカリ現像液を用いると，酸・塩基中和反応により露光部が溶解しポジ型パターンが形成される。しかしながら，本レジストの問題点として，レジストとシリコンウエハーとの密着性が悪いこと，また，現像後，露光部が完全に溶解せず薄膜が残ることが指摘されてきた。これは，PBOCSTのtBOC基が完全に分解しなかったことを示唆している。

　ここでは，上記2つの問題点を解決することを目的に行った。ベース樹脂として，PVPのOH基の一部分をtBOC基で置換した新規高分子（tBOC-PVP）を開発し，ベース樹脂へのOH基の導入によりウエハーとの密着性および露光時の溶解性の向上を図った。また，tBOC-PVPのtBOC化率とレジスト特性（感度，解像度）との関係について明らかにし，最終的にベース樹脂の化学構造を示した[11]。

2.2　tBOC-PVPのtBOC化率とレジストの溶解速度および感度との相関

　ベース樹脂（tBOC-PVP）のtBOC化率とレジストの溶解速度との関係を図2に示す。tBOC化率の減少とともに，レジストの溶解速度は増加する傾向にあった。これは，tBOC化率が小さいほど，ベース樹脂中のビニルフェノールの組成比が高くなり，アルカリ現像液に対する溶解度が大きくなるためである[12]。

第3章 フォトポリマーの特性評価

実際のレジストパターン形成は初期膜厚約 500 nm のレジストを 50 秒間程度の現像時間で行う。レジストの未露光部の溶解速度が 1 nm/s 以下であれば,現像中の膜べり量が 50 nm 以下(初期膜厚の 10 % 以下)になり,未露光部の溶解速度として使用可能である。レジストの溶解速度が 1 nm/s 以下になる tBOC 化率は,図 2 より 20 % 以上である。tBOC 化率の高いベース樹脂を用いた場合には,tBOC 基の分解反応が進行しにくいため,よって tBOC 化率が 20〜25 % のベース樹脂(tBOC-PVP)を評価した。

ベース樹脂の tBOC 化率とレジスト感度との関係を図 3 に示す。ここで,E_{th} 感度とは大面積の露光部が現像される露光量,E_0 感度とは目的の寸法(ここでは 0.2 μm Line and Space (L&S))を設計通り解像する露光量を表す。

tBOC 化率の減少とともに E_{th},E_0 とも小さくなり,レジストは高感度になることがわかった。E_{th} 感度は,tBOC 化率 23.8 %,20.9 % の時それぞれ 16.0 μC/cm^2,8.5 μC/cm^2 となり,ベース樹脂の tBOC 化率がわずか 3 % 減少するだけで約 2 倍も向上した。これは,ベース樹脂の tBOC 化率の低下により,分解させるべき tBOC 基数が減少し,必要な照射量が小さくなったためと考えられる。

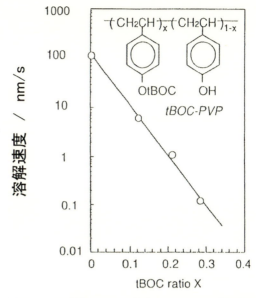

図2 ベース樹脂の tBOC 化率とレジストの溶解速度

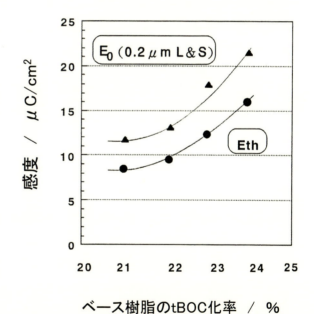

図3 ベース樹脂の tBOC 化率とレジスト感度との関係

2.3 tBOC-PVP の tBOC 化率とレジスト解像度との相関

ベース樹脂(tBOC-PVP)の tBOC 化率が,20.9 %,21.9 %,23.8 % のレジストの断面 SEM 写

 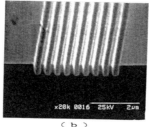 

(a) (b) (c)

写真1　0.20 μm L&S パターンの SEM 写真
EB 加速電圧：50 Kev，レジスト初期膜厚：520 nm
(a) ベース樹脂の tBOC 化率：20.9％，照射量：12.0 μC/cm^2
(b) ベース樹脂の tBOC 化率：21.9％，照射量：13.5 μC/cm^2
(a) ベース樹脂の tBOC 化率：23.8％，照射量：21.5 μC/cm^2

真（設計値は 0.2 μm L&S，各レジストの E_0 を照射）を写真1の (a)，(b)，(c)に示した。ベース樹脂の tBOC 化率が高いレジストの方が，パターン形状が矩形に近く高解像度であることがわかった。tBOC-PVP の tBOC 化率が 20.9％と 21.9％のレジストは，パターンの角が丸く，後のエッチング工程を考慮すると好ましくなく，23.8％のものだけが良いことがわかった。

　ベース樹脂の tBOC 化率が高いレジストほど高解像度になる理由は以下の通りだと考えられる。ベース樹脂の tBOC 化率の増加とともに，露光部の溶解速度は大差ないのに対し（露光によりすべての tBOC 基が分解し PVP になる），一方未露光部の溶解速度は小さくなり（図2），その結果，レジストの溶解速度差が拡大するためである。

3　溶解抑制剤の設計（その1）
　　― 未露光部の溶解抑制によるレジスト高解像度化 ―

3.1　溶解抑制剤の設計指針
　溶解抑制剤の溶解抑止効果により，レジスト未露光部の溶解速度を低下させ，レジストの高解像度化を図った。溶解抑制剤は，レジストを Prebake するときに，一部が分解することがわかった。溶解抑制剤に，炭酸エステル，カルボン酸エステルを用い，これらの融点，分子量を変化させ，そのときの溶解抑制剤の分解量とレジストの溶解速度との関係を検討した。最終的に，最適な溶解抑制剤の化学構造を明らかにした。

3.2　プロセス条件の最適化
　プロセス条件（Prebake，PEB（Post Exposure Baking））の最適化を図った。感度，解像度は，簡便化のため，KrF エキシマレーザ（NA＝0.42）を用い評価した。Prebake は 80℃，100℃，120℃の温度で各々90 s，PEB は 80℃，100℃，120℃の温度で 90 s の各条件で行った。
　PEB を 120℃で行うと，露光部の不溶化が起こった。これは，酸発生剤であるオニウム塩が光

第3章 フォトポリマーの特性評価

表1 Prebake温度，PEB温度に対するレジスト感度，解像度

No.	Prebake (℃)	PEB (℃)	E_{th} (mJ/cm^2)	E_0 (mJ/cm^2)	解像度 (μm)
1	80	80	18	50	0.6
2	80	100	6	12	0.9
3	100	80	28	70	0.55
4	100	100	6	14	0.75
5	120	80	42	82	0.4
6	120	100	6	18	0.6

照射によりフェニルラジカル等を発生し，これらによるベース樹脂の架橋が進行するためと考えられる[13,14]。

PEB温度80℃，100℃の場合の感度および解像度評価の結果を表1に示す。感度は，Prebake温度の上昇とともに低下し，これは膜中の残存溶媒の減少により，酸の拡散距離が低下するためである。一方，PEB温度が上昇すると酸とベース樹脂との化学反応が促進され感度は向上すると考えられる。

解像度は，今回評価した条件では，Prebake 120℃，PEB 80℃の組み合わせが最も良好で，0.40 μm L&Sパターンが得られることがわかった。これは，Prebake温度が低い場合，膜中の残存溶媒が多いため，酸がレジスト中の未露光部にまで拡散し，解像度が悪化するためである。また，PEB温度が高い場合も，酸の拡散距離が大きくなり解像度が悪化したと考えられる[13,14]。

よって，化学増幅型レジストにおいて，高解像度化を目的にする場合は，Prebake温度をできるだけ高く，逆にPEB温度は低くする必要があることがわかった。

3.3 フェノール系溶解抑制剤の融点と未露光部の溶解速度との関係

フェノール系溶解抑制剤として，同一示性式の化合物を使用し，融点のみを変化させ，レジストの溶解速度との関係を検討した。未露光部に相当する成分として，tBOC-PVP/溶解抑制剤の組成を用いた。溶解抑制剤は，カテコール，レゾルシノール，ハイドロキノンをtBOC化した3種の化合物（B-CA，B-RE，B-HQ）を用いた（表2）。Prebakeは，80℃と120℃の90sの各条件で行った。

Prebake 80℃のとき，tBOC-PVP/B-REとtBOC-PVP/B-HQが同じ程度の溶解速度であるのに対し（溶解抑制剤を混合していないtBOC-PVP単独の約1/2の溶解速度），一方，tBOC-PVP/B-CAはtBOC-PVP単独と大差ないことがわかった（表3）。

溶解抑制剤が溶解抑止効果を発現するのは，ベース樹脂（tBOC-PVP）の共重合組成のPVPのOH基と，溶解抑制剤のtBOC基のカルボニル基とが水素結合を起こし，ベース樹脂のうちのPVPの親水性が低下するためと予想される[15]。溶解抑制剤のB-CAは，B-REおよびB-HQに比較し，tBOC基がo配位のため2つのtBOC基が接近しており，PVPのOH基と水素結合を起

表2 評価した溶解抑制剤と溶解促進剤

Dissolution inhibitor	mp. (℃)	Dissolution promoter	pKa1/pKa2
(B-CA)	59	(CA)	9.2/13.0
(B-RE)	52	(RE)	9.3/11.1
(B-HQ)	144	(HQ)	9.3/11.1

表3 モデル化合物の未露光部における溶解速度*とベーク温度との関係

モデル化合物	溶解速度 (nm/s)	
ベーク温度	80℃	120℃
tBOC-PVP	0.17	0.53
tBOC-PVP/B-CA	0.15	0.69
tBOC-PVP/B-RE	0.08	0.66
tBOC-PVP/B-HQ	0.09	0.4

＊2.38 wt%TMAH水溶液中での溶解速度

こしにくかったため，膜の溶解速度を抑制できなかったと考えられる。

次に，Prebake 120℃のときの溶解速度を比較する。tBOC-PVP/B-CAとtBOC-PVP/B-REが同じ程度の溶解速度であるのに対し（溶解抑制剤を混合していないtBOC-PVP単独より高い溶解速度），tBOC-PVP/B-HQはtBOC-PVP単独より低いことがわかった。すなわち，B-HQには溶解抑止効果が存在するのに対し，B-CAおよびB-REには溶解抑止効果が存在せず，Prebake 80℃のときと異なる傾向であった。また，Prebake 120℃のときの溶解速度は，80℃のときのものに比較し，すべてのサンプルにおいて高かった。

Prebake温度を変えたときの溶解抑制剤の分解率（IR測定）を表4に示す。Prebake 120℃の場合，80℃に比較し溶解抑制剤の分解率が高かった。120℃での分解のしやすさは，B-CA＞B-RE＞B-HQの順であり，これは，表3の未露光部の溶解速度に一致した。これより未露光部の溶解速度は，ベーク時のtBOC基の分解量に依存すると考えられる。

B-CAおよびB-REは，B-HQに比較し非常に融点が低い（表2）。このため，低融点の溶解抑制剤をブレンドすることにより，可塑剤を添加した場合と同様の効果で，膜全体のTgが低下しベース樹脂のポリマー鎖がベーク時に動きやすくなったと考えられる。その結果，Prebake時に溶解抑制剤のtBOC基の分解が容易に起こったと判断される。

従って，レジスト未露光部の溶解速度の低下には，溶解抑制剤として，Prebake時の分解を低く抑えられる高融点の化合物を使用すると良い[16]。

第3章 フォトポリマーの特性評価

表4 モデル化合物におけるt-ブチルグループの熱分解性

材料	ベーク	t-ブチルグループ 吸収*	残存率（％）
PVP/B-CA	前	0.4	100
	後（80℃）	0.37	92
	後（120℃）	0	0
PVP/B-RE	前	0.95	100
	後（80℃）	0.82	86
	後（120℃）	0.09	9
PVP/B-HQ	前	1.04	100
	後（80℃）	0.95	91
	後（120℃）	0.22	21

＊ $1140\,cm^{-1}$ のt-ブチルグループのピーク強度を $1510\,cm^{-1}$ のピーク強度で規格化した

3.4 溶解抑制剤の化学構造と未露光部の溶解速度との関係

溶解抑制剤の溶解抑制基の化学構造（炭酸エステル，カルボン酸エステル）とレジスト未露光部の溶解速度との関係を検討した。炭酸エステルにB-HQを，カルボン酸エステルにはイソフタル酸のtert-ブチルエステル化合物（B-IP）を用いた。

レジストの溶解速度はPrebake温度および溶解抑制剤の溶解抑制基の化学構造によって異なることがわかった（表5）。Prebake 80℃の場合，炭酸エステルの-OCOOtBu基でもカルボン酸エステルの-COOtBu基でも溶解抑止効果に差はなかったが，Prebake 120℃の場合，カルボン酸エステルの方が炭酸エステルより溶解抑止効果が大きかった。

Prebake温度により，溶解抑止効果が異なる理由を明らかにするため，熱分解性をIR測定により評価した（表5）。Prebake 80℃の場合，両溶解抑制剤とも加熱による分解は少なかったが，Prebake 120℃の場合，両溶解抑制剤とも熱分解して酸に変化し（図4），しかもその変化量は炭酸エステルの方がカルボン酸エステルより大きかった。炭酸エステルの分解点は180℃に，カルボン酸エステルは240℃にあり（TGA），炭酸エステルはカルボン酸エステルに比較し，分解して酸に変化しやすいため，未露光部の溶解速度が速くなったと考えられる。

以上の結果から，高解像度化学増幅型レジストの開発には，溶解抑制剤として，Prebake（120℃）時の分解量が少なく，熱安定性が優れている（分解温度の高い）カルボン酸エステルを用いることが好ましい[17]。

3.5 カルボン酸系溶解抑制剤の分子量とレジストの溶解速度との関係

Prebake時の分解量が少ないことが明らかになったカルボン酸エステルを溶解抑制剤に用い，カルボン酸エステルの分子量とレジスト未露光部の溶解速度との関係を検討した。評価した溶解抑制剤は，4,4'-オキシジ安息香酸，ベンゾフェノン-4,4'-ジカルボン酸，2,2'-ジチオサリチル酸をtert-ブチルエステル化した化合物（それぞれB-DO，B-DC，B-DS）と比較のためのB-IP

である（表6）。

表5 モデル化合物におけるベーク温度とその時の溶解速度及びt-ブチルグループの熱分解性

材料	ベーク	溶解速度 (nm/s)	t-ブチルグループ残存率（%）
tBOC-PVP	前		100
	後（80℃）	0.17	94
	後（120℃）	0.53	76
tBOC-PVP/B-HQ	前		100
	後（80℃）	0.09	91
	後（120℃）	0.4	21
tBOC-PVP/B-IP	前		100
	後（80℃）	0.08	100
	後（120℃）	0.24	88

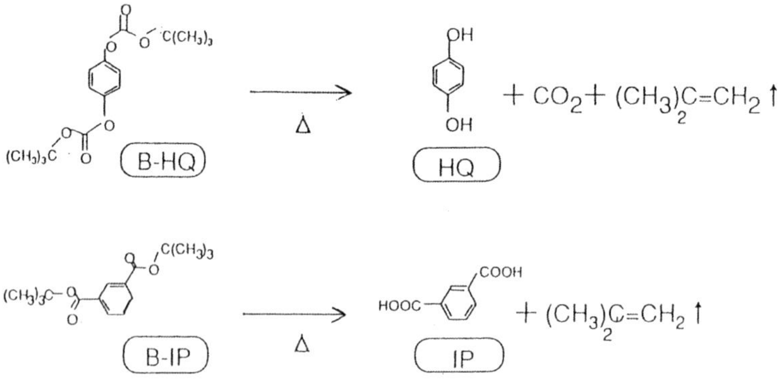

図4 B-HQ，B-IP の熱分解メカニズム

表6 評価したカルボン酸系の溶解抑制剤

Dissolution inhibitor		M_w	mp (℃)	Decomposition temp. (℃)
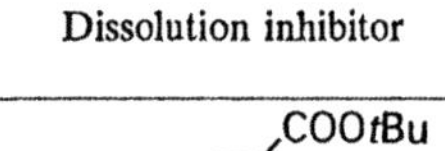 tBuOOC-〔COOtBu〕	(B-IP)	278	94	240
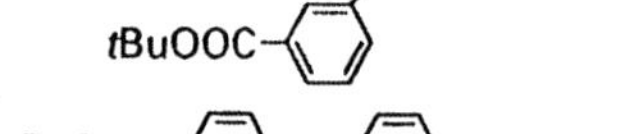 tBuOOC-〔-O-〕-COOtBu	(B-DO)	370	70	240
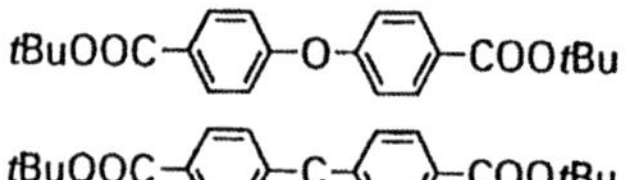 tBuOOC-〔-CO-〕-COOtBu	(B-DC)	382	122	225
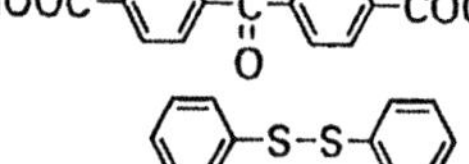 tBuOOC-〔-S-S-〕-tBuOOC	(B-DS)	418	133	215

図5に示すように,未露光部の溶解速度は,溶解抑制剤の分子量が大きくなるにつれ小さくなることが明らかになった。また,Prebake時の溶解抑制剤の酸への分解量をIRで調べた結果,分子量が大きい溶解抑制剤ほど,カルボン酸への分解量は小さいことがわかった。溶解抑制剤の酸への分解は,ベース樹脂の共重合組成であるPVPにより加速されると考えられる。従って,分子量の大きい溶解抑制剤ほど,Prebake時に,ベース樹脂中での拡散が抑制され,PVPとの接触が抑えられ,分解量が減少すると考えられる。

以上まとめると,未露光部の溶解速度の低下に基づくレジストの高解像度化には,溶解抑制剤がPrebake時に分解しにくいこと,すなわち,高融点,高分解点,高分子量を有するカルボン酸エステルを用いると良いことを明らかにした[18]。

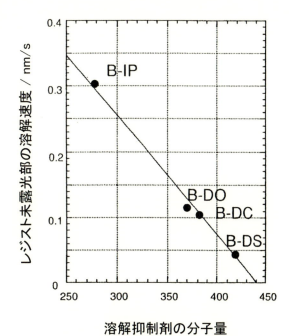

図5 溶解抑制剤の分子量とレジスト未露光部の溶解速度との関係

4 溶解抑制剤の設計(その2)
― 露光部の溶解促進によるレジスト高解像度化 ―

4.1 溶解促進剤の設計指針

高解像度レジストを実現するには,未露光部と露光部との溶解速度差を大きくすることが重要である[19]。このため,開発したレジストは,第3成分として,溶解制御をつかさどる溶解抑制剤を添加した。溶解抑制剤(カルボン酸エステル,炭酸エステル等)は露光で発生したプロトンにより,カルボン酸,フェノール等に変化し,アルカリ水溶液に可溶になった。しかも,カルボン酸,フェノール等は低分子量のため溶解性が高く,ベース樹脂の溶解速度を加速する溶解促進剤になると期待される。

ここでは,露光部の溶解促進によるレジストの高解像度化について記述する。3成分レジスト(ベース樹脂,溶解抑制剤,酸発生剤)の露光部においては,溶解抑制剤は溶解促進剤である酸に変化する。よって,露光部のモデルとして,PVP/溶解促進剤の2成分からなる膜を新たに作製し,この膜のアルカリ水溶液に対する溶解速度を,溶解促進剤の酸性度(pKa)と相関させて評価した。最終的に,溶解促進剤の化学構造を提示する。

4.2 溶解促進剤のpKaと膜の溶解速度との関係

溶解抑制剤が露光で発生したプロトンと反応して生成する溶解促進剤に関し，pKaの異なる安息香酸誘導体を5種類用い，溶解促進剤のpKaと膜（PVP/溶解促進剤）の溶解速度との関係を検討した。結果を図6に示す。添加した安息香酸誘導体のpKaが小さいほど（酸性度が高いほど），膜の溶解速度が大きくなることを見出した。

安息香酸誘導体のベース樹脂（PVP）に対する溶解促進現象は，以下のように説明できる。アルカリ水溶液中の塩基成分は，ベース樹脂のフェノールよりもカルボン酸の酸性度が高いため，カルボン酸へ優先的に働きかける。この結果，カルボン酸分子が最初に選択的に膜外へ放出され，膜に所々穴があいたような状態に

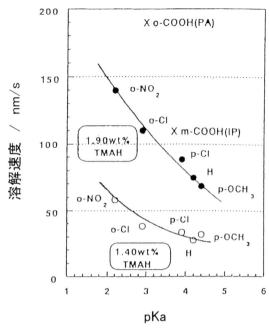

図6 安息香酸誘導体のpKaとフィルムの溶解速度との関係

なり，残ったベース樹脂と塩基成分との接触面積が増加し，ベース樹脂自身の溶解が促進されると考えられる[20]。

イソフタル酸（pKa1=3.5，pKa2=4.5），フタル酸（PA，pKa1=2.8，pKa2=4.9）のような2官能化合物を1官能化合物と同じモル数だけPVPに加えた場合，2官能化合物を添加した膜の溶解速度は1官能化合物のそれよりも大きくなった。

以上のことから，レジスト露光部の溶解速度の向上には，露光後に酸性度の高い2官能のカルボン酸を生成するエステルを溶解抑制剤に用いると良いことがわかった。

4.3 溶解抑制剤の化学構造とレジスト特性との関係

次に，炭酸エステルおよびカルボン酸エステルを溶解抑制剤に用い実際のレジストに近い形で，露光部の溶解速度を比較評価した。具体的な溶解抑制剤には，B-HQおよびB-IPを用いた。露光後に生成するハイドロキノンのpKaは9.3，11.1，一方，イソフタル酸のpKaは3.5，4.5と，カルボン酸の方が酸性度は高い[21]。

レジスト露光部の溶解速度は，溶解抑制剤を用いた3成分レジストの方が溶解抑制剤を用いないもの（ベース樹脂／酸発生剤）より速かった（表7）。溶解抑制剤として，カルボン酸エステルを用いたレジストは，炭酸エステルを用いたものに比較すると露光部の溶解速度は約2倍速い

第3章 フォトポリマーの特性評価

ことがわかった。これは，溶解抑制剤が分解したときに生成するカルボン酸が，フェノールよりpKaが小さいためである。

　溶解抑制剤の添加により，レジスト露光部の溶解速度は大きくなり，溶解抑制剤は露光部においても有効な働きをすることがわかる。また，溶解抑制剤には露光後に酸性度の高くなる化合物のエステルを用いることにより，レジスト露光部の溶解速度が大きくなることを見出した。

　レジスト露光後の溶解抑制基の分解率をIRで測定し，露光部の溶解速度との関係を明らかにした（表7）。溶解抑制剤を含有する3成分レジストの露光後のtBOC基の残存率は両レジスト（B-HQ，B-IP）とも0%に対し，溶解抑制剤を用いない場合15%のtBOC基が残存していることがわかった。これは溶解抑制剤がベース樹脂に対して可塑剤として働き，tBOC基の分解性を高めたためと判断される。よって，溶解抑制剤の添加は，未露光部の溶解速度の低下のみならず，

表7　溶解抑制剤の種類とその時のレジスト露光部の溶解速度，及びtBuグループの残存率との関係

溶解抑制剤	溶解速度 (nm/s)	tBuグループの残存率 (%)
なし	30	15
B-HQ	66	0
B-IP	157	0

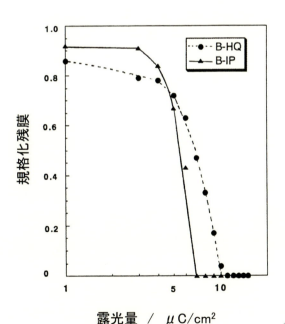

図7　B-IP，B-HQを溶解抑制剤に含むレジストの感度曲線

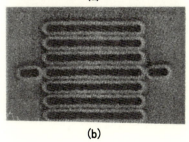

写真2　0.20 μmのL&Sパターンの上からのSEM写真
(a) B-IPを含むレジスト（露光量：17.5 μm/cm²）
(b) B-HQを含むレジスト（露光17.5 μm/cm²）
EB加速電圧：50 Kev，レジスト初期膜厚：520 nm

露光部の分解性（溶解速度）の向上にも働くことが明らかになった。

次に，B-HQ および B-IP を溶解抑制剤に用いたレジストの感度曲線を示す（図7）。B-HQ を使用したレジストの感度は 12.0 $\mu C/cm^2$，膜べりは 14%，一方，B-IP を使用したレジストの感度は 7.0 $\mu C/cm^2$，膜べりは 9% で，B-IP の方が感度，膜べりとも優れていた。写真2に，両レジストのパターンの上方からの SEM 写真を示した。B-IP を使用したレジストの方が，高解像度であることがわかる。これは，B-IP を使用した方が露光部の溶解速度が大きいため，レジストのコントラスト（未露光部と露光部の溶解速度比）が増大するためである[22]。

5 酸発生剤の設計 ―レジスト高感度化―

5.1 酸発生剤の設計指針

EB リソグラフィーは，光リソグラフィーに比較し，一括露光が不可能なためスループットが低く，レジストの高感度化が必要不可欠である。化学増幅型レジストの登場により，従来の代表的な EB レジスト（PMMA系レジスト）に比較し，約10倍の高感度化が図れた[23]が，EB レジストとして実用化するにはさらに感度の向上が望まれる。

ここでは，化学増幅型レジストの感度に最も影響を与える酸発生剤（オニウム塩）の設計指針を示した。これまで，酸発生剤にオニウム塩を用いた化学増幅型レジストは数多く報告されている[4,24〜27]が，オニウム塩のカチオン部および対アニオン部の種類を系統的に変化させ，レジスト感度に与える影響を検討した報告は少ない[28]。

今回，評価した酸発生剤は，図8に示すようなトリフェニルスルフォニウムトリフレート（S-Tf），ジフェニルヨードニウムトリフレート（I-Tf），トリフェニルスルフォニウムアンチモ

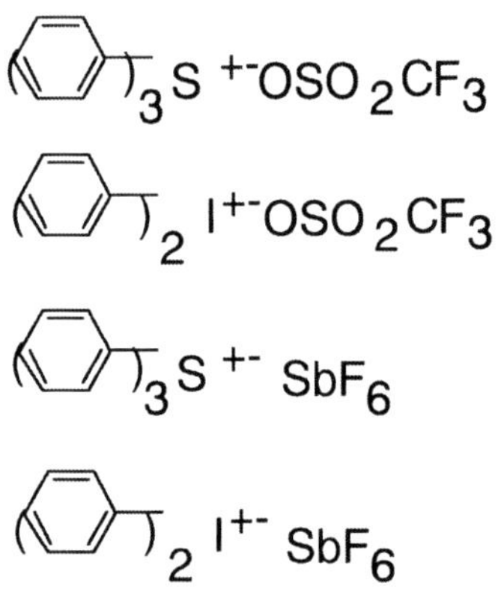

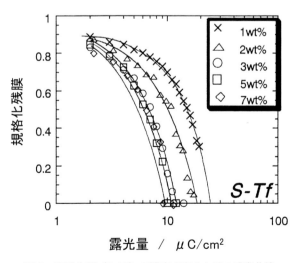

図8　評価に用いたオニウム塩系酸発生剤

図9　酸発生剤（S-Tf）の濃度を変えた時の感度曲線

第3章　フォトポリマーの特性評価

ネート (S-Sb), ジフェニルヨードニウムアンチネモネート (I-Sb) である。

5.2 レジスト感度の酸発生剤濃度依存性

レジスト感度に与える酸発生剤の濃度依存性を調べた。酸発生剤に S-Tf を用い，S-Tf の濃度を変えたときのレジストの感度曲線を図9に示した。酸発生剤の濃度が高くなるにつれ，レジスト感度は向上することがわかった。これは酸発生剤濃度が高いほど，同量の EB 照射により発生する単位体積当たりの酸量が多くなり，同じ酸濃度にするには，酸発生剤添加量が多いほど照射エネルギーが少なくて済むからである。

酸発生剤濃度が10wt%の場合，レジストのネガ化現象を観察した。これは，酸発生量が高い場合，酸が tBOC 基の分解に携わるだけでなく，一部，tBOC-PVP の水素引き抜きやフェニルラジカルを発生させ，これらによる架橋反応が起こるためと考えられる[29,30]。

以上のことから，1wt%，2wt%の酸発生剤ではレジスト感度が低く，10wt%ではレジストのネガ化が生じるため，酸発生剤濃度には最適量が存在し，S-Tf の場合，3～7wt% であることがわかった。

5.3 酸発生剤の種類とレジスト感度との相関

酸発生剤（オニウム塩）のカチオン部および対アニオン部の種類を系統的に変化させ，レジスト感度に与える酸発生剤の影響を検討した。各々の酸発生剤を3wt%添加したときのレジストの感度曲線を図10に示す。レジスト感度は，S-Tf（$12.5\,\mu C/cm^2$）＜S-Sb（$10.0\,\mu C/cm^2$）＜I-Tf（$7.0\,\mu C/cm^2$）＜I-Sb（$5.0\,\mu C/cm^2$）の順で向上した。これより，酸発生剤のカチオン部にはヨードニウムイオンを，アニオン部にはアンチモネートイオンを用いると，レジスト感度は高くなることがわかった。

酸発生剤に S-Sb を用いたレジストは，S-Tf を用いたものより高感度であり，また，I-Sb を用いたレジストは I-Tf のものより高感度であった。この場合，EB 照射により発生する酸は，H-Sb と H-Tf で異なる。H-Sb（$H^+\cdot SbF_6^-$）の酸性度は H-Tf（$H^+\cdot OSO_2CF_3^-$）の酸性度より高く[31]，このため溶解抑制基との反応効率が向上し，レジストは高感度になったと考えられる。

また，S-Tf と I-Tf では，EB 照射により発生する酸は同じ H-Tf である

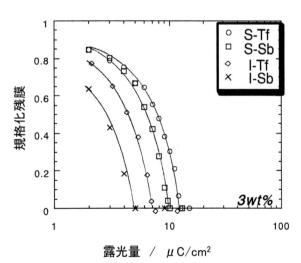

図10　酸発生剤の種類を変えた時の感度曲線

ので，PEB 工程での溶解抑制基に対する分解効率は等しいと考えられる。同様に，S-Sb と I-Sb では EB 照射により発生する酸は同じ H-Sb である。従って，ヨードニウムイオンを用いたレジストの方が高感度になるのは，ヨードニウムイオンはスルフォニウムイオンより EB に対する反応効率が高いためである。反応効率が高くなる理由は，I 原子が S 原子より電子密度（原子量）が大きく，EB に対するエネルギー吸収量が大きいことが原因であると考えられる[32]。

以上の結果より，レジスト感度の向上には，酸発生剤のカチオン部に，EB のエネルギー吸収量が大きくなる原子量の大きい原子を，また，アニオン部には，酸性度の高い酸を発生する化合物を用いると良いことがわかった[33]。アンチモネートイオンを用いた酸発生剤のレジストは高感度になるが，アンチモネートイオン自身がデバイスを汚染する懸念があるため，今回採用しなかった。よって，評価した酸発生剤の中では，I-Tf が最も高感度であることがわかった。

6 高感度・高解像度レジストの開発

これまで，レジストの構成要素であるベース樹脂，溶解抑制剤，酸発生剤のそれぞれについて，材料開発指針を提示した。ここでは，上記の材料開発指針に基づいて開発した化学増幅ポジ型 EB レジストの感度，解像度および実際のデバイスへの適用結果を記す。

開発したレジスト成分の化学構造を図 11 に示す。ベース樹脂には，新規高分子 tBOC-PVP（PVP の OH 基の 24% を tBOC 基で置換した高分子）を 8.0 g 用いた。溶解抑制剤には B-IP を

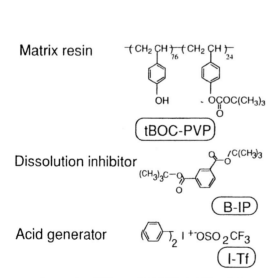

図 11　今回開発した化学増幅ポジ型 3 成分 EB レジスト

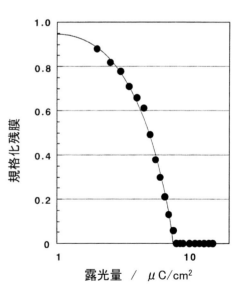

図 12　開発したレジストの感度曲線
8.0 g の tBOC-PVP，2.0 g の B-IP，0.3 g の I-Tf を 60.0 g のシクロヘキサン溶媒に溶解させたもの。
EB 加速電圧：50 Kev，レジスト初期膜厚：520 nm

第3章　フォトポリマーの特性評価

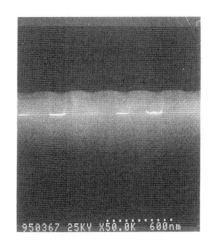

写真3　0.10μmのホールパターンのSEM写真
8.0gのtBOC-PVP，2.0gのB-IP，0.3gのI-Tfを60.0gのシクロヘキサン溶媒に溶解させたレジスト。
EB加速電圧：50 Kev，露光量：11.0μm/cm²，レジスト初期膜厚：320 nm

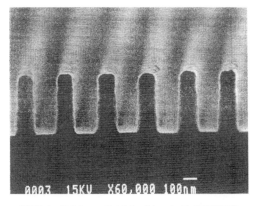

写真4　0.14μmのL&SパターンのSEM写真
8.0gのtBOC-PVP，2.0gのB-IP，0.3gのI-Tfを60.0gのシクロヘキサン溶媒に溶解させたレジスト。
EB加速電圧：50 Kev，露光量：17.5μm/cm²，レジスト初期膜厚：520 nm

2.0g使用した。酸発生剤には，I-Tfを選択し0.3g使用した。溶剤にはシクロヘキサノンを60.0g用いた。

一般に，化学増幅型レジストは，空気中に含まれる塩基と露光部の表面上の酸とが反応を起こしレジスト表面層が現像されなくなる現象（表面難溶化層）がある[34〜39]。これを防止するため，レジスト薄膜上に酸性物質であるエスペイサー100（昭和電工社製）を塗布し，減少した酸を補うとともに，塩基からのレジストの表面保護を図った[40〜41]。

開発したレジスト（tBOC-PVP，B-IP，I-Tf）の感度曲線を図12に示す。感度は7.0μC/cm²，膜べりは9%と非常に良いレジスト特性を示した。次に，ホールパターン（写真3），L&Sパターン（写真4）の断面SEM写真を示した。最小寸法で，ホールパターンは0.10μm（11.0μC/cm²照射，膜厚320 nm）が，また，L&Sパターンは0.14μm（17.5μC/cm²照射，膜厚520 nm）が得られた。最終的に，開発したレジストを1G DRAMの試作に適用した[42]。

7　おわりに

本研究は，化学増幅機構を適用し，高感度・高解像度電子線レジストの開発を目的として行ったものである。レジストは，ベース樹脂，溶解抑制剤および酸発生剤の3成分より構成し，それぞれに機能の分担を負わせることにより，材料設計を容易にした。レジストの化学構造と解像度および感度との関係を明らかにするとともに，それぞれのレジスト成分の開発指針を提示し，最終的に高感度・高解像度ポジ型EBレジストを開発した。今回得られた主な成果を要約すると，

以下の通りである。

① ベース樹脂として，新規高分子であるtBOC-PVP（PVP樹脂のOH基の一部をtBOC基で置換した高分子）を開発し，これによりレジストとシリコン基板との密着性を向上し，かつレジストの溶解性の制御を図った。tBOC-PVPのtBOC化率が高くなるほどレジスト感度が悪化するのに対して，解像度が向上することを見出し，感度，解像度を満足する最適値（24%）を決定した。

② 3成分レジスト（ベース樹脂，溶解抑制剤，酸発生剤）の溶解抑制剤は，未露光部の溶解速度の低下のみならず，露光部の溶解速度の向上にも働き，その結果，レジスト未露光部と露光部との溶解速度差が拡大し，高解像度レジストになることを明らかにした。

③ Prebake時（120℃）に，溶解抑制剤の熱分解を防止するため，また，未露光部の溶解速度を小さくするため，高融点，高分解点，高分子量の溶解抑制剤として，ジカルボン酸エステルを選択し，その結果，レジストの高解像度化を達成した。

④ 検討したカルボン酸エステル，炭酸エステルの溶解抑制剤は，露光で発生したプロトンにより，ベース樹脂の溶解度を加速する溶解促進剤に変化することを見出した。また，溶解抑制剤から変化した溶解促進剤のpKa値が小さくなるほど（酸性度が高いほど），露光部の溶解速度は大きくなることを明らかにした。

⑤ 酸発生剤として，オニウム塩のカチオン部および対アニオン部の種類を系統的に変化させレジスト感度を評価した結果，カチオン部にはヨードニウムイオンを，アニオン部にはアンチモネートイオンを用いると，レジスト感度は高くなることを見出した。酸発生剤のカチオン部にはEBのエネルギー吸収量が大きくなる原子量の大きい原子を，またアニオン部には酸性度の高い酸を発生する化合物を用いると，レジスト感度が向上することを明らかにした。

⑥ 開発した化学増幅ポジ型3成分系EBレジスト（ベース樹脂：tBOC-PVP，溶解抑制剤：イソフタール酸t-ブチルエステル，酸発生剤：ジフェニルヨードニウムトリフレート）を用いることにより，最小寸法として，0.10 μm のホールパターン（11.0 μC/cm^2 照射）および0.14 μm のL&Sパターン（17.5 μC/cm^2 照射）が得られることがわかり，これを実際の半導体デバイスの試作に適用した。

謝辞

本研究の大部分は，筆者が三菱電機㈱で行ったものであり，当時お世話になった方々にあらためて感謝致します。

第3章 フォトポリマーの特性評価

文　　献

1) J. Nakamura, H. Ban, K. Deguchi and A. Tanaka, *Jpn. J. Appl. Phys.*, **30**, 2619 (1991)
2) H. Ito, C. G. Willson and J. M. J. Frechet, Digest of Technical papers of 1982 Symposium on VLSI Technology, 86 (1982)
3) J. M. J. Frechet, H. Ito and C. G. Willson, *Proc. Microcircuit Eng.*, 260 (1982)
4) 上野巧，岩柳隆夫，野々垣三郎，伊藤洋，C. G. Willson，短波長フォトレジスト材料，ぶんしん出版 (1988)
5) E. Reichmanis, F. M. Nalamasu and T. X. Neenau, *Chem. Mater.*, **3**, 394 (1991)
6) W. E. Feely, Microplastic Structures, *Proc. SPIE*, **631**, 48 (1986)
7) Y. S. Liu, H. S. Cole, H. R. Philipp and R. Guida, *Proc. SPIE*, **774**, 133 (1987)
8) M. M. O'Toole, M. P. deGrandpre and W. E. Feely, *J. Electrochem. Soc.*, **135**, 1026 (1988)
9) A. Bruns, H. Luethje, F. A. Vollenbroek and E. J. Spiertz, *Microcircuit Eng.*, **6**, 467 (1987)
10) J. W. Thackeray, G. W. Orsula, M. M. Rajaratnum, R. Sinta, D. Herr and E. Pavelchek, *Proc. SPIE*, **1466**, 39 (1991)
11) 堀邊英夫，熊田輝彦，電子情報通信学会論文誌，**J79-C-Ⅱ** (8)，422 (1996)
12) T. Kumada, S. Kubota, H. Koezuka, T. Hanawa, S. Kishimura and H. Nagata, *J. Photopolym. Sci. Technol.*, **4**, 469 (1991)
13) 東司，増井健二，滝上祐二，加藤芳秀，西村英二，森一朗，第38回春季応用物理学会予稿集，31a-ZA-1，578 (1991)
14) 中村二朗，伴弘司，出口公吉，田中啓順，第38回春季応用物理学会予稿集，30a-ZC-10，572 (1991)
15) M. Koshiba, Technical Papers of Regional Technical Conference, Ellenville, 235 (1988)
16) 堀邊英夫，熊田輝彦，久保田繁，高分子論文集，**53** (2)，133 (1996)
17) 堀邊英夫，電子情報通信学会論文誌，**J80-C-Ⅱ** (1)，14 (1997)
18) 堀邊英夫，高分子論文集，**53** (11)，737 (1996)
19) N. Kihara, T. Ushiroguchi, T. Tada, T. Naito, S. Saito and O. Sasaki, *Proc. SPIE*, **1672**, 197 (1992)
20) 堀邊英夫，熊田輝彦，久保田繁，高分子論文集，**53** (1)，57 (1996)
21) 日本化学会編，化学便覧，基礎編，p.317，丸善 (1984)
22) H. Horibe, T. Kumada, S. Kubota and Y. Kimura, *Jpn. J. Appl. Phys.*, **34** (Part1, 8A), 4247-4252 (1995)
23) Y. Kawamura, K. Toyoda and S. Namba, *J. Appl. Phys.*, **53**, 6489 (1982)
24) E. Reichmanis, F. M. Nalamasu and T. X. Neenau, *Chem. Mater.*, **3**, 394 (1991)
25) J. L. Dektar and N. P. Hacker, *J. Am. Chem. Soc.*, **112** (16), 6005 (1990)
26) S. P. Pappas, *J. Imaging Technol.*, **11**, 146 (1989)
27) M. Tsuda and S. Oikawa, *J. Photopolym. Sci. Technol.*, **3** (3), 249 (1990)
28) 津田穣，超LSIレジストの分子設計，p.60～66，共立出版 (1990)
29) 上野巧，有機エレクトロニクス材料研究会主催，37回JEOM講演要旨集，p.41 (1990)
30) 堀邊英夫，久保田繁，森脇紀元，第38回高分子年次大会，13H-20 (1989)

31) S. H. Pine, J. B. Hendrickson, D. J. Cram and G. S. Hammond, "Acids and Bases", ORGANIC CHEMISTRY, Fourth edition, International Student Edition, 6-1, p.202 (1981)
32) Y. Tanaka, H. Horibe, S. Kubota and H. Koezuka, *Jpn. J. Appl. Phys.*, **29**, 2638 (1990)
33) 堀邊英夫,木村良佳,信時英治,高分子論文集,**53** (8), 488 (1996)
34) S. A. MacDonald, N. J. Clecak, H. R. Wendt, C. G. Willson, C. D. Snyder, C. D. Knors, N. B. Deyoe, J. G. Maltabes, J. R. Morrow, A. E. McGuire and S. J. Holmes, *Proc. SPIE*, **1466**, 2 (1991)
35) T. Kumada, Y. Tanaka, A. Ueyama, S. Kubota, H. Koezuka, T. Hanawa and H. Morimoto, *Proc. SPIE*, **1925**, 31 (1993)
36) O. Nalamasu, E. Reichmanis, M. Cheng, V. Pol, J. M. Kometani, F. M. Houlihan, T. X. Neenan, M. P. Bohrer, D. A. Mixon, L. F. Thomson and C. Takemoto, *Proc. SPIE*, **1466**, 13 (1993)
37) H. Ban, K. Deguchi, A. Tanaka, and J. Nakamura, *J. Photopolym. Sci. Technol.*, **7**, 17 (1994)
38) A. Oikawa, N. Satoh, S. Miyata, Y. Hatakenaka, H. Tanaka and K. Nakagawa, *Proc. SPIE*, **1925**, 92 (1993)
39) M. Sasago, A. Katsuyama, K. Yamashita, M. Endo and N. Nomura, 第54回応用物理学学術講演会講演予稿集, No.2, 547 (1993)
40) T. Kumada, S. Kubota, H. Koezuka, T. Hanawa and H. Morimoto, *J. Photopolym. Sci. Technol.*, **6**, 4, 571 (1993)
41) T. Fujino, H. Maeda, T. Kumada, K. Moriizumi, S. Kubota, H. Koezuka, H. Morimoto, Y. Watakabe and N. Tsubouchi, *J. Vac. Sci. Technol.* **B11** (6), 2773 (1993)
42) T. Fujino, H. Maeda, Y. Kimura, H. Horibe, Y. Imanaga, H. Sinkawata, S. Nakao, T. Kato, Y. Matsui, M. Hirayama and A. Yasuoka, *Jpn. J. Appl. Phys.*, **35** (Part1, 12A), 6320 (1996)

第4章 ナノスケール寸法計測（プローブ顕微鏡）

河合　晃*

1　はじめに

　近年，レジスト材料に代表されるように，ナノスケールでのレジストパターン形状の制御技術の重要性が増している。レジスト材料は，化学増幅型としてのスチレン系，および汎用型のノボラック系樹脂をベースポリマーとして，超 LSI やディスプレイデバイスなどのリソグラフィーのエッチング用加工材料として実用化されている。しかしながら，高分子集合体の凝集挙動により，パターン形状全域に凹凸が生じている。これは，ラインエッジラフネス（LER）と呼ばれ，電子デバイスのゲートおよび配線パターンの加工精度の低下を招く。しかし，レジストパターンには様々な熱処理が施されるため，高分子集合体の凝集制御によって，ナノ制御システム創発への期待が高まってきている。著者は，レジストパターン内に高分子集合体の欠落したナノ空間（vacancy）が存在することを実験的に報告している。また，微小粒子モデルとして仮定した集合体間の相互作用は，それぞれ微小球サイズの幾何平均で表わせることを示している。ここでは，レジストパターンの LER を低減し，電子デバイス用の高精度なパターン寸法計測について考察する。また，原子間力顕微鏡（AFM）を用いて，高分子集合体の凝集モデル化，レジストパターンの表面硬化層，レジストパターン内のナノ空孔である vacancy について述べる。

2　AFM を用いた寸法測定の誤差要因

　従来では，光学顕微鏡（OP）や走査型電子顕微鏡（SEM）などがパターン観察および寸法測定の主力ツールであった。現在も変わりはないが，レジストパターンの寸法がナノスケールになることで，AFM の利用も進んできた。ただ，AFM の利用においては，様々な誤差要因が存在し，ユーザーとしてはこれらの点を十分に認識しておく必要がある。レジスト

(a) SEM photograph

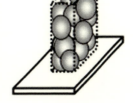
(b) Aggregate

図1　60 nm 線幅のレジストラインパターン

---

*　Akira Kawai　長岡技術科学大学大学院　教授
　　　　　　　電気電子情報工学専攻　電子デバイス・フォトニクス工学講座

最新フォトレジスト材料開発とプロセス最適化技術

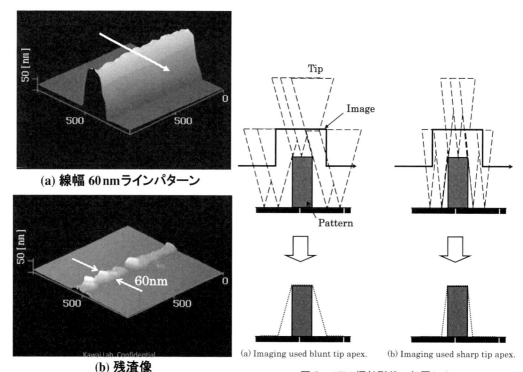

図2　AFM で観察したレジストパターン像

図3　AFM 探針形状に起因した測定誤差メカニズム

パターンと基板界面は微細空孔（vacancy）が形成されている。このナノスケールの凝集ゆらぎがレジストパターンの寸法測定に影響してくる。ここでは，これらの誤差要因の概説と，レジストパターン寸法のゆらぎの原因となる凝集構造および LER（Line edge roughness）制御について述べる。図1は電子線リソグラフィー（EB）で作製した線幅 60 nm の化学増幅型レジストパターンである。主ポリマーはスチレン系樹脂である。パターン側面には，高分子集合体の凝集に起因する表面ラフネスが観察できる。高分子集合体は 20～50 nm 程度の大きさを有し，球モデルで表されることが多い。また，高分子の分子量の増加に伴い，凝集構造に起因したラフネスは増加する傾向にある。このパターンラフネスは，基板エッチング時にはそのまま転写されるため，トランジスタ素子などの性能劣化を招く。図2(a)は，このレジストパターンの AFM 像である。SEM 写真よりもベース付近のパターン幅が太くなっている。また，側面の LER も確認できない。かろうじて，パターン上部に僅かにラフネスが確認できる。これを後述の DPAT（Direct peeling method by using AFM tip）法を用いて基板から剥離すると，図2(b)のように，60 nm 線幅のパターン残渣が現れる。このように AFM 測定では，深さ方向の測定には適していないことが分かる。この傾向は，どのようなパターン形状に対しても生じてくる。この理由は，図3にあるように，AFM 探針の先端が有限の太さである場合，その探針形状がパターン形状測定に反映されるためである。よって，細いシャープな針であれば測定精度は向上するが，それでも限界

第4章　ナノスケール寸法計測（プローブ顕微鏡）

(a) AFMヘッド

(b) AFM探針

図4　AFMの微細探針

はある．図4は，実際のAFM探針のSEM写真を示している．先端の曲率半径は8nm，角度は約30度である．市販の探針としては様々な形状はある．AFMでは，パターン頂点の寸法測定は可能であるが，パターン側面の形状および寸法測定には適していないことが分かる．他の測定誤差要因として，AFMのピエゾステージの非線形歪みが挙げられる．図5は校正用周期パターンのAFM像である．等間隔の高精度な開口パターンであるが，AFM測定によって間隔が徐々に違っているのが分かる．これはピエゾステージのヒステリシス歪みに原因がある．通常は，補正係数を入力してステージ歪みを補償しているが，動作中の発熱により，熱ドリフトとして測定結果に影響してくるため，完全な補正は限界がある．また，周期パターンでは歪みが分かり易いが，ランダムな表面形状であれば，このステージ歪みは判別できない．

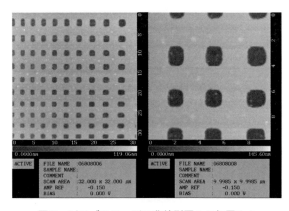

図5　ピエゾステージの非線形歪みに起因した校正パターンのゆがみ

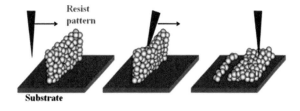

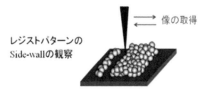

図6　AFMによるパターン側面解析方法（DPAT法）

3　高分子集合体の凝集性と寸法制御[1,2]

図1にあるように，レジストパターンの表面には，ナノスケールの細かな凹凸が存在する．こ

243

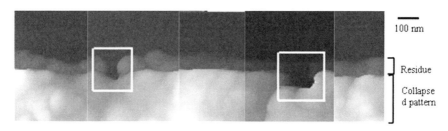

図7 線幅60 nmのラインパターンの付着界面状態

れは，レジストパターン内で高分子集合体が凝集していることに起因する。エッチング用マスクとしてレジストパターンを用いた場合，この微細凹凸が加工精度に大きく影響する。図6は，著者の開発した「微細レジストパターンを基板から剥離し倒壊させる技術（DPAT法）」の基本動作を示している。事前にノンコンタクトモードでパターン形状を取得し，その後，パターン頂点に荷重を加えることで，パターンを倒壊させて最初の位置から移動させる。パターン残渣が生じない手法も可能である。倒壊したパターン側面を再度測定することで，LERの原因となる凝集構造を解析できる。図7は，AFMを用いて，線幅60 nmのラインパターンを，広範囲に剥離して付着界面の状態を示した像である。界面には，高分子集合体が1個抜けた空孔（vacancy）が点在する様子が明らかに観察できる。この空孔は，パターン長さ1 μmあたりに1個の割合で存在するため，デバイス製造の面からは高い頻度となる。また，この空孔はパターンの付着力に寄与せず，逆に，この空孔に応力集中が生じ付着上不利になると考えられる。このように，AFMを用いることで，ナノスケールでの付着界面の状態を明らかにできる。図8にはAFM探針を用いて，レジストパターンから高分子集合体を分離させた様子を示している。ここで(a)は，AFM

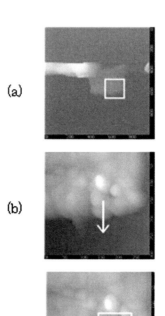

図8 レジストパターンからの高分子集合体のナノマニピュレーション

の探針を用いて，ラインパターンの一部を剥離し倒壊させたAFM像である。(b)にあるように，倒壊したパターンの表面には，約30 nmの高分子集合体が凝集している様子が分かる。そして，図中，矢印のように項分子集合体へ探針で荷重を加える。その結果，(c)にあるように，凝集している高分子集合体の一部を剥離し分離させることができている。このように，高分子集合体を分離させることで，パターン全体としての凝集性を解析することが可能である。図9は，さらに荷重を掛けることで，AFM探針を用いて分離した2個の高分子集合体を17個の微細な高分子集合体に分離している。よって，当初，2個と見られていた高分子集合体は，多数の小さい高分子

第4章　ナノスケール寸法計測（プローブ顕微鏡）

集合体の凝集によって形成されていたことになる。具体的には，図10のように，樹脂中の高分子集合体のナノスケールの物理的凝集過程を微小球モデルで検討し，実験的に LER の発現メカニズムの原因となる高分子集合体の凝集機構を解析する。微小球モデルの凝集は，一般的に知られている Derjaguin 近似モデルで説明できる。これは，2個の微小球の曲率半径の幾何平均として，相互作用力を表すモデルである。曲率半径の減少に伴い，相互作用力は減少する。図11は，図9の分離時に要した力を高分子集合体のサイズでまとめている。このように，高分子集合体のサイズの縮小に伴い，分離力は減少する。分離力は Derjaguin 近似曲線に基づいているため，微

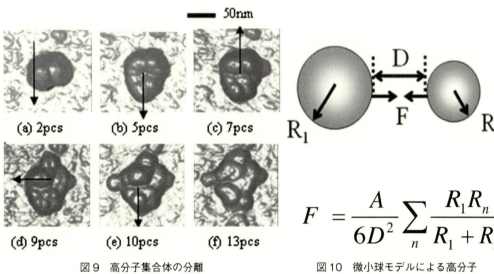

図9　高分子集合体の分離

図10　微小球モデルによる高分子集合体間の相互作用解析（Derjaguin 近似モデル）

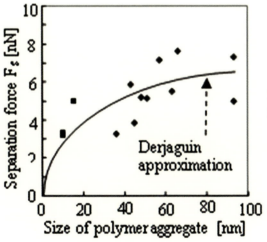

図11　高分子集合体のサイズとマニピュレーション荷重との関係

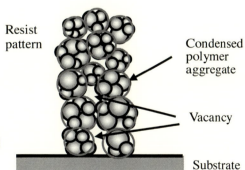

図12　レジストパターン内の高分子集合体の凝集構造モデルの構築

小球モデルが妥当であることを示している。よって，高分子集合体は有限の凝集力を有しており，凝集粒子のように取り扱うことができる。このときの高分子集合体の分離に必要な荷重を，レジストパターンモデルとして図12にまとめた。高分子集合体の2個の分離に必要な荷重は3～8 nN 程度の非常に弱い力であるが，このように立体構造になると3次元的な凝集性が現れるとともに，高分子集合体の空孔（vacancy）を形成する。このように，AFM探針を用いたマニピュレーションにより，レジストパターンの凝集性および寸法制御性をナノスケールで解析できる。

4 LER（Line edge roughness）[3,4]

様々な機能性電子デバイス研究の基盤となるリソグラフィー技術において，レジストパターン側面には LER と呼ばれる凹凸が存在し，これがデバイス精度を低下させている。ここでは，LERの原因となるナノ高分子集合体の凝集状況を解析し，周期的な配列技術を実験的検討する。レジストパターンのサイズが100 nm 以下になると，図13のレジストパターンモデルに見られるように，20～30 nm のサイズの高分子集合体に起因した表面凹凸が顕著になってくる。この表面凹凸は，微細加工の点からは加工寸法精度を低下させる。高分子集合体の凝集挙動は，付着性などの機械的特性にも大きく影響を及ぼす。図14のように，AFMを用いて，このDPAT法により，レジストパターン側面の凝集形態をナノスケールで観察する。レジストパターン表面の硬化処理は，電子線（EB）照射システムを用いて実施する。パターン側面には，LERの原因となる約25 nm 程度の周期的凹凸構造が明確に観察できる。この周期構造は，様々なサイズを有する高分子集合体の熱的移動に従って生じると考えられる。実験的には，①熱処理による周期構造の成長挙動，②AFMによる表面硬化層の検出，③ナノ空孔（vacancy）の検出，④高分子集合体のマニピュレーションなどが可能である。これらより，レジストパターン表面のLERが表面エネルギーの支配によって，凝集の自由度が低下することが考えられる。AFMを用いることで，

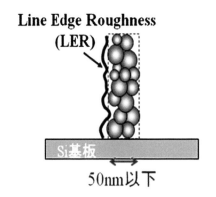

図13 15 nm サイズのレジストパターン表面のナノラフネス形状

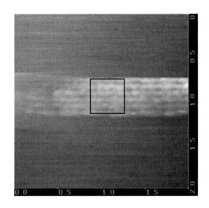

図14 レジストパターン側面の周期的なナノラフネス形状

第4章 ナノスケール寸法計測（プローブ顕微鏡）

パターン上の特定の箇所を剥離することが可能となる。この技術により，レジストパターンと基板界面との付着状況を知ることができる。図15は凝集処理によるLERの違いである。それぞれ，未処理，加熱処理，EB硬化処理を行っている。凝集処理が進むにつれて，高分子集合体のサイズも大きくなっている。EB硬化処理により高分子集合体が成長し，さらにLERが減少する条件を見出した．パターン側面には周期構造が見られ，LER制御の幅広い可能性が見出せる。図16は，熱処理条件によってパターン内部構造の凝集構造の変化を示したモデルである。パターン側面だけでなく，基板界面での凝集構造にも影響を与える。これらはレジストパターンと基板との付着性にも影響すると考えられる。

以上のように，AFM測定はレジストパターンの形状および寸法測定に有効であり，パターン凝集性の制御および解析へも利用可能である。

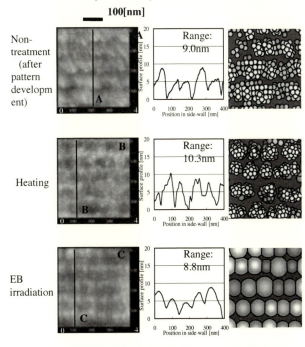

図15 レジストパターン側面の20 nmクラスの高分子集合体の周期的凝集構造とラフネス（LER）

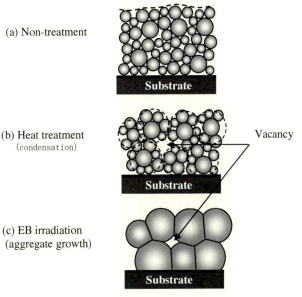

図16 ナノサイズの高分子集合体の熱処理に伴う凝集モデルおよび空孔(vacancy)の発生機構

文　　献

1) A. Kawai, *J. Photopolymer Science and Technology*, **15** (3), 371-376 (2002)
2) A. Kawai, *J. Photopolymer Science and Technology*, **16**, 381-386 (2003)
3) A. Kawai, *J. Adhesion and Interface*, **6** (1) 7-10 (2005)
4) A. Kawai, *Microelectronic Engineering*, **83**, 659-662 (2006)

第5章　付着凝集性解析（DPAT法）による特性評価

河合　晃*

1　はじめに

電子デバイスの発展とともに，シリコン材料を主体とした微細加工技術（リソグラフィー）が進展してきた。基板のエッチングには，レジスト材料を主体としたマスクが用いられる。デバイスの設計ルールの縮小化に伴い，レジストパターンと基板との付着性の確保が重要となってきている。微細領域でのパターン付着性は，原子間力顕微鏡（AFM）[1]を用いて直接解析できる。ここでは，著者が開発した付着力解析法（DPAT：Direct peeling method by using AFM tip）の概要と事例を紹介し，その有効性を検証する。

2　DPAT法[2,3]

IT産業の発展上，今後，電子デバイスに用いられる微細加工技術は，ナノサイズをクリアすることが求められる。そのために，様々なリソグラフィー技術が開発および実用化されつつある。図1は，電子線（EB）で描画して作製した線幅60 nmのラインレジストパターンを示している。このような微細サイズになると，形状観察や品質管理などにおいて，高分解能の電子顕微鏡や走査型プローブ顕微鏡（SPM）が必要になり，レジスト材料開発だけでなく周辺技術の進歩も重要な要素となる。しかし，図2のように，現在のリソグラフィープロセスでは，微細レジストパターンの基板からの剥離が問題になっている。このパターン剥離は，パターンを現像する際のリンス処理において，パターン間に存在するリンス液（純水）のラプラス力に起因している。また，この剥離したパターンは，その後のエッチングマスクとしては不十分であり，デバイス不良の原因となる。近年では，現像工程だけでなく，その後の真空下で行われるエッチング工程でもパターンが剥離する。よって，

図1　電子ビーム（EB）照射によって作製したレジストパターン（60 nm線幅）

---

*　Akira Kawai　長岡技術科学大学大学院　教授
　　　　電気電子情報工学専攻　電子デバイス・フォトニクス工学講座

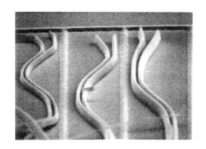

図2　ラプラス力によるレジストパターンの剥離

レジストパターン自体の凝集性を高め，剥離要因に対する機械的な強度の確保が重要となる。ここで，レジストパターンの剥離現象に関与する要因を考察する。物理的要因として，レジスト材料，レジスト基板界面，基板材料などにおける複数の要因が同時に関与する。付着性の改善には，これらの要因を定量化し解析することが重要になる。現在のところ，レジストパターンの剥離現象は，関与する要因の多さに比べて，得られる実験的情報が少ないため解決に時間がかかる。

著者は，AFMを用いて，微細レジストパターンの付着性および凝集性の定量的な解析技術を開発している。図3はAFMによるレジストパターンの剥離試験（DPAT）法の概略を示している。AFMの微細探針

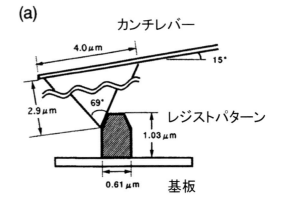
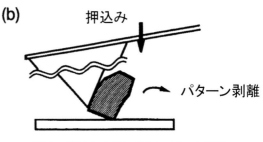

図3　AFMによるレジストパターン剥離

を用いると，パターン上の任意の場所に直接荷重を加えることが可能となり，かつ，その場観察でパターンの剥離性を解析できる。まず，(a)のように，AFMによりレジストパターンに荷重を加えずに形状を観察する。この像から，パターン内の荷重印加点を決定する。この場合，レジストパターンおよび探針には，変形およびクラックなどは生じさせない。次に，(b)において，探針の先端をパターン上の荷重印加点に接触させて，パターンに荷重を加える。このとき，カンチレバーの変位は光学系により制御されている。探針を移動させて荷重をさらに加えることでパターン変形および剥離が生じる。この場合に探針から加えられた荷重は，探針の変位とばね定数から換算できる。最終的に，基板からのパターンの剥離およびレジスト残さ形成を確認する。このように，本手法は，微細パターンに直接荷重を

第 5 章　付着凝集性解析（DPAT 法）による特性評価

加えて，付着・凝集特性を解析できることが特徴である。ここでは，AFM によって測定した微細レジストパターンの付着・凝集性の具体例を示す。

3　レジストパターン付着性の熱処理温度依存性[2,3]

365 nm の紫外線（i 線）に感度を有するポジ型レジスト材料を使用して微細パターン用いる。このレジストパターンは，ノボラック樹脂，感光剤，溶剤の 3 成分から成っている。一辺 600 nm の正方形マスクパターンをレジスト膜中に転写し，TMAH（Tetramethylammoniumhydroxide）2.38％水溶液中に浸し，露光部の溶解除去を行った。そして，熱処理は 150～300℃ までの各温度でホットプレートを用いて 5 分間行い，レジストパターン全体を硬化させた。図 4 は AFM により観察したレジストパターン配列を示している。リソグラフィーで作製したパターン

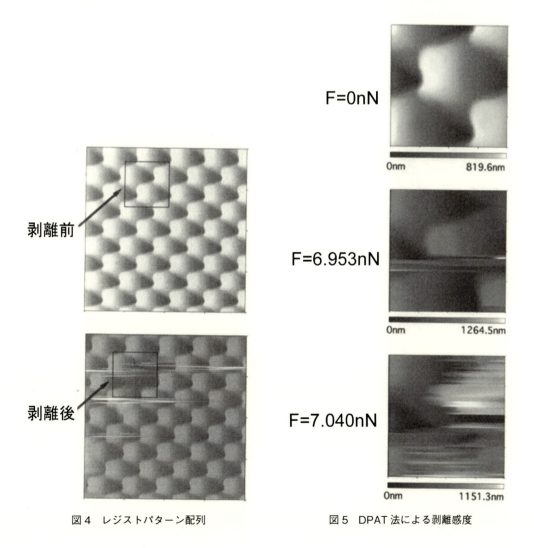

図 4　レジストパターン配列　　　　図 5　DPAT 法による剥離感度

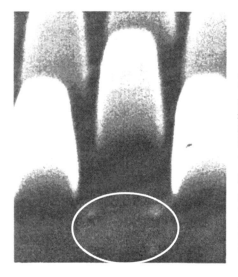

図6 倒壊剥離後のレジストパターンの SEM写真（4万倍）

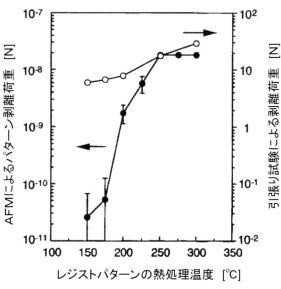

図7 レジストパターンの破壊荷重の レジスト熱処理温度依存性

が規則的に配列している様子が分かる。図5は，DPAT法によるパターン破壊時の感度を検証している。この場合のパターンの剥離荷重は7.040 nNであったが，6.953 nNの荷重の場合はパターンの倒壊は生じていない。よって，本手法を用いた付着荷重の測定分解能は約0.08 nNであるである。これは付着力試験法としては，高い分解能である。図6は，基板から剥離したレジストパターンのSEM像を示している。個々のパターンが倒壊している様子が分かる。また，ほとんどのパターン倒壊は基板上に残さを形成しないため，レジスト材料の凝集破壊は生じていない。図7は，レジストパターンの剥離

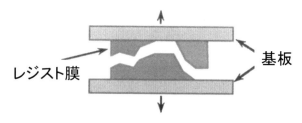

図8 引張り試験による混合破壊

荷重の熱処理温度依存性を示している。DPAT法による試験では，熱処理温度の増加に従い剥離荷重（●）も増加しているため，レジストパターンと基板との付着力の増大を表している。実

第5章 付着凝集性解析（DPAT法）による特性評価

験的には，約3桁の付着力増加が確認できる。この付着力の増大は，表面エネルギーの増大やフォトレジスト材料の硬化などが顕著に反映している。従来の付着力評価法である引張り破壊試験の結果（○）も，DPAT法と同じ傾向を示しているが，付着力の増加は1桁程度である。これは，図8にあるように，破断面が界面破壊と凝集破壊の混合破壊となるため，測定感動が鈍ったことに起因する。よって，局所測定であるDPAT法では，測定感度も増加させる効果がある。

ここでは，AFMを用いたナノスケールの微小固体の付着・凝集および表面特性解析について述べた。AFMの微細探針を用いて荷重を加えるDPAT法により，微細レジストパターンの付着力解析を定量的に解析することができる。

4 レジストパターン付着性のサイズ依存性[4〜6]

レジストパターンの付着力のサイズ依存性を解析するために，図9にあるようなドット形状の化学増幅型レジストを用いた。測定に用いたパターンのサイズ（直径）は，141〜405 nmの範囲である。パターンの一部にAFMの探針を接触させて荷重を加えて，剥離に必要な荷重を求める。図10には，これらのパターン付着力のサイズ依存性を示している。サイズの縮小に伴って，付

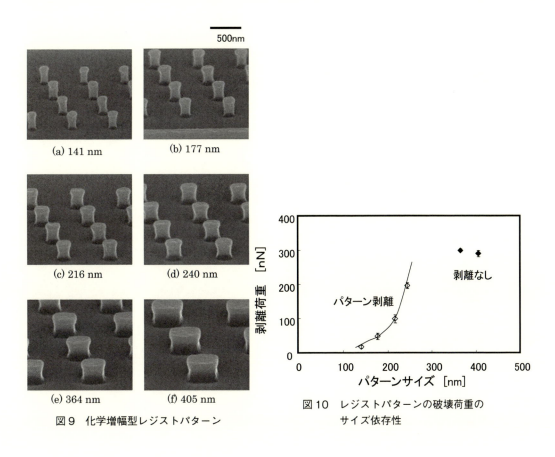

図9 化学増幅型レジストパターン

図10 レジストパターンの破壊荷重のサイズ依存性

着力が減少している。これは，基板とレジストパターン間の付着面積の減少が主な要因である。パターンサイズが250 nm より細くなると極端に付着力が減少する。これは，探針からの荷重によって，レジストパターン内の応力分布に違いが生じたためである。すなわち，サイズが250 nm より太い範囲では，倒壊時の応力はレジストと基板との界面に集中するが，それよりも細いパターンでは，界面より少し上部に応力が集中する。よって，250 nm よりも細いパターンでは，容易に凝集破壊が生じて剥離荷重も低くなる。しかし，250 nm よりも太いパターンでは，界面付着力は高く剥離は生じない。これらの結果は，パターン剥離後に基板上に形成される残さの有無と対応する。さらに，レジストパターンのサイズ依存性について検討する。試験パターンとして，図11のような円柱形のレジストパターンを用いる。図12は，DPAT法による剥離荷重とパターン直径との相関を示している。パターンサイズの縮小に伴い，レジストパターンは剥離しやすくなる。また，この剥離性は，パターンの断面積に比例しているため，レジストパターンと基板界面での接触面積およびパターン断面の凝集力に依存している。以上のように，ナノスケールでの固体の凝集性を直接解析する手法として，DPAT法は有効である。

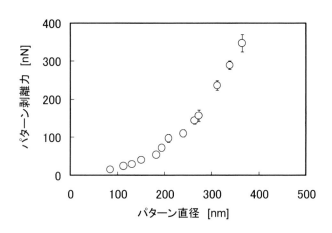

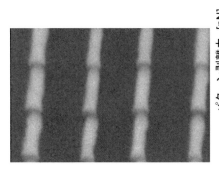

図11 円柱形レジストパターン
（80 nm 径）

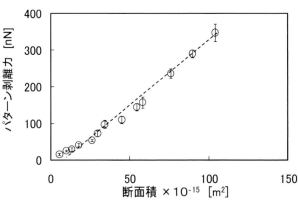

図12 円筒形パターンの付着性のサイズ依存性

第 5 章　付着凝集性解析（DPAT 法）による特性評価

低荷重 (0.01nN)　　　　剥離荷重 (6nN)

図 13　L 型およびライン形状の KrF レジスト
パターンの AFM 像

5　パターン形状と剥離性

電子デバイス回路に用いられる微細レジストパターン形状は，設計手法の高機能化に伴って複雑である。レジストパターンの単位面積あたりの付着エネルギーは同一であっても，パターン形状の違いによって剥離挙動が異なる。よって，パターン形状に依存した応力分布に注目し付着力を解析する。まず，図 13 は，KrF エキシマレジストパターンの AFM 像を示している。これらのパターンの線幅は 170 nm であり，L 型とラインの 2 種類である。ここで，

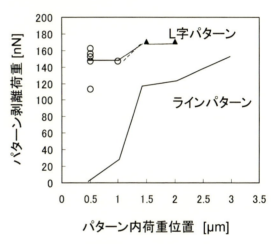

図 14　剥離荷重のパターン形状依存性

AFM 探針を用いて，それぞれのパターン端から位置を移動させて荷重を加える。破壊後のパターン像も示している。図 14 は，各パターンにおける荷重位置と剥離荷重の関係を示している。パターン端部では，L 型パターンの方がラインパターンに比べて付着強度が高い。しかし，荷重位置がパターン端から離れるにつれて，剥離荷重は等しくなり，パターン形状の差が無くなる。これは，各パターン内に生じる応力分布の違いに起因する。すなわち，図 15 のように，荷重位置が同一であっても，ラインパターンよりも L 字パターンの方が，レジスト／基板界面での応力集中が緩和されている。また，荷重位置がパターン端部から離れた場合，界面付近の応力値はパターン形状に依存しなくなる。よって，AFM 測定と応力解析の組合せにより，レジストパターンの付着力の形状依存性が説明できる。

以上のように，AFM の微細探針を用いて荷重を加える DPAT 法により，微細レジストパターンの付着力解析を定量的に解析することができる。一般に，凝集性の低いレジスト材料の微小固体の研究には，AFM などの精密な制御システムが必要になる。本手法によれば，レジストパター

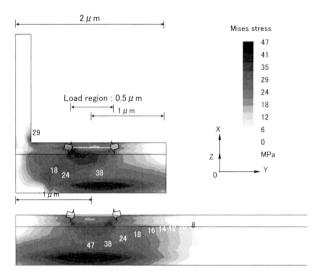

図15　レジストパターン内の応力分布

ンだけでなく，微粒子やナノ構造体の付着凝集性の解析も可能である。AFMを用いることにより，溶液中での付着挙動解析も可能となり，付着界面への溶液の浸透性の解析に有効である。

6　溶液中のパターン付着性

　AFMを用いた物性解析の特長の一つとして，溶液中における固体の付着力解析がある。これにより，ウェットプロセス中での付着挙動解析が可能となり，この手法の適用範囲が大幅に広がる。レジストパターンの剥離は，パターン現像プロセスの純水リンス中で生じていることから，溶液中での付着力測定が必要になる。そこで，図16にあるように，AFMを用いて，純水中でのレジストパターンの付着力解析を行う。測定環境が液体中であること以外は，同様の操作でパターン剥離を行う。結果として，表1にあるように，純水中のパターン剥離荷重は，大気中に比べて約1/30に低下する。これは，レジストと基板界面への純水の浸透力によって，パターン剥離が促進されたためである。溶液の浸透エネルギーは，付着エネルギーよりも1割程度低い値であり，純水中ではレジストパターンは辛うじて基板に付着している。この状態で探針から荷重を加えると，レジストパターンは容易に基板から剥離する。このように，AFMを用いることで，様々な環境における微小凝集体の付着挙動を*in-situ*で定量的に解析できる。

7　レジストパターンのヤング率測定[6]

　レジストパターンの強度設計のために，パターン自体の機械的特性を直接測定する必要がある。特に，固体材料のヤング率（弾性率）は，変形・硬さ・破壊を解析する上で重要な物性値で

第5章 付着凝集性解析（DPAT法）による特性評価

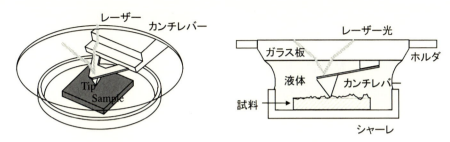

図16 溶液中でのレジストパターンの付着力解析

表1 AFMを用いて測定した大気および純水中におけるレジストパターンの付着力

測定環境	剥離荷重 (μN)	標準偏差 (μN)
純水中	4.6	0.78
乾燥大気中	12.2	1.3

ある。ヤング率の測定は，通常，薄膜あるいは棒状の試料を用いて応力-歪特性から求める。しかし，微細なレジストパターンのヤング率を実測することは困難であった。ここでは，AFM探針を用いて基板上に形式されているレジストパターンに直接荷重を加えることでヤング率を実測する。図17には，レジストパターンの電子顕微鏡（SEM）写真を示している。このレジスト材料の主成分はスチレン系の樹脂である。このレジストパターンは，円筒形に近い形状を有しており，ヤング率測定に適している。まず，AFMを用いてレジストパターンのヤング率を直接解析する手法について述べる。図18に，レジストパターンのヤング率解析の概要を示している。AFM探針とレジストパターンを連結ばねモデルとして近似することで，弾性特性を解析している。これによると，系全体のばね定数k_{total}は(1)式のように表すことができる。

$$k_{total} = \frac{k_t k_R}{k_t + k_R} \tag{1}$$

$$\text{但し，} \quad k_R = \frac{3EI}{l^3}$$

ここで，k_tはカンチレバーのばね定数，Eはレジストパターンのヤング率，Iは断面2次モーメント，lはパターン高さである。AFM探針により直接荷重を加えた場合のパターンの変形特性を連結ばねモデルに基づき解析する。図19は，円筒形のレジストパターンに対してヤング率を解析した結果を示している。図中，曲線は(1)式で得られる基本特性であり，レジストパターンのヤング率をパラメータにして計算されている。これにAFMで実測したパターン変形率をプロットすることで，レジストパターンのヤング率を求めることができる。図19の場合，レジス

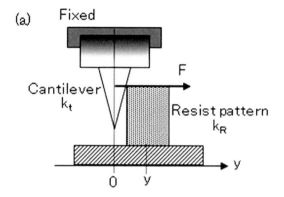

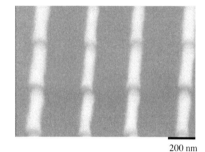

図17 レジストパターンのSEM写真
（直径85 nm）

図18 レジストパターンとAFM探針との
連結ばねモデル

トパターンのヤング率を1.2 GPaとして決定することができる。この値は，ポリスチレン（2.7～4.2 GPa），ポリエチレン（0.4～1.3 GPa）などのレジスト材料に近い値である。

今後，レジストパターンのようなミクロな構造体の物性および特性の信頼性の確立が求められるAFMに代表される微細領域での解析技術の重要性は，さらに高まると考えられる。

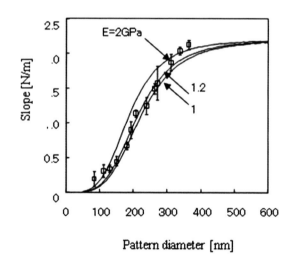

図19 レジストパターンの荷重-変位曲線

第 5 章　付着凝集性解析（DPAT 法）による特性評価

文　　献

1) G. Binnig, C. F. Quate and Ch. Gerber, *Phys. Rev. Lett.*, **56**, 930 (1986)
2) A. Kawai, *J. Vac. Sci & Technol.*, **B17**, 1090-1093 (1999)
3) 河合晃, 日本接着学会誌, **36**, 2-9 (2000)
4) A. Kawai, *Microelectronic Engineering*, **57-58**, pp683-692 (2001)
5) A. Kawai, *J. Photopolymer & Science Technology*, **15**, 121-126 (2002)
6) A. Kawai, *J. Photopolymer Science and Technology*, **14**, 507-512 (2001)

【第V編　応用展開】

第1章　フォトレジストを用いた電気めっき法による微細金属構造の創製

新井　進[*1], 清水雅裕[*2]

1　諸言

フォトレジストを用いた電気めっき法により，プリント基板の銅配線や立体的な金属機械部品等を比較的簡便に作製することができる。当研究室ではめっき技術を活かして様々な機能性金属材料を創製しており，目的によってフォトレジストを利用したパターン化を行っている。本章では当研究室で検討してきたフォトレジストを活用した電気めっき法による微細金属構造創製事例を紹介する。

2　各種微細金属構造の創製

2.1　積層めっきと選択的溶解による微細金属構造の創製

一般にフォトリソグラフィーを活用して電気めっき法により複雑形状（高さ方向に凹凸を有する形状）の微細構造体を作製する場合，パターンの異なるフォトレジスト膜の形成と電析を繰り返す。これは，波長の短いX線を用いるフォトリソグラフィー（LIGA）でも紫外線を用いたフォトリソグラフィー（Poor-Man LIGA）においても，基本は直進光を用いてフォトレジストを露光するため，基板に対して垂直方向に凹凸を有するフォトレジスト層の作製が困難なためである。そこで，一回のフォトレジスト層形成で複雑形状を有する微細構造体を作製する方法として電気めっき法による多層膜の形成と選択エッチングから成るプロセスを考案した。図1にプロセスの概略を示す。本プロセスでは，フォトリソグラフィーにより基板上にパターニングされたフォトレジスト層を形成後，電気めっき法で異なる金属を交互にめっきし多層構造を作製する。フォトレジスト除去後，エッチング液への浸漬等により選択的に一方の金

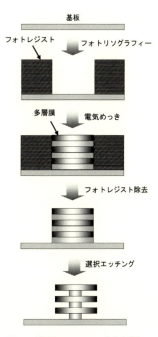

図1　選択エッチングを利用した微細金属構造の作製プロセス

[*1]　Susumu Arai　信州大学　工学部　物質化学科　教授
[*2]　Masahiro Shimizu　信州大学　工学部　物質化学科　助教

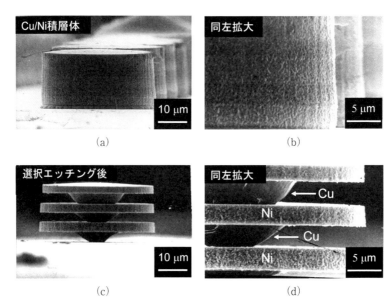

図2 Cu/Ni積層体と選択エッチング後のSEM写真

属層を所定量除去する。その結果，基板に対して垂直方向に凹凸を有する複雑形状が形成される。

図2に銅とニッケルの積層構造およびそれを選択エッチングして作製した微細構造体を示す[1]。図2(a)は選択エッチング前の積層構造である。また，図2(b)は図2(a)の側面の拡大図である（明るい層が銅層，暗い層がニッケル層）。本積層構造は厚さ5μmの銅層とニッケル層を交互に3層ずつ積層している（最下層が銅層，最上層がニッケル層）。図2(a)および2(b)から，積層構造の上面が平滑であり，各層の界面も平滑であることが分かる。これは，銅めっき層，ニッケルめっき層の形成にいずれも平滑および光沢作用のあるめっき浴を用いているからである。図2(c)は選択エッチング後の積層構造の外観，図2(d)はその側面の拡大図である。選択エッチング用のエッチング液にはチオ尿素を使用した。チオ尿素は銅と選択的に錯イオンを形成し，銅層を酸化溶解する。エッチングの結果，銅層のみが所定量除去され，ニッケル層がそのまま残るため，基板に対して垂直方向に凹凸を有する微細構造体が形成される。

銅層とニッケル層の膜厚や積層回数を変化させて同

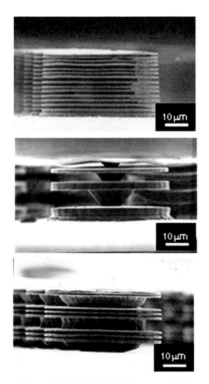

図3 各種微細複雑形状のSEM写真

第1章　フォトレジストを用いた電気めっき法による微細金属構造の創製

様な処理をすることにより様々な形状を有する微細構造体が作製できる（図3）。図2と同様の積層構造体からニッケル層を選択的に除去し，微細構造体を作製することもできる[2]。

2.2　電気めっき法による鉛フリーはんだバンプの形成

　はんだ材料の鉛フリー化は1990年の初頭に米国で関心が高まり，その後，米国のみならず日本，EUでも国家プロジェクトとして鉛入りはんだの代替材料開発が進められた。その結果，スズと鉛の合金であったはんだ材料は，Sn-Ag, Sn-Cu, Sn-Ag-Cu合金等の鉛フリーはんだ材料で代替されてきている。EUでは2006年の7月からRoHS規制により鉛入りのはんだを用いた電子・電気製品の輸入が禁止されている。はんだ材料の鉛フリー化に伴い，実装する電子・半導体部品のめっき材料の鉛フリー化技術，即ち鉛フリーはんだめっき技術の開発も進んだ[3]。また当時，高密度実装の観点から，はんだバンプを用いたICチップのフリップチップ接合技術の開発が要求されていた。さらに，ICチップのフリップチップ接合には鉛リッチ組成のPb-Sn合金はんだが高温はんだ（液相線温度：約300℃）として使用されており，その代替技術の開発の要求もあった。そこで，鉛フリーはんだめっき技術を活用した鉛フリーはんだバンプの形成を検討した。

　図4に電気めっき法による鉛フリーはんだバンプの作製工程を示す。基板上にパターニングされた厚膜フォトレジスト層を形成し，電気めっき法により鉛フリーはんだを充填する。その後，フォトレジスト層を除去すると，鉛フリーはんだバンプが形成される。この際，フォトレジストの厚さ以下まで鉛フリーはんだを充填し，フォトレジストを除去すると円筒形状をしたストレートウオール（型）バンプと呼ばれるバンプが形成される（図4はストレートウオール型バンプ）。一方，フォトレジストの厚さ以上にめっきを行うと，その部分がきのこの傘のような形状となり，マッシュルーム（型）バンプと呼ばれるバンプが形成される。さらに，これらのバンプを融解処理（ウエットバック）すると，ボール（型）バンプと呼ばれる球状（半球状）のバンプが形成される。マッシュルーム型バンプを形成する

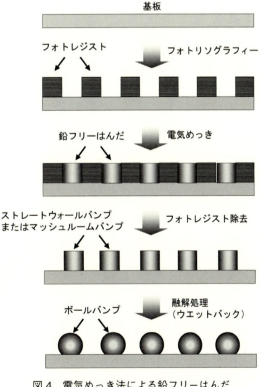

図4　電気めっき法による鉛フリーはんだバンプの作製工程

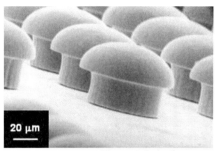
マッシュルーム型Sn-Ag合金バンプ

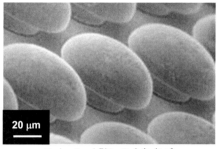
マッシュルーム型Sn-Cu合金バンプ

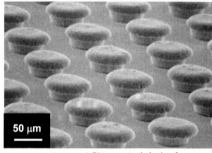
マッシュルーム型Sn-Ag-Cu合金バンプ

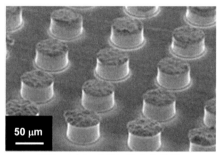
ストレートウオール型Au-Sn合金バンプ

図5 各種鉛フリーはんだバンプのSEM写真

主な目的はウエットバック後のボール型バンプの大きさ（高さ）の確保である。電気めっき後のフォトレジスト除去の観点においては，ストレートウォール型バンプ形成ではリフトオフタイプ，溶解タイプのいずれのフォトレジストも使用できるが，マッシュルーム型バンプ形成では，リフトオフタイプではバンプの傘の部分にレジストが引っ掛かりうまく除去できないため，溶解タイプのフォトレジストが用いられる。

図6 ボール型Sn-Ag-Cu合金バンプのSEM写真

図5に作製した各種鉛フリーはんだバンプを示す。Sn-Ag合金[4]（共晶点：221℃），Sn-Cu合金[5]（共晶点：227℃）およびSn-Ag-Cu合金[6]（共晶点：217℃）はんだバンプは，いずれもマッシュルーム型バンプである。バンプの傘の表面が滑らかであるが，これはいずれのめっきにおいても光沢めっき浴を使用しているからである。Au-Sn合金（共晶点：278℃）はんだバンプはストレートウオール型である。光沢めっき浴を使用していないため表面は凹凸がある[7]。Au-Sn合金はフラックスレスソルダリングが可能なため，本バンプは高温はんだバンプへの応用だけでなく，光素子実装用のソルダリングへの使用が期待される。図6は図5のマッシュルーム型Sn-

第1章 フォトレジストを用いた電気めっき法による微細金属構造の創製

Ag-Cu 合金バンプをウエットバックして形成したボール型 Sn-Ag-Cu 合金バンプの外観である。ウエットバックによりマッシュルーム型バンプが融解し，ボール型バンプが形成されていることが分かる。

2.3 電気めっき法による金属／カーボンナノチューブ複合体パターンの形成

カーボンナノチューブ（CNT）は，優れた機械的性質や高い熱伝導率を有するナノ材料としてその応用が精力的に検討されている。CNT の特徴の一つとして高い導電率と極めて小さい曲率半径（鋭利な先端）を有することが挙げられ，この特性により電界放出素子の電子エミッタとしての応用も期待されている。具体的な応用として，CNT を電子エミッタとする電界放出ディスプレイ（Field emission display：FED）がある。FED は，液晶ディスプレイや有機 EL ディスプレイと比較して動画特性に優れる。CNT を電子エミッタとする FED を作製する場合，カソードに CNT を所定のパターンで固定する。このパターンがディスプレイの画素に対応する。CNT を電子エミッタとする FED を作製する場合，CNT のカソードへの固定方法が重要となる。一般に CNT の固定方法として，CNT を導電性樹脂と混ぜてペーストとし，スクリーン印刷法でカソードへの固定とパターン化を行う。しかし，樹脂を用いているため，大きな電圧（大きな電界強度）を印加しないと CNT からの電界放出が起こらない等の課題がある。また，CNT の分散液を直接カソード表面に噴霧して物理的に固定する方法も検討されているが，カソードへの CNT の密着力が低い等の問題が指摘されている。そこで，カソード表面に CNT を金属で固定する方法（CNT 複合めっき法）を考案した。CNT 複合めっき法とは CNT を懸濁させためっき浴を用いて電気めっき法により金属/CNT 複合膜を電極表面に形成する方法である[8]。形成された金属/CNT 複合膜の表面からは CNT の一部が突起状に露出しており，電圧が印加されると，その露出した CNT 先端に電界が集中し，電子が放出される。CNT 複合めっきにより電極表面に CNT を固定する方法には，①カソードと CNT 間の接触抵抗の低減により，電界放出電界強度の低減が可能，②基本的に有機物が存在しないため，電界放出時の熱による気体分子の発生を抑制，③サイズの大きなカソードにも対応が容易，④低いコスト等のメリットがある。実際に作製した CNT 複合めっき膜は優れた電界放出特性を示した[9~11]。フォトリソグラフィーを活用して，これらの金属/CNT 複合膜のパターニングを行う場合，化学エッチングを行うサブトラクティブ法では金属だけが除去され CNT は残存してしまう。そこで，アディティブ法による金属/CNT 複合めっき膜のパターン化を検討した。

図7にフォトレジストを用いた金属/CNT 複合体パターンの作製工程を示す。基板上にパターニングされたフォトレジスト層を形成した後，CNT 複合めっき法により金属/CNT 複合体を充填する。その後，フォトレジストを除去すると基板表面に金属/CNT 複合体パターン，即ちCNT が金属によって固定されたパターンが形成される。

図8に本プロセスで形成した Cu/CNT 複合体パターンを示す[12]。低倍率写真の凸部は Cu/CNT 複合体が形成されている箇所であり，周期的に配列していることが分かる。高倍率写真か

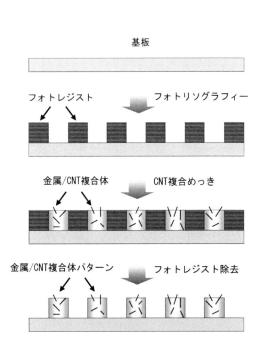

図7 金属/CNT複合体パターンの作製工程

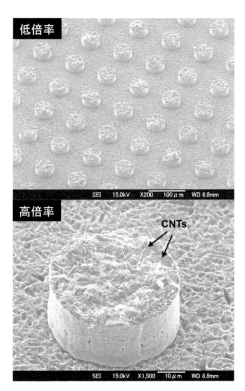

図8 Cu/CNT複合体パターンのSEM写真

ら凸部表面にCNTが固定されており，そのCNTの一部が表面から突起した状態であることが分かる。このサンプルを用いて電界放出特性を評価した結果，明らかな電界放出が確認された。

本プロセスは電界放出素子以外にもCNT補強した微小金属機械部品や，CNT補強した金属配線形成への応用が期待できる。厚膜レジストを用いた場合，フォトレジストの凹部へ，いかに均質にCNT複合めっきができるかが重要となる。

2.4 内部空間を有する金属立体構造の創製

現在実用されているリチウムイオン電池は，他の二次電池と比較して非常に高いエネルギー密度を有するため幅広い分野で実用されているが，自動車分野ではハイブリッド車や電気自動車用として更にエネルギー密度の高いリチウムイオン電池が求められている。現行のリチウムイオン電池では，正極活物質にコバルト酸リチウムのような金属酸化物，負極活物質にグラファイトが用いられており，上記したエネルギー密度向上の要求から現行の活物質よりも高い比容量を持つ代替材料の開発が進んでいる。負極活物質としては，グラファイト（理論比容量：372 mA g^{-1}）よりも大きな比容量を持つシリコン（理論比容量：4200 mA g^{-1}）やスズ（理論比容量：994 mA g^{-1}）が検討されている。しかし，これらの活物質とリチウムイオンの充放電反応は活物質の大きな体積変化を引き起こす。充放電を繰り返すと，この大きな体積変化により活物質の崩壊が生

第1章　フォトレジストを用いた電気めっき法による微細金属構造の創製

じるため，一般に高比容量活物質は充放電サイクル特性が悪い。そのため，充放電サイクル特性改善のための様々な研究が行われている。一般に活物質は集電体と呼ばれる金属箔（正極：アルミニウム箔，負極：銅箔）にバインダーで固定されるが，高容量活物質の充放電時の体積変化によるサイクル特性劣化を抑制するためには，集電体の改良も有効と考えられる。そこで，大きな比表面積（または内部空間）を有する集電体材料の開発も検討されている。負極集電体材料である銅の高比表面積化については，①Cu-Al合金等の銅合金から銅以外の金属を選択溶解させる手法[13]，②アルミニウム陽極酸化膜をテンプレートとして，電気銅めっきでピラー形状の銅表面を作製する手法[14]，③電気銅めっき中に多量の水素ガスが発生するように大きな電圧を印加してポーラス形状の銅表面を形成する方法[15]等が報告されており，さらにこれらの集電体にスズ等の活物質を固定した負極が，優れた充放電サイクル特性を示すことが明らかにされている。当研究室では，銅めっきの際，特殊な添加剤を加えた銅めっき浴を用いるだけで，大きな比表面積を有する（内部空間を有する）銅析出層を創製できることを見出した[16]。本析出層は，厚さ数10 nmの銅のシートがランダムな角度で積み重なった構造であり，析出層の内部に充分な空間を有している（図9）。この銅析出層に電気めっき法でスズ活物質を固定した電極[17]は，リチウムイオン電池の負極として優れた充放電サイクル特性を示した[18]。また，この銅析出層にCNTを複合させることにも成功した[19]。このような比表面積の大きな銅電極は各種センサーへの応用も検討さ

図9　電気めっき法で作製した内部空間を有する銅析出層のSEM写真

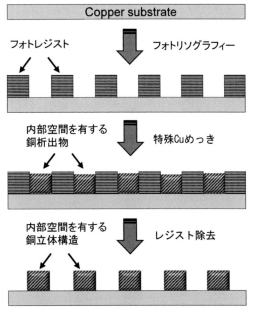

図10　内部空間を有する銅立体構造の作製プロセス

れている。ただし，電極としてこの銅電析膜の比表面積をすべて有効に活かすためには，複雑な構造の内部空間に電気化学的な活性種が無理なく侵入できる通路が必要となる。膜の状態では，電気化学的な活性種は膜の表面から侵入することになるが，その場合，膜の底の部分の空間までは充分に活性種が到達できない可能性がある。そこで，内部空間を有する銅電析層をパターニングすることで，電析層の表面からだけでなく，側面からも活性種が侵入可能な銅立体構造の創製を試みた。

図10に作製プロセスを示す。基板上にパターニングされたフォトレジスト層を形成し，特殊な有機物を添加した銅めっき浴を用いて内部空間を有する銅を電析する。その後，レジストを除去することにより，内部空間を有する銅立体構造が形成される。

図11は作製した内部空間を有する銅立体構造のSEM像である[20]。銅立体構造は周期的に配置しており（図11(a)），表面だけでなく，側面にも活性種の侵入通路が形成されている（図11(b)）。構造体の断面観察から，内部に明らかに空間が形成されていることが分かる（図11(c)）。このような電極構造は有効面積の大きな電極として，様々な電極反応への応用が期待できる。

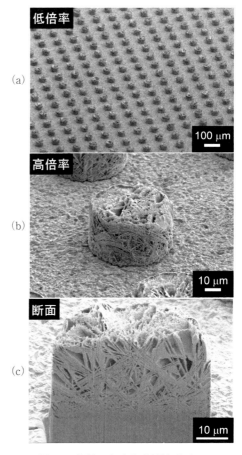

図11 作製した内部空間を有する銅立体構造のSEM写真

3 おわりに

フォトレジストを用いた電気めっき法により，様々な微細金属パターンが作製できる。当研究室でも，本手法を活用した機能性材料の創製をさらに進めていく予定である。特に厚膜レジストを用いたパターンめっきは，三次元形状物を創製できるため，今後，異種材料（例えば金属と樹脂）接合技術への展開も期待できる。

第 1 章　フォトレジストを用いた電気めっき法による微細金属構造の創製

文　　献

1) S. Arai *et al.*, *Electrochim. Acta*, **49** (6), 945 (2004)
2) S. Arai *et al.*, *J. Electrochem. Soc.*, **150** (11), C798 (2003)
3) 新井進, 表面技術, **55** (9), 2 (2004)
4) 新井進, Proc. 3rd Symposium on "Microjoining and Assembly Technology in Electronics", p.59 (1997)
5) 新井進ほか, Proc. 7th Symposium on "Microjoining and Assembly Technology in Electronics", p.269 (2001)
6) 新井進ほか, Proc. 5th Symposium on "Microjoining and Assembly Technology in Electronics", p.109 (1999)
7) Y. Funaoka, S. Arai *et al.*, *Electrochemistry*, **72** (2), 98 (2004)
8) 新井進, 表面技術, **65** (2), 20 (2014)
9) S. Arai *et al.*, *J. Electrochem. Soc.*, **157** (3), D127 (2010)
10) S. Arai *et al.*, *Appl. Surf. Sci.*, **280**, 957 (2013)
11) S. Arai *et al.*, *J. Appl. Electrochem.*, **43**, 399 (2013)
12) S. Arai *et al.*, *Electrochem. Solid-State Lett.*, **11** (9), D72 (2008)
13) S. Zhang *et al.*, *J. Power Sources*, **196**, 6915 (2011)
14) J. Hassoum *et al.*, *Adv. Mater.*, **19**, 1632 (2007)
15) H. C. Shin *et al.*, *Adv. Mater.*, **15**, 1610 (2003)
16) S. Arai *et al.*, *ECS Electrochem. Lett.*, **3**, D7 (2014)
17) S. Arai *et al.*, *J. Electrochem. Soc.*, **163** (2), D54 (2016)
18) M. Shimizu, M. Munkhbat, S. Arai., *J. Appl. Electrochem.*, **47**, 727 (2017)
19) S. Arai, M. Ozawa, M. Shimizu, *J. Electrochem. Soc.*, **163** (14), D774 (2016)
20) S. Arai, M. Ozawa, M. Shimizu, *J. Electrochem. Soc.*, **164** (2), D72 (2017)

第2章 ナノメートル級の半導体用微細加工技術と今後の展開

渡邊健夫*

1 半導体微細加工技術について

　IoTやIT産業の進展は半導体技術の進歩によるところが大きく，半導体微細加工技術が半導体技術の発展を支えてきたと言っても過言ではない。

　半導体集積回路にはMOSトランジスタが用いられている。一般には実用化につながった1947～1948年の，ベル研究所による発見および発明がトランジスタの始祖とされており，固体による増幅素子の発明が，1948年6月30日にジョン・バーディーン，ウォルター・ブラッテン，ウィリアム・ショックレーの連名で発表された。この3名は，この功績により，1956年のノーベル物理学賞を受賞した。そして，1960年にベル研究所のカーングとアタラが世界初のMOSトランジスタの製造に成功した[1]。これ以来，半導体の回路の線幅を小さくすることで，半導体チップのダウンサイジング，低消費電力，動作の高速化，高集積化を実現してきた。

　この中で，「ムーアの法則」は米インテル社の創業者のひとりであるゴードン・ムーアが1965年に自らの論文[2]で示したのが最初であり，その後，関連産業界を中心に広まった法則である。この法則は大規模集積回路（LSI-IC）の製造・生産における長期傾向について論じた1つの指標であり，経験則に類する将来予測であり，論文では「部品あたりのコストが最小になるような複雑さは，毎年およそ2倍の割合で増大してきた。短期的には，この増加率が上昇しないまでも，現状を維持することは確実である。より長期的には，増加率はやや不確実であるとはいえ，少なくとも今後10年間ほぼ一定の率を保てないと信ずべき理由は無い。すなわち，1975年までには，最小コストで得られる集積回路の部品数は65,000に達するであろう。私は，それほどにも大規模な回路が1個のウェハ上に構築できるようになると信じている。」と述べられている。

　半導体微細加工技術であるリソグラフィ技術は，マスク上に形成された半導体の回路の原版パタンを，感光性材料を成膜したシリコンウェハ上に写真焼き付け技術を用いて回路パタンを転写する技術である。ウェハ上に形成される回路パタンの線幅Rは以下のレーリの式にしたがって形成できる。ここで，λとNAはそれぞれ露光波長および露光光学系である。また，k_1はプロセス定数であり，この値が小さいプロセスを適用することで露光波長以下の大きさの線幅が形成できる。さらに，NA＝$n\sin\theta$であり，nは媒質の屈折率であり空気中の屈折率は1である。

---

* Takeo Watanabe　兵庫県立大学　高度産業科学技術研究所　所長，
　　　　　　　　　極端紫外線リソグラフィ研究開発センター　センター長，教授

第2章　ナノメートル級の半導体用微細加工技術と今後の展開

$$R = k_1 \frac{\lambda}{NA} \tag{1}$$

1980年に最小線幅mmの半導体デバイスが生産されて以来，このレーリの式に従い露光波長を短くすることで半導体微細加工が進展してきた．これに伴い，光源は，水銀ランプのg線（波長436 nm），i線（波長365 nm），KrFエキシマレーザー（波長248 nm），ArFエキシマレーザー（193 nm）を用いた半導体微細加工を実現してきた．そして近年，極端紫外線（波長13.5 nm）を用いた極端紫外線リソグラフィ技術の超集積回路の量産技術としての展開が期待されている．

2　極端紫外線リソグラフィ技術

一般的にリソグラフィ技術では縮小露光光学系を用いてマスク原版の回路パタンがシリコンウェハ基板に塗布された感光性材料であるレジスト上に形成される．このような露光系では転写する線幅は露光波長程度であるが，位相シフトマスク技術や変形照明の技術により，露光波長以下の線幅形成を実現してきた．リソグラフィ技術の変遷を図1に示す．(1)式のレーリの式にしたがって，短波長化および縮小露光光学系の開口数を大きくすることで半導体微細加工がなされており，これまでにリソグラフィはg線リソグラフィ，i線リソグラフィ，KrFリソグラフィ，並びにArFリソグラフィ等の技術が開発されてきた．現在は，ArF液浸リソグラフィ[3)]が量産技術として用いられている．この技術では，露光光学系とウェハの間を水溶性の液体で満たすことで，レーリの式の開口数の値を1.44程度に大きくすることで露光波長より小さい線幅の転写が可能となった．さらに図2に示すように，ArF液浸リソグラフィによる2回露光技術により，従来に比べて約1/2の線幅形成が可能となる．量産ではArF液浸リソグラフィによる3回露光を実現させ，15 nmのパタン寸法形成が可能となっている．しかしながら，この露光方式では，リソグラフィ，成膜，エッチングの技術を駆使するため，レジストの単層プロセスに比べてコスト高となっている．このため，単層レジストプロセスの適用が可能な極端紫外線（EUV）リソグラフィ技術の開発が待たれている．

当初，EUVリソグラフィ技術はX線縮小リソグラフィ技術と呼ばれていた．最初の実験はNTTの木下ら[4)]によってなされ，当時は12.4 nmの露光波長でW/Cの多層膜からなる反射型光学系とステンシルマスクが用いられ

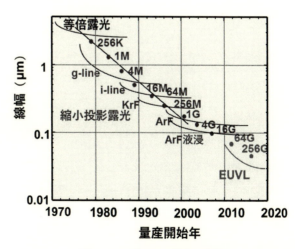

図1　リソグラフィ技術の変遷

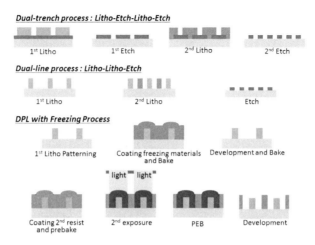

図2　ArF液浸リソグラフィによる多重露光
ここでは2回露光法を示す。

た。この成果が1986年に応用物理学会で発表された。この後，現在の露光波長である13.5 nmで，Mo/Si多層膜からなる反射型光学系を用いたパタン形成がAT&Tのグループ[5]によって行われた。Mo/Siの多層膜はBarbeeらによって開発され[6]，のちにNTTの竹中らによってEUVリソグラフィ用の露光光学系用の多層膜の技術が確立された[7]。その後，NTTの栗原ら[8]の2枚の非球面鏡による露光学系の設計に基づき，NTTの芳賀ら[9]によって大面積露光の可能性が実証された。その後，姫路工業大学（現，兵庫県立大学）の渡邊らによって3枚非球面鏡を用いた露光光学系により大面積領域で60 nmのパタン形成が確認された[10〜14]。この開発での各種技術が現在のASML社のEUVリソグラフィ用の露光機開発に活かされている。

EUVリソグラフィは13.5 nmの露光波長であるEUV光を用いられており，EUV光の物質中の屈折率はほぼ1に近い値を有するため，従来のリソグラフィで用いられてきた屈折レンズ系を用いることができない。そこで，反射面がMo/Siの多層膜からなる反射型ミラーが用いられている。このミラーに要求される形状精度は露光波長をλとすると，$\lambda/14$であり1 nm以下の要求精度であり，現在では0.2 nm程度まで実現が可能になっている。

3　EUVリソグラフィの現状と今後の展開

7 nmまたは5 nm世代の半導体の量産技術として用いられるEUVリソグラフィ技術課題は，①高強度かつ高安定なEUV光源開発，②EUVレジストの開発，③マスク用ペリクル（保護）膜，④欠陥検出および修正を含む無欠陥マスクの開発である。ここでは，EUV光源，EUV用露光機，EUVレジストについて焦点を絞り，これらの開発の現状・課題と今後の展開について述べる。

第 2 章　ナノメートル級の半導体用微細加工技術と今後の展開

3.1　EUV 光源開発

EUV 光源は Sn をターゲットとするレーザープラズマ（LPP）X 線源が主流である。LPP は，Sn の液滴に YAG レーザーで励起し，25 kW の CO_2 レーザーでプラズマを生成することで，13.5 nm の EUV 光を生成する。EUV 光源の要求パワーは中間集光点で 250 W である。今年の 3 月に開催された SPIE 国際会議では，現在，ASML 社の露光装置に搭載されている EUV 光源は 140 W のパワーで，12 インチのシリコンウェハを 1 時間に 104 枚露光できる状況であることが紹介された。このスループットでは，ロジックを中心に 1〜3 層で 2019 年から 2020 年にかけて量産展開されることになっている。さらに，SPIE 国際会議では，50 kHz の burst mode では 375 W を達成していることも紹介された。2017 年 7 月に開催された SEMICBN West 2017 で ASML が 250 W の EUV 光源パワーで 125 枚／時のスルプットを実現した。ASML 社は最先端 EUV スキャナー「NXE：3400B」を 21 台受注しており，2017 年中に出荷を予定している。旧型の「NXE：3300B」と「NXE：3350B」を 14 台出荷済みであるが，大半をアップグレードの予定である。図 3 にこれまでの EUV 光源パワーの変遷を示す。

NAND 型の Flash memory の場合には，要求されるスループットが 12 インチウェハで 1 時間に 200 枚とされており，このスループットを実現するには中間集光点で 1 kW の EUV 光源が要求されている。この高いパワーを有する光源開発では，EUV 用自由電子レーザー（FEL）が有力視されている。一般的に FEL は電子線形加速器とアンジュレータから構成される。電子は線形加速器で加速され，EUV 光はこの下流に設置したアンジュレータにより生成される。リソグラフィ用の光源に用いるためには，インコヒーレントな EUV 光に変換する必要があり，1 台の FEL に十数台の露光機を設置することになる。また，1 kW の EUV 光を発生するには，大電流の加速器であることと 100％に近い稼働率が要求される。仮に，FEL が故障で停止をするとこれに接続されている十数台の露光装置が一斉に停止することになり大きな損失を背負うことになる。

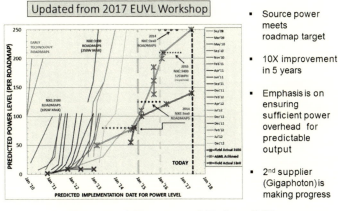

図 3　EUV 光源のパワーの変遷（Intel 提供）

3.2 EUV用露光装置

12インチウェハのスループットについて，ASML社は148 WのEUV光源パワーで104ウェハ／時（wafer/hr. WPH）を達成しているが，ウェハステージの動作速度向上等によりさらに8 WPH向上できるとしている。最新のASML社のNXE-3350Bの露光装置の稼働率は目標の90％に対して75％の稼働率を有しており，2018年末までに更なる5％の稼働率の向上が見込まれている。また，現在の出荷台数は14台であり，この内6台は図4に示すNXE-3350Bである。この装置の露光光学系の開口数は0.33であり，16 nmに線幅のパタン形成が可能である。近年ASML社のステッパ技術開発が進展しており250 WのEUV光源パワー仕様の露光装置の導入が急がれている。

さらに，その先の露光機として，ASML社では開口数0.55の導入を検討されている。従来の1/4の反射光学系の設計では，高NAの場合にはマスクの入射光と反射光が干渉してしまうためこのような露光光学系を用いることができない。そこで，図5に示すように横方向と縦方向の縮小系をそれぞれ1/4と1/8にしたアナモルフィックな縮小光学系が必須となる。図6に示す高NAを有するアナモルフィックな露光光学系を搭載予定のNXE-3500では，8 nmのパタン形成をトップダウンのリソグラフィで実現を可能にする。

図4　ASML社のEUVリソグラフィ用露光機 NXE-3350Bの写真（ASML社提供）

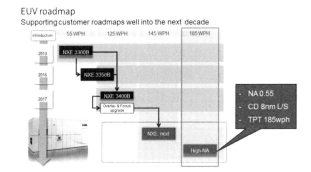

図5　ASML社の露光機開発（ASML社提供）

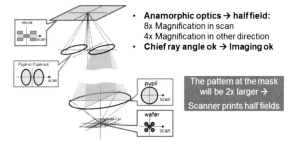

図6　NA=0.55のEUV露光光学系（ASML社提供）

第 2 章　ナノメートル級の半導体用微細加工技術と今後の展開

3.3　EUV レジスト

7 nm または 5 nm 世代の半導体の量産に向けた EUV レジストの課題は，高解像，高感度，低 line edge roughness（LER），並びに低アウトガスを有するレジストの開発である。

　リソグラフィ技術の基本は写真の焼き付け技術である。これは銀塩写真の技術まで遡る。図 7 に坂本龍馬の銀塩写真を示す。半導体リソグラフィ技術では，1959 年になってから感光性材料が半導体用のパタン形成技術に使用されるようになった。半導体微細加工であるリソグラフィでは，感光性材料を写真焼き付け技術により，原版である回路パタン（マスクパタン）を感光性材料に転写し，これをマスクにエッチングによりその下の金属膜をエッチングすることで，回路の配線パタンを形成する。このため感光性材料がエッチングを阻害することから「レジスト」と呼ばれている。

　g 線や i 線リソグラフィで用いられてきたレジストの主なものは，ジアジドナフトキノン系レジストである。このレジストの構造式およびポジ型レジストとして機能する例を図 8 に示す。KrF エキシマレーザがリソグラフィに使われたのが，KrF リソグラフィ技術であった。この技術では，DNQ に比べて透過率の高いポリヒドロキシレン系の化学増幅系レジストが用いられることになる。図 9 に化学増幅系レジストの概要を示す。IBM の伊藤らが最初に開発したのが，ポリヒドロキシスチレンをベースレジンにもつ tBOC 系化学増幅レジスト[15] である。図 10(a) に構造式およびポジ型レジストとして機能する例を示す。この tBOC 系化学増幅型レジストは空気中のアミンの影響を受け易く実用的ではなかった。そこで，伊藤らは耐アミンを考慮した ESCAP 系レジスト[16] を提案した。このレジストの構造式および反応系を図 10(b) に示す。このレジストは高いガラス転移点温度を有しているため耐熱性にも優れており，130℃でのベークを可能にした。このため，自由体積を減少することでアミンの拡散を防ぐことができ，この結果耐アミンに優れたレジストが提案され，化学増幅型レジストの量産展開が促進されることになった。これにより，KrF リソグラフィ技術が 0.25 μm 半導体微細加工の量産技術として導入された。

図 7　坂本龍馬の写真（銀塩写真）　　図 8　ジアジドナフトキノン系レジスト（ポジ型の例）

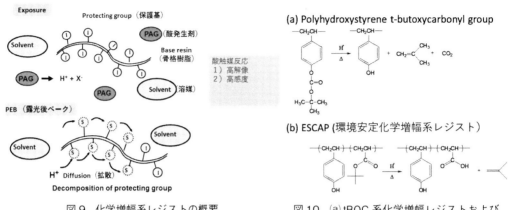

図9 化学増幅系レジストの概要

図10 (a)tBOC系化学増幅レジストおよび (b)ESCAP系化学増幅系レジスト

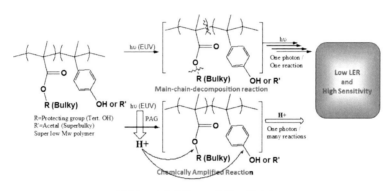

図11 メタクリレート系レジスト

　KrFエキシマレーザを光源とするリソグラフィの次に登場したのがArFエキシマレーザを光源に用いたリソグラフィであった。このリソグラフィでは0.18 μmの線幅形成が目的であった。化学構造にベンゼン環を有する材料系では透過率が不足しておりレジストとしては不適である。このため，ArFレジストに炭素の二重結合を持たない環構造系の代表的な材料がメタクリレート系が採用された。図11にこの材料系の化学構造を示す。ポジ型レジストが機能するには，溶解抑止基を導入する必要があり，アダマンチル基が開発された。これにより，プラズマエッチング耐性を有するレジストが実現でき，ArFリソグラフィ技術が量産技術に導入された。

　現在，10 nm級の半導体微細加工技術として，EUVリソグラフィ技術開発が進められている。EUVリソグラフィでは反射型露光光学系が用いられており，Mo/Si多層膜を用いることで，理論反射率に近い反射率が波長13.5 nmで得られる。EUVレジストの課題の中で特に重要なのは，低LERの実現である。波長13.5 nmのEUV光は91.8 eVの光子エネルギーを有する。一方，現在量産に使われているArFエキシマレーザ光の波長は193 nmであり，極端紫外線に比べて光子エネルギーが約1/14程度である。このため，EUV光とArFエキシマレーザ光に対するレジ

第2章 ナノメートル級の半導体用微細加工技術と今後の展開

ストの露光感度と量子収率が同じと仮定した場合，EUV レジストのパタン形成に必要な光子数はArF レジストのそれと比べて1/14 程度の光子数である。このため，EUV レジストの方が反応の統計的な揺らぎが大きくなるので，高感度で低 LER を実現することが困難になる。そこで，筆者はこれまでに，レジストの側壁粗さ（LWR）を改善するには，EUV 光反応がレジスト内部で均一に生じさせる必要があることを提案し，従来の感光剤を結合することで，感光剤の濃度むらを低減する方法を考案[17]した。これにより，LWR が低減でき，さらに露光感度も向上できた。

前述したとおり，図12に g 線から ArF の各リソグラフィで用いられてきたレジストを纏めている。7 nm や 5 nm 世代用の EUV レジストの膜厚は 20 nm 以下の膜厚であるので，要求される透過率から DNQ ノボラック系，PHS 系，メタクリレート系でも用いることができるが，要求される性能を満足する必要がある。EUV リソグラフィでは図11に示すとおり，メタクリレート系レジストは主査切断レジストとして機能する。

高感度を実現するには EUV 光によるレジストの反応収率を向上させる必要がある。図13に各元素の EUV 光に対する質量吸収係数を示す。一般的に，質量数の多い元素ではこの吸収係数が大きい値を有するため，EUV 光による発生する2次電子の効率が高くなることで高感度が実現できると考えられている。これまで化学増幅系レジストを中心に材料開発がなされており，酸発生剤に EUV 光に吸収を有する元素が用いられている。

一方で，EUV 光に対して吸収が大きな金属である，Hf, Sn, Zr, Ti, 並びに Te 等に金属を用いた各種レジストが提案されている[18]。EUV 光に対する吸収を向上させることで高感度を実現できると考えられている。このため金属系の増感剤等を用いることが提案されている。しかし

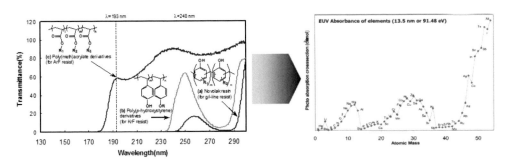

図12　g線〜ArF レジストの変遷

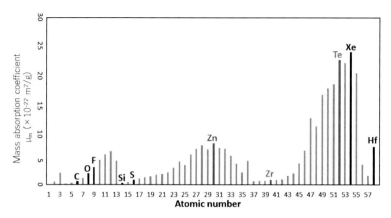

図13　各元素の EUV 光（波長 13.5 nm）に対する質量吸収係数

ながら，低 LER を満足するには至っていない。今後はこの課題を解決するための材料開発のパラダイムシフトが求められている。

　また，化学増幅系レジストで低 LER を実現する観点から，化学増幅系レジストの基材について，ポリマーのみでなくモノマーを中心とする低分子レジストも提案されているが，LER がポリマーよりもモノマーの方が良い結果が得られているわけではない。低分子レジストについては今後の展開を期待する。

4　まとめと今後の展望

　IoT 用各種電子デバイスは低コストおよび低消費電力が要求されており，半導体微細加工が依然必須となっている。この中で，7 nm 世代および 5 nm 世代では，EUV リソグラフィを，一部のチップメーカーが量産技術に採用することが発表されている。

　極端紫外線リソグラフィの技術課題は，EUV 光源開発，EUV レジスト，EUV マスク開発が課題である。特に EUV 光源パワーの向上が最も重要な課題であるが，この中で，EUV 光源開発に進展がみられ，現在，定常的に 125 W でウェハのスループットが 85 枚／時間で，一日で 1,500 枚のウェハが処理できるまでに向上している。

　レジストについては，依然開発の進展が期待されており，高感度化のために金属レジストを中心に開発が進められている。

　前述のとおり，近年 EUV 光源のパワーが急激に向上してきている。この状況で，高パワー EUV 光の照射耐性を有するペリクルの開発が必須となっており，今後の進展が期待されている。マスク欠陥開発では，各種欠陥検査装置の性能確認が日本，米国，欧州で進められている。

　以上にように，EUV リソグラフィの量産に向けて，高パワー下での，マスク材料やレジスト材料の問題点の検討の加速評価を進める必要がある。

　この中で，NEDO や経済産業省では，半導体技術には資金が投入しにくい状況になっており，

第 2 章　ナノメートル級の半導体用微細加工技術と今後の展開

民間からの資金を投じてでも開発を継続しなければ日本の半導体技術の進展が期待できない。完全に日本からアジアに移ってしまうことになることを懸念する。

　2011 年に兵庫県立大学高度産業科学技術研究所に極端紫外線リソグラフィ研究開発センターを設置した。これまでに NEDO の出資元で ASET, EUVA, SELETE, そして EIDEC とともに継続してきた EUV リソグラフィの国家プロジェクト研究を今後も継続し, 日本の半導体技術発展のために一日でも早く量産技術として実現できるように進めていきたい。このためには, 産学官の組織間の垣根を少し下げた強力な協力体制の下で, 日本の半導体復興を目指す必要がある。日本の半導体技術は世界でもトップクラスを維持しているので, これらの技術資源を最大限に半導体市場で活かせるマーケティングおよび技術開発戦略が日本に求められている。International Electron Device Meeting (IEDM) 2017 が 2016 年 12 月にサンフランシスコで開催され, この国際会議で将来の Internet of Things (IoT) で求められるデバイスは低消費電力かつ低コストを特徴とするものである。このために必要な微細加工はレジストの単層プロセスを可能とする EUV リソグラフィに大いに期待が寄せられた。ゲートの線幅は 10 nm 以下になると MOS トランジスタ構造ではソース-ドレイン間のリーク電流が顕著になるため, 3 次元構造の MOS トランジスタである Fin FET の開発がなされている。しかしながら, 将来は MOS トランジスタに代わる新しいデバイスも提案されており, 究極の目指すところは人の脳である。ヒトの脳の研究では, 量子生物学に基づいた研究が進められており, ヒトの神経を構成するシナプスの中の信号伝達系の線幅が 4 nm で形成されているとされている。今後は従来のリソグラフィ技術を超えた加工技術が求められる。

文　　献

1) W. Heywang, K. H. Zaininger, "Silicon：evolution and future of a technology", p.36, Springer (2004)
2) G. Moore, *Electronics Magazine*, 38 (8), 114 (1965)
3) 東木達彦, 監修, 液浸リソグラフィのプロセスと材料, シーエムシー出版 (2012)
4) H. Kinoshita, T. Kaneko, H. Takei, N. Takeuchi and S. Ishihara, The 47th Autumn Meeting of The Japan Society of Applied Physics, Paper No.28-ZF-15, 322 (1986)
5) D. W. Berreman, J. E. Bjorkholm, L. Eichner, R. R. Freeman, T. E. Jewell, W. M. Mansfield, A. A. MacDowell, M. L. O'Malley, E. L. Raab, W. T. Silfvast, L. H. Szeto, D. M. Tennant, W. K. Waskiewics, D. L. White, D. L. Windt, O. R. Wood II and J. H. Bruning, *Opt. Lett.*, **15**, 529-531 (1990)
6) T. W. Barbee, S. Mrowka and M. C. Hettrick, *Applied Optics*, **24**, 883-886 (1985)
7) H. Takenaka, Y. Ishii, H. Kinoshita and K. Kurihara, *Proc. SPIE*, **1345**, 213-222 (1990)

8) K. Kurihara, H. Kinoshita, T. Mizota, T. Haga and Y. Torii, *J. Vac. Sci. Technol.*, **B9**, 3189 (1991)
9) T. Haga, M. C. K. Tinone, H. Takenaka and H. Kinoshita, *Microelectronic Engineering*, **30**, 179-182 (1996)
10) T. Watanabe, H. Kinoshita and M. Niibe, JSPE Proc. The US-Japan Workshop on Soft X-ray Optics, 341-348 (1997)
11) H. Kinoshita, T. Watanabe, M. Koike and T. Namioka, *Proc. SPIE*, **3152**, 211-220 (1997)
12) T. Watanabe, K. Mashima, M. Niibe and H. Kinoshita, *Jpn. J. Appl. Phys.*, **36**, 7597-7600 (1997)
13) T. Watanabe, H. Kinoshita, H. Nii, Y. Li, K. Hamamoto, T. Oshinio, K. Sugisaki, K. Murakami, S. Irie, S. Shirayone, Y. Gomei and S. Okazaki, *J. Vac. Sci. Technol.*, **B18**, 2905-2910 (2000)
14) T. Watanabe, H. Kinoshita, K. Hamamoto, M. Hosoya, T. Shoki, H. Hada, H. Komano and S. Okazaki, *Jpn, J. Appl. Phys.*, **41**, 4105-4110 (2002)
15) (a) H. Ito, C. G. Willson and J. M. J. Frechet, Digest of Technical Papers of 1982 Symposium on VLSI Technology, pp.86-87 ; (b) H. Ito and C. G. Willson, Technical Papers of SPE Regional Technical Conference on Photopolymers, pp.331-353 (1982)
16) H. Ito, G. Breyta, D. Hofer, R. Sooriyakumaran, K. Petrillo and D. Seeger, *J. Photopolym. Sci. Technol.*, **7**, 433-448 (1994)
17) T. Watanabe, Y. Fukushima, H. Shiotani, M. Hayakawa, S. Ogi, Y. Endo, T. Yamanaka, S. Yusa and H. Kinoshita, *J. Photopolym. Sci. Technol.*, **19**, 521-524 (2006)
18) C. Ober and E. Giannelis, Cornell University, 15 September 2014, SPIE Newsroom, DOI：10.1117/2.1201409.005552

第3章 3次元フォトリソグラフィ

佐々木　実*

1　背景

　フォトリソグラフィは主に集積回路（LSI）製作技術として発展してきた。多数のデバイスを一括で同時に加工できるため，生産性が高い。1958年に，トランジスタを保護する酸化膜にコンタクトホールを形成するために導入された。1970年代はウェハとマスクを近接・密着させて露光し，解像度は2～3μmであった。1977年に縮小投影露光を繰り返すステッパが導入され，開口数NAの向上によって解像度を高めた。NAを高めることは同時に焦点深度を浅くし，1980年代のステッパ（パターン幅1μm前後）では，ウェハ裏面とウェハ・チャックの間に挟まった微小な埃がデフォーカス原因として問題視された。基板は平面であることが大前提である[1]。レジスト膜厚には，均一性が高度に求められる。高速スピンで基板を回転させる際に生じる気流が排気装置の構成に依存して溶媒蒸気の濃度分布を生じること，ウェハの真空チャックやウェハ自重で生じる反り，チャック部で生じる基板内の温度差（特に熱伝導の低いガラス基板），などが原因となる，非常に僅かな膜厚変化が議論されている。一方で露光光源は短波長化が進んだ。高圧水銀灯のg/i線（波長436/365 nm）に続いて，KrF/ArFエキシマレーザ（248/193 nm）へと移った。1990年代半ばには，最小加工寸法が露光波長と同等になり，ArFエキシマレーザ導入時には逆転した。2007年には，レンズ-ウェハ間に屈折率が空気よりも高い水を挿入する液浸技術が採用され，45 nmプロセスに導入された。
　対して，3次元構造を求めることが多いMEMS分野では，1970年代の全面一括露光が現在も主流である。技術には共通または関連深い部分が多い。例えば，g/i線露光にて高アスペクト比構造を実現する厚膜レジストSU-8は，もともとはLSI用の化学増幅型レジストの候補であった。LSI分野では採用されず，MEMS分野で復活した。関連する厚膜レジストやそのグレースケール露光については別で紹介した[2]。本稿では微細パターンを得やすい，比較的薄いフォトレジスト膜を立体サンプルに用意するスプレー成膜と露光技術について紹介する。

2　スプレー成膜

　レジスト膜をスピンコートによって成膜する際，立体サンプルの凹凸がレジスト膜厚よりも深いと，凹部のレジスト溜まり，凸部の段切れが顕著に生じる。平面フォトリソグラフィの議論と

---

*　Minoru Sasaki　豊田工業大学　工学部　教授

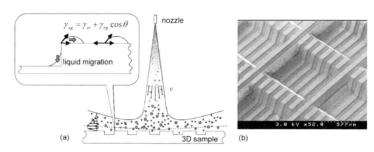

図1 (a)スプレー成膜の模式図と,立体サンプル上に付着したレジスト液滴に働く表面張力,(b)200 μmの段差を越えて転写したパターン

はかけ離れた大きな膜厚変動となる。この問題を解決するため,レジスト微粒子を噴きつけて成膜するスプレー成膜が研究されてきた[3,4]。図1(a)にスプレー成膜の模式図を示す。ノズルからN_2ガスとレジスト溶液をノズルに供給し,化学的作用は加えず,物理的に混合して円錐状スプレーを形成する。我々の装置では,円錐角は半角9°である。サンプルをスプレー下で走査し,レジスト膜を堆積する。挿入図に示すように,サンプル表面上ではレジスト微粒子の表面張力によって,付着したフォトレジスト液滴の移動が生じる。これがスピンコートと同じ膜厚の不均一を生む。これを止めるには,付着したレジスト微粒子の速やかな乾燥が必要となる[5]。シンナーの蒸発による気化熱に加え,気流により熱が奪われて冷えることから,成膜中の基板温度を維持する加熱が必要となる。加熱パワーが十分であると,凸部コーナのレジスト膜には段切れが無くなる。図1(b)は,結晶異方性エッチングによって用意した55°の斜面をもつキャビティを越えてライン-アンド-スペースパターンを転写したものである。

3 スプレー成膜に関係する気流特性

スプレー成膜により用意したフォトレジストは,立体形状に依存して膜厚などの特徴が変化する。微粒子がノズルから直線的に移動してサンプルに付着するモデルでは説明できない。①その1つはピンホールである。深い凹形状にスプレー塗布で用意したレジスト膜中には,ピンホールが観察される。立体構造のアスペクト比が高くなるほど,ピンホール数密度が増加する。気流速度を上げると,ピンホール密度は減少する。スプレー成膜によるレジスト微粒子の供給は,空気の粘性底層に阻まれていると理解できる[6]。気流速度と共にレジスト微粒子に働く慣性力が,アスペクト比が高い構造の底面にまで,レジスト材料を運ぶと考えられる。従って,デバイスのデザインは許される限りアスペクト比が低くなるようにすると,プロセスの難易度を下げることができる。②もう1つは,壁面(特に垂直壁面)に堆積したレジスト膜は,壁面上部でコブ状に厚くなり,下部で薄くなることである。特定部分のフォトレジスト膜が厚くなると,一括露光によって均一なパターニングを行うことを難しくする。

アスペクト比1の垂直溝に対し,2次元定常流れ解析を試みた[7]。計算領域を図2に示す。非

第3章 3次元フォトリソグラフィ

圧縮性流体にて，定常状態を仮定したナビエ-ストークスの式に従った。$x=0$ に対して左右対称な流れとなる。上部から入射する気流には軸対称円形噴流の発達領域で知られた速度分布を仮定し[3]，左右は自由流出条件を与えた。下部にアスペクト比1のトレンチを用意した。レイノルズ数 Re は計算領域全体で一定値とし，流れ関数・渦度法により計算した。左右対称のため，y 軸上で流れ関数 $\psi=0$ とした。また流れ関数は，$x>0$ で $\psi>0$，$x<0$ で $\psi<0$ とした。同一流線上では，流れ関数の値が一定であるため，領域 $x>0$ では $\psi>0$ 以上に対応する流線がノズルから供給された気流であり，$\psi<0$ に対応する流線がノズルからの気流とは別の流れに対応する。$\psi=0$ が両者の境界となる。なお，y 軸上では $\psi=0$ に加えて，z 方向の速度 $v_z=0$ が両者の境界条件となる。20℃における空気の動粘度 $\nu=15.12\times10^{-6}$ m^2/s を用い，ノズル-サンプル間距離 56 mm を代表長さ，軸対称円形噴流の中心速度を代表速度とした。ノズル直下から 10 mm 下の高さ 46 mm×幅 50 mm を計算領域とした。0.2 mm 角のメッシュを切った。1辺 2 mm，アスペクト比1のトレンチを x 軸に沿って 11 個，ピッチ 4 mm で配置した。

実験とよく対応した代表速度 0.27 m/s，$Re=1000$ の計算結果を図3に示す。速度ベクトルを矢印で，流れ関数をマッピング表示した。トレンチ内部に閉じた渦が発生していることが分かる。ノズルからの流れと違って，トレンチ内に閉じ込められた気流は，微粒子をあまり含まない。すなわち，レジスト微粒子の供給をブロックする。トレンチ底部のレジスト膜厚が薄い実験事実を説明する。

$\psi>0$ がノズルからの気流，$\psi<0$ がトレンチ内部で閉じた気流であり，2つの気流の境界はトレンチに僅かに入り込んだ深さに位置する。この深さまでであれば，気流に乗ってレジスト微粒子が供給され，壁にぶつかりえる。これよりも深い位置に，気流は入らない。但し，レジスト微粒子はキャリア N$_2$ ガスよりも重いため，慣性の

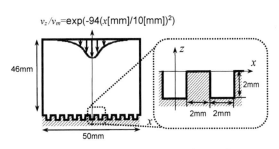

図2　ガス流れ計算のための2次元モデル

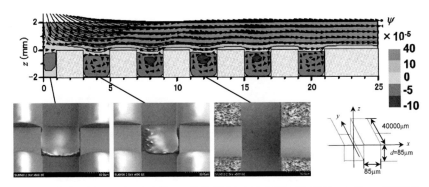

図3　垂直溝に対するガス吹き付けの計算結果と対応位置の溝で得たスプレー成膜結果

働きによって気流よりもサンプル内部に入る可能性はある。以上が，壁面に現れるコブ状のレジスト膜と関連付けられる。図3の$x=0$ mmのノズル直下のトレンチでは，ほぼ下向きの気流ではあるが速度が小さいため，気流の入り込みが浅い。$x=4$ mmのトレンチの方が，トレンチ内部まで入り込んでいる。更に中心から離れた，スプレー円錐の半角9°に対応する位置$x=9$ mmでは，流れはサンプル基板に沿った横流れとなり，トレンチ内部には気流がほとんど入り込まない。

4 露光技術

パターン形成には，立体サンプルへの露光技術が必要となる。フォトリソグラフィが持つ，一括同時処理の長所を引き出すには，サンプルの上面，側面，底面といった異なる面を一括露光することになる。図1(b)のキャビティでは斜面であったために，上からの露光でパターン形成した。垂直壁面には，上からの露光では光が当たらないため，斜め露光することになる。

斜め露光法の問題点は，反射光が側面で発生し，第2第3の面に入射することで，意図しない場所を露光してしまうことである（図4）。特に，フォトレジスト膜が薄く，オーバー露光になり易い面に反射光が入射すると形状劣化を引き起こす。

背景で述べたように，液浸技術はLSI製作でも利用されているが，立体への露光においては違った有効性を持つ。図5の黒細線と灰色線は空気-レジスト界面と純水-レジスト界面の反射率を，ランダム偏光を仮定して計算した平均値である。空気，レジスト，純水の屈折率をそれぞれ1.00，1.70，1.33とした。液浸によって，レジストと接する媒体が空気から水に代わると，屈折率差が小さくなるため，界面反射を低くできる[8]。p偏光のみ（黒太線）を利用すれば更に反射を低くできる。入射角45°付近の拡大図を一緒に示す。エネルギー反射率は，入射角が60°以上の大きな値になると高くなる。反射の問題を抑えるには，斜め露光は入射角45°付近が現実的値となる。

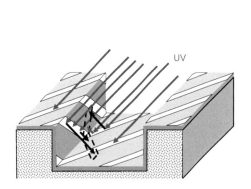

図4 トレンチ内部に斜め露光する際に生じる反射光が，別の面に入射する例

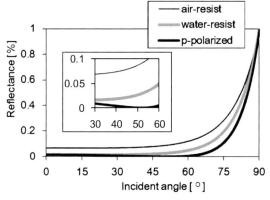

図5 各種媒体に接したレジスト表面に光が入射する際のエネルギー反射率

第3章 3次元フォトリソグラフィ

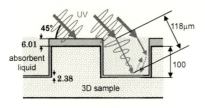

図6 減衰斜め露光の効果を表す模式図

表1 レジスト膜厚と最低限必要な露光量

測定位置	上面	底面(中央)	底面(端)
レジスト膜厚（μm）	6.01	2.38	2.17
露光量（mJ/cm^2）	115±3	50±3	—

　幅135 μm，深さ100 μm（アスペクト比0.74）のトレンチ付きサンプルにおいて，上面，底面のポジ型レジスト（東京応化工業㈱ TMMR P-W1000）膜厚と垂直露光でパターンを抜くために最低限必要となる露光量を表1に示す。上面のレジスト膜厚6.01 μmに対して底面では40％の2.38 μmしかない。残渣無くパターン形成するには厚膜部に合わせて露光量を設定することになり，薄膜部に対してはオーバー露光になる。薄膜部はマスクから離れたトレンチ底部であるので，純水に代わって光減衰を伴う液体を導入した[9]。図6に示すように，紫外線が壁面や底面にまで伝搬する間に光強度が減るため，底部や壁面部のオーバー露光を抑制し，さらに反射光が別の面に入射する際の光強度を低減する。表1より，一括露光には最低115 mJ/cm^{2}の露光量が必要である。45°の斜め露光では単位面積あたりの光量が0.7倍になる。壁面上部のコブにもパターンを抜くため，露光量を300 mJ/cm^{2}とした。上面に入射する紫外線のドーズ量300 mJ/cm^2（斜め入射時212 mJ/cm^2）に対して，底面に到達する光量を約30％にまで減衰させれば，底面の露光量は90 mJ/cm^2（斜め入射時63 mJ/cm^2）となり適正となる。屈折が入ることを考慮すると，紫外線が底面に到達するまでに液体を通過する長さは118 μmとなる。減衰はLambert-Beerの(1)式に従う。

$$I = I_0\, e^{-\alpha L} \tag{1}$$

$L=118$ μmで光量をI_0の30％に減衰させるためには，減衰率$\alpha = 10.2$/mmが必要となる。光減衰を伴う液体は，中性の水溶液である万年筆の黒インク（減衰率α：81.9/mmを実験で測定）を純水（α：0.00005/mm）で体積比12.5％に希釈することにより用意した。

　図7は以上述べた4種の露光方法によって得たパターン転写の結果である。トレンチは幅135 μm，深さ100 μm（アスペクト比0.74）である。図4のようなトレンチに対して45°斜線パターンを転写した。(a)トレンチ内が空気である斜め露光，(b)純水を用いた液浸斜め露光，(c)純水を用いた液浸斜め露光かつp偏光制御，(d)光減衰を伴う液浸斜め露光（ランダム偏光）である。破線矢印は壁面からの反射によるパターン劣化が表れやすい底面領域，実線矢印は底面からの反射によるパターン劣化が表れやすい壁面領域である。反射率が低くできるほどパターン崩れが少ない（劣化は(a)＞(b)＞(c)＞(d)の順で大きい）。(a)では大きなパターン崩れが確認できる。底面パターンに穴が目立ち，壁面のラインパターンは近傍底面からの反射光によって取り除かれている。(b)では改善しているが，レジスト膜面に入射光の痕跡が見られ，表面が粗れ，崩れそうである。

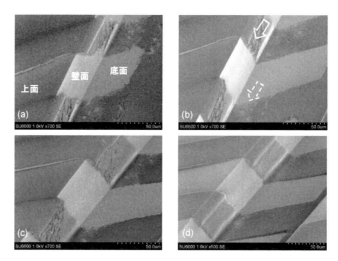

図7 (a)通常露光, (b)純水を用いた液浸露光, (c)純水を用いた液浸露光かつp偏光制御, (d)光減衰を伴う液浸露光によって得たパターン
水による光の屈折がパターン位置を変えている。

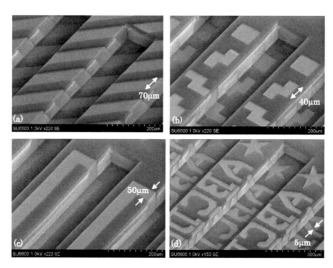

図8 垂直壁を持つ溝に対する4種のデモパターン
垂直溝のアスペクト比は(a)〜(c)が0.74, (d)が0.5である。

(c)では,パターン内の穴や,壁の表面粗さは僅かになった。(d)ではレジスト膜が確実につながっており,穴や表面粗さは見当たらない。

図8(a)は光減衰を伴う液浸斜め露光により得たサンプルの広域写真である。斜め線がほぼ忠実に転写されている。壁面上部にあるコブもパターンが抜けている。散乱の影響はほとんど見られない。光減衰を伴う液浸斜め露光では,偏光制御を行わなくても反射光やオーバー露光によるパターン劣化を抑えて,一括露光ができる。トレンチ上面に対しての底面のレジスト膜厚比に合わ

せて，様々に減衰量を調整可能である。図8(b)のブロックパターンは底面にて直角コーナが得られている。図8(c)の垂直パターンは，立体配線をイメージしている。図8(d)の文字パターンは，上面パターンと底面，壁面でのパターンがほぼ同形である。底面でも，マスク内の最小パターン幅5μmが得られている。

5 応用デバイス

多数の結晶Si太陽電池セルを直列接続したマイクロパワー源を試作した[10]。図9に製作プロセスを示す。SOIウェハの厚さ25μmのデバイス層にpn接合を形成する。これを埋め込み酸化膜まで垂直エッチングして，島状セルに素子分離する。この表面に熱酸化膜を成長して保護する。島状セルの上面と，底面に近い壁面にコンタクトホール形成を，3次元フォトリソグラフィにて行う。次にAlを全面堆積する。途切れないよう多め（膜厚1μm程度）にスパッタ成膜する。次に，Al膜にパターン形成して，セルを直列配線する。

太陽電池にはシリコン材料が，その素子分離には界面準位が少ない熱酸化膜が，各々適する。しかし，シリコンの熱酸化は1000℃程度の熱処理となるため，予め下地に配線用金属を成膜しておくと，熱反応してしまうため利用できない。従って，従来報告されていたマイクロパワー源は，比較的低温で形成するCVDやスパッタ膜などにて妥協していた。プロセス後半に立体配線ができると，熱酸化膜が利用可能となる。立体配線技術は，製作プロセスの順番に自由度を生み，最も素性の良い材料を利用可能にする。更に，垂直壁面の金属配線パターンは，受光面を金属膜により陰にしない。島サイズは250×250，100×250，100×100μm^{2}とし，25，50，100個のセルを直列接続した。図10(a)は100個のセルと，バイパス用の保護ダイオードを一緒に接続した例で

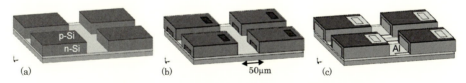

図9　島状マイクロ太陽電池を直列接続する立体配線プロセス

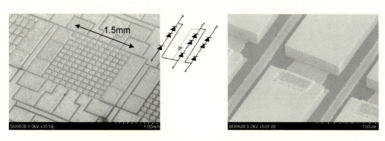

図10　製作したマイクロ電源
(a) 10×10セルのデバイス，(b) 5×10セルの拡大図

ある。アレイ領域は 1.5 mm 角である。保護ダイオードは，全面をアルミで覆って同時に製作した。図 10(b) は $100\times250\,\mu m^2$ の 50 個セルの拡大図である。Al 膜が，コンタクトホール間をつないでいる。

図 11 に示すようにレーザ光（波長 650 nm, 3.15 mW/mm^2）を照射した際の開放電圧は 100 セルで 10.1 V が得られた。受光面の比率が高い $250\times250\,\mu m^2$ のセルでは，電圧増加率の飽和が少なく，25 セルで 5.6 V となった。

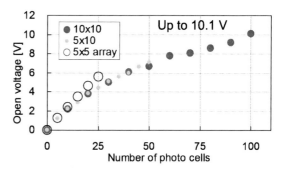

図 11　マイクロ電源に光照射した有効セル数を変化させた際の開放電圧

6　まとめ

レジストのスプレー成膜，露光技術，応用デバイス例について述べた。垂直壁を持つ直方体に対して，アスペクト比 1 以下が現実的にデバイス応用し易い範囲である。マイクロ電源は上面，壁面，底面の3つを利用したが，上面と壁面のみの利用でよい応用では，プロセス余裕を広くとれる[11]。光通信の信号を受けるフォトダイオードに対して，基板壁面から上面に金属パターンをつなげる光実装用サブマウントなどの応用がある。デバイスの立体化は自然な発展の方向であり，壁面はデバイス中での活用が遅れているフロンティアである。3次元フォトリソグラフィによって有効利用が進むことを期待する。

文　　献

1) 高橋一雄, 「露光装置技術発展の系統化調査」技術の系統化調査報告，第 6 集（2006）
2) 佐々木実, MEMS マテリアルの最新技術, pp.84-93, シーエムシー出版（2007）
3) 佐々木実, 能川真一郎, 羽根一博, 電気学会論文誌 E, **122-E**(5), 235（2002）
4) 川北正人, ウシオ技術情報誌 ライトエッジ, 28, 63（2006）
5) V. K. Singh, M. Sasaki, J. H. Song, K. Hane, *Jpn. J. Appl. Phys. Part 1*, *No.6B*, **42**, 4027（2003）
6) V. K. Singh, M. Sasaki, K. Hane, Y. Watanabe, H. Takamatsu, M. Kawakita, H. Hayashi, *J. Micromech. Microeng.*, **15**, 2339（2005）
7) S. Kumagai, H. Tajima, M. Sasaki, *Jpn. J. Appl. Phys.*, **50**, 106501（2011）
8) T. Hosono, S. Kumagai, M. Sasaki, 電気学会論文誌 E, **136**(3), 90-91（2016）
9) S. Kumagai, H. Kubo, M. Sasaki, *J. Micromech. Microeng.*, **27**, 025016（2017）

第3章 3次元フォトリソグラフィ

10) S. Kumagai, T. Yamamoto, H. Kubo, M. Sasaki, The 25th International Conference on Micro Electro Mechanical Systems, pp.60-63 (2012)
11) T. Yamaguchi, M. Shibata, S. Kumagai, M. Sasaki, *Jap. J. Appl. Phys.*, **54**, 030219 (2015)

【第Ⅵ編 レジスト処理装置】

第1章 塗布・現像装置の技術革新

関口 淳[*]

1 はじめに

半導体製造には，必ず，基板へのフォトレジストの塗布が必要である。また，露光後，現像することで，パターニングが完結する。本章では，レジストの塗布・現像のテクニックについて，詳細に述べる。

レジスト塗布方法は多岐にわたる。塗布方法とその用途，特徴について表1にまとめた。

2 スピン塗布プロセスの実際

フォトレジストの塗布は一般的にスピン塗布法を用いて基板に塗布される。スピン塗布法とは基板に材料を滴下し，低速に回転して材料を広げ，その後，基板を高速回転させて均一な膜を得る方法である。その後ベークを行い，溶媒を揮発させて，樹脂膜が得られる。

2.1 スピンプログラム

図1にスピン塗布プログラムの一例を示す。

この時の高速回転（main rotation）時における基板回転数で樹脂の膜厚が決まる。回転数と膜厚の関係を(1)式に示す。

$$Spin = kT^n \tag{1}$$

ここで $Spin$ は回転数，T は膜厚，k, n は定数である。

この式から基板回転数が高いほど，膜厚は薄くなることがわかる。図2に回転数と膜厚の関係を示す。回転数と膜厚を対数グラフにプロットすると直線で近似出来ることがわかる。

この例ではフィッティングした近似式から，

$$Spin = kT^n$$
$$k = 2.6104 \cdot 10^7$$
$$n = -1.3086$$

が得られ，たとえば900 nmで塗布するためには3,554 rpmで塗布すればよいことがわかる。こ

---

[*] Atsushi Sekiguchi　リソテックジャパン㈱　専務取締役，ナノサイエンスグループ
　　　　　　　　　　　ナノサイエンスグループ長

表1 各塗布方法の特徴比較

コーティング方法	膜厚	均一性	膜厚変動	欠陥	スループット	価格
スクリーン印刷法	厚膜	△	×	×	◎	◎
スピン塗布法	超薄膜〜100 μm	◎	◎	◎	△	高
ロールコート法	1〜100 μm	△	△	×	○	○
ラミネート法	20〜100 μm	◎	◎	◎	◎	△
ディップコーティング法	1〜100 μm	△	×	○	○	◎
スプレーコーティング法	100 nm〜100 μm	△	×	○	○	△

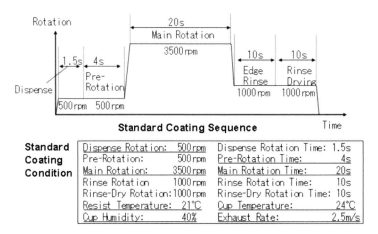

図1 スピン塗布プログラムの一例

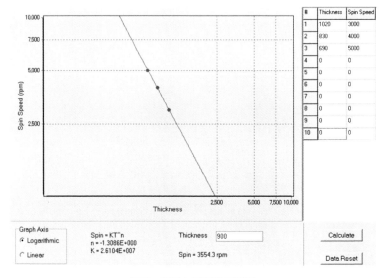

図2 膜厚と回転数の関係

第1章 塗布・現像装置の技術革新

のように膜厚は高速回転数で決まるが,実際には塗布カップ内の温度,湿度,溶媒蒸気濃度,排気速度などにより膜厚は影響を受ける。

また,この係数はフォトレジストの粘度,レジストの種類によっても影響を受ける図3にフォトレジストの種類の違いによる塗布曲線を示す。

2.2.1 塗布プロセスの影響

塗布プロセスの影響についてデータを紹介する。

(1) 高速回転時間の影響

図4に高速回転時間と膜厚の関係を示す。高速回転時間が短いと膜厚は厚くなり,20秒を越えるとほぼ膜厚は固定する。高速回転時間は20秒以上であることが望ましいと言える。

基板上にレジストを滴下するときの基板回転数によっても,高速回転数が同じであっても最終膜厚は変化する。基板上にレジストを滴下するときの基板回転数が上昇するとレジスト膜厚は厚くなる(図5)。これは滴下後レジストが広がる際に溶媒の蒸発を伴うためと思われる。

図6に異なるレジスト滴下時基板回転数における膜厚と高速回転数の

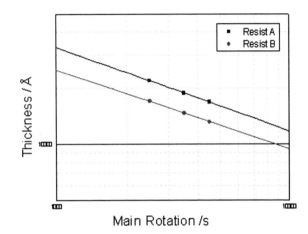

図3 レジストの種類による塗布曲線の比較

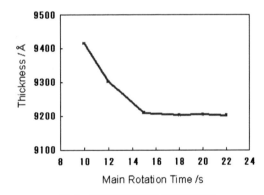

図4 高速回転時間と膜厚の関係

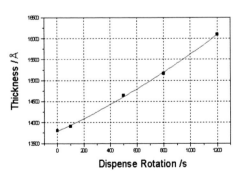

図5 レジスト滴下時の基板回転数と膜厚の関係

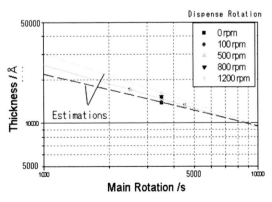

図6 異なるレジスト滴下時基板回転数における膜厚と高速回転数の関係

関係を示す。この図からレジスト滴下時の基板回転数が上がるに従い、膜厚直線の傾きが急になることがわかり、特に低速回転領域での解離が目立つようになる。

(2) **塗布時の湿度の影響**

図7に塗布時の湿度と膜厚面内分布の関係を示す。湿度が低下すると膜厚は上昇する。これは湿度が下がることで溶媒の蒸発が促進するためと考えられる。しかし、膜厚面内分布にはそれほど変化は見られない。

図8に塗布時の温度と膜厚面内分布の関係を示す。塗布室内の温度が上昇すると膜厚は厚くなる。また、塗布膜の膜厚分布が凸形から凹形に変わることがわかる。26℃(レジスト温度は21℃)の時に、もっとも面内均一性が向上することがわかる。

図9に異なるレジスト温度と膜厚面内均一性の関係を示す。塗布室内温度が26℃の時、レジスト温度21℃において最も高い均一性が得られている。このようにレジストの温度も塗布精度に影響を与えることがわかる。

図10に排気速度と膜厚面内均一性の関係を示す。排気速度が0つまり、排気をしない場合、

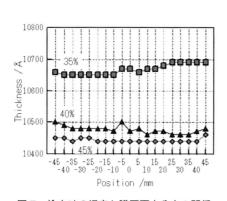

図7 塗布時の湿度と膜厚面内分布の関係

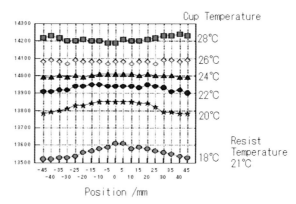

図8 塗布時の温度と膜厚面内分布の関係

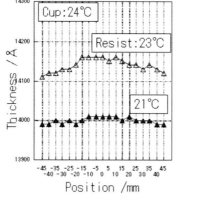

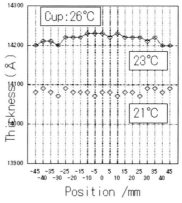

図9 異なるレジスト温度と膜厚面内均一性

第1章 塗布・現像装置の技術革新

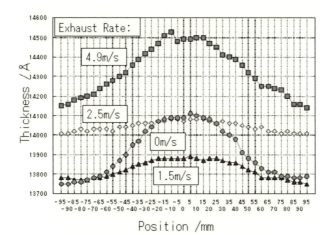

図10 排気速度と膜厚面内分布の関係

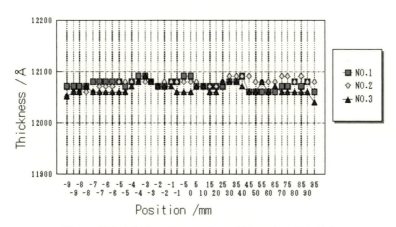

図11 塗布室温度26℃,レジスト温度21℃,排気速度
2.8 m/sによる塗布結果(面内分布)

ウェハの中心が厚くなる傾向が示される。排気速度を上げていくと,面内均一性は向上するが,上げすぎると再び低下する。排気速度には最適な値があることがわかる。

図11に塗布室内の温度26℃,レジスト温度21℃,排気速度2.8 m/sによる塗布結果を示す。条件を整えると直径200 mmのSi基板3枚において5 nm以内に塗布することが出来る。このように均一にレジストを塗布するためには,塗布プロセスの最適化が必要である(図12)。

図12 レジストコーター・
ベーク装置(LTJ社製)

3 HMDS 処理

3.1 HMDS の原理

ウェハにレジストの塗布性を良くするため，ヘキサメチルジシラザン（HMDS）処理を行う。特に Si 酸化膜表面には水分が付着したりシラノールなどが形成されており，レジストの密着を阻害する。そこで，水分の除去およびシラノールの分解を目的とした処理を行う。ウェハを 100〜120℃ に加熱し，ミスト状の HMDS を処理チャンバー内に導入して，反応させる[1]。図 13 に反応メカニズムを示す。処理により親水性で接触角が小さかった表面は疎水性で接触角の大きい表面に変化する。ウェハを加熱する事でより高い密着効果が得られる。最近は，さらに密着性を向上させるために加熱真空中で HMDS を導入するバキューム・ベーパー・プライム法（VVP）なども報告されている[2]。

3.1.1 HMDS 処理効果の確認

HMDS 処理の効果を見る場合，一般的には，接触角の測定を行う。図 14 に HMDS 処理時間と接触角の関係を示す。基板は Si である。HMDS 処理時間が 1 分以上で，接触角は 80 度以上になり，処理効果は一定とな

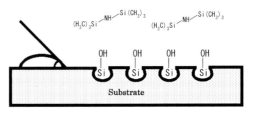
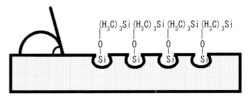

図 13　HMDS 処理概念図

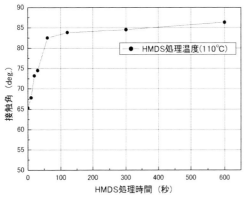

図 14　HMDS 処理時間と接触角の関係
（処理温度 110℃の時）

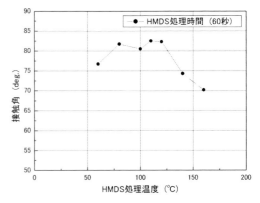

図 15　HMDS 処理温度と接触角の関係
（処理時間 60 秒の時）

第1章 塗布・現像装置の技術革新

る。また，図15にHMDS処理温度と接触角の関係を示す。120℃を越えると，接触角は低下する。これは，熱によりHMDSが分解したことを示す。従って，100〜110℃程度の温度でHMDS処理を行うことが望ましい。

図16にHMDSの処理効果を示す。酸化膜付きSi基板をHMDS処理し（図17），レジストパターンを形成する。次いで，バッファードフッ酸にて酸化膜をエッチングする。エッチング液はレジストパターンの下にも入り込み，等方エッチングされる。HMDS処理がなされると，写真のように，パターンが脱落することなく，保持されるのである。

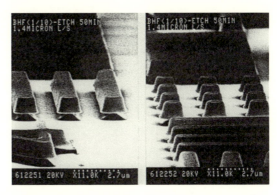

図16 HMDSの効果 （パターンサイズは1μm）

到達真空度　　：10^{-1}Torr
設定温度　　　：80-200℃
HMDSガス供給：バブリング方式
サンプルサイズ：標準6インチカセット2個または、8インチカセット1個
装置サイズ　　：W1450XD600XH1750
電源　　　　　：200V/30A

図17 バッチ式真空HMDS処理装置（LTJ社製）の例

図18 マニュアル・ベーク装置（LTJ社製）

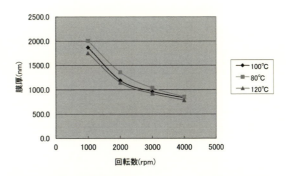

図19 膜厚と回転数の関係（プリベーク温度 80, 100, 120℃/ レジスト OFPR-800 20CP）

4 プリベーク

フォトレジストを基板にスピン塗布した後は,ホットプレートを用いてプリベークされる。プリベークは露光後に行われるポストベークに対して,露光前に行われるベークであるために「プリ」・ベークと呼ばれる。プリベークの主目的は樹脂の溶媒を蒸発させて強固な膜を作ることである。プリベークの温度が低いとレジスト中に溶媒が残り,高すぎると感光剤自体の分解が起こる。一般的には90~110℃くらいで行われる。プリベークは古くはオーブンのようなバッチ処理が用いられて来た。次いで,ベルトオーブンが使われた。ベルトオーブンとはベルトにウェハを載せ,ベルトを移動させながら上面に設置された熱源からの熱でベークする方法である。オーブン型もベルト型も上面からベークされる。一方,25年ほど前に米GCA社ではじめて,ホットプレート方式が発表された。現在はこのホットプレート方式が主流である。ホットプレート方式は初期のころはベークプレートに吸着穴を開け,ウェハを真空吸着して保持した。その後,より均一性の高いベークを行うため,輻射熱を利用したプロキシミティー・ベーク方式が採用された。プロキシミティー・ベークはベーク表面にピンをたて,200~400μm程度ウェハを浮かせてベークを行う方法である。ただし,ピンの高さが「ばらつく」と基板と熱板との距離が面内で変動し,かえって不均一なベークを行うことになる。

図18にLTJ社のマニュアル・ベーク装置の外観写真を示す。

図19にプリベーク温度とレジスト膜厚の関係を示す。同じ塗布回転数であれば,プレベーク温度が高い方が,膜厚は減少する。これは,プリベーク温度が高くなることで,溶媒がより蒸発し,結果として膜厚が薄くなることを示している。

図20にプリベーク温度とDillのAパラメータ[3]の関係を示す。Aパラメータとは感光剤の濃度(すなわちフォトレジストの光に対するコントラスト)を示している。図20から,プリベーク温度が140℃以上になるとAパラメータが減少する。つまり,これ以上の温度で感光剤の分解が起こっていることを示している。図21にプリベーク温度における分光透過率を示す。160,

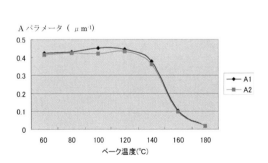
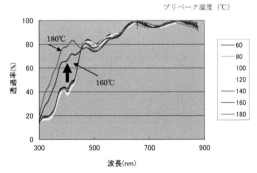

図20 DillのAパラメータとプリベーク温度の関係(OFPR-800/2回測定)

図21 異なるプリベーク温度における分光透過率データ(OFPR-800 1μm膜厚)

180℃において波長300～500 nm領域で透過率の上昇が見られる。このことからも、高温でベークすることで感光剤の分解が起っているとこがわかるのである。

プリベーク温度には最適値があり、フォト特性、感度などから最適値は決まるのである。

5 現像技術の概要

ノボラックレジストなどでは露光、PEB後にアルカリ現像を行い、パターンが形成される。未露光領域では感光剤の疎水効果で樹脂はアルカリ現像液に不溶化している。露光することで感光剤が分解され、樹脂は親水性に変化し、アルカリ現像液に可溶化する。この未露光領域は不溶、露光量領域は可溶という現像コントラストを利用してパターニングが可能となる[4～9]。アルカリ現像を行う装置は、その用途によりさまざまな装置がある。ここでは、現像方法およびその装置の概要について簡単に述べる。

5.1 ディップ現像

ディップ現像装置は現像槽にて温調された現像液に露光された基板を挿入して現像する装置である。基板を引き上げるまでの時間により現像時間を制御する。図22にディップ現像装置の概要を示す。

ディップ現像装置は、装置構成が簡単で安価であり、バッチ処理による大量処理が可能である。一方、現像液の劣化によるバッチ間における寸法安定性に問題がある。

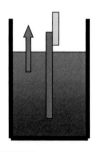

ディップ現像法

特徴
○装置が簡単・安価
○バッチ処理による大量処理が可能
●寸法安定性:　　×
○欠陥発生:　　　○

図22　ディップ現像装置の概要

5.2 スプレー現像

スプレー現像装置は基板を回転しながら，スプレーノズルから噴霧する現像液を用いて現像する方法を用いた装置である。図23にスプレー現像装置の概要を示す。

毎回，新液の現像液を供給するため，プロセスがクリーンである一方，現像液の使用量は多くなり，コスト的な問題もある。

図23 スプレー現像装置の概要

5.3 パドル現像

パドル現像は，基板を回転しながら現像液を基板上に供給し，その後，メニスカス状に基板の上に現像液を保持し，現像を行う方法である。現像液の使用量が少なく，プロセスがクリーンなため，現在，最も採用されている現像方法である。問題点としては，現像液の基板への供給の際にマイクロバブルによる微小欠陥が発生する事である。図24にパドル現像方法の概要を示す。

パドル現像装置は最も一般的に使われている現像方法である。

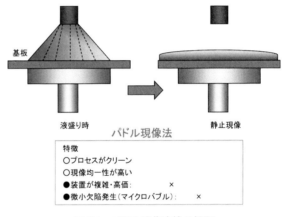

図24 パドル現像方法の概要

5.4 ソフトインパクトパドル現像

パドル現像は現像液を供給する際に，細かな泡を含んでしまい，マイクロバブルによる微小現像欠陥が発生する。そこで，現像液をウェハ上に供給するの際に，出来るだけマイクロバブルを発生させない現像液の供給方法が求められた。それらの要求に応えるために開発されたのが，ソフトインパクトなノズル，E2ノズルである。E2ノズルは現像液をノズルから溢れるように基板上に供給して，出来る限りマイクロバブルの発生を抑える構造を有している（図25）。超精密現像を行うための現像装置にはこのソフトインパクトノズルが採用されている。

図26，27にLTJ社製ソフトインパクトノズルを採用した現像装置とそのソフトインパクトノズルの構造を示す。ノズルの断面は現像液をためる桶のような構造になっている。上部より現像

第1章 塗布・現像装置の技術革新

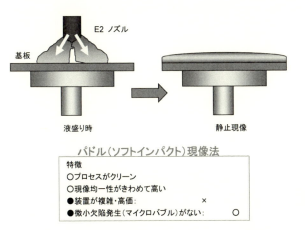

図25 ソフトインパクトノズルによるパドル現像法

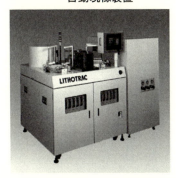

External appearance of the Developer, LWRD-1008

図26 ソフトインパクトノズルを採用した現像装置（LTJ社製）

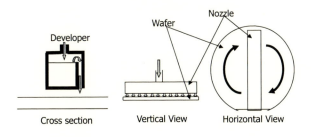

Schematic view of the Delicate-Impact nozzle

図27 LTJ社で採用しているソフトインパクトノズルの構造

　液が供給されると，堰を越えて現像液が溢れ，ノズルからカーテン状に流れ出る。ウェハとノズルの出口の距離は1mm以下であり，ウェハを1回転させて，まるでクレープを作るように，現像液をウェハ上に塗布する。こうすることで，マイクロバブルの発生の無い，均一な現像液の供給が可能となる[10]。

　図28にLTJ社で採用しているソフトインパクトノズルの外観写真を示す。

　ソフトインパクトノズルを用いたウェハ面内の現像均一性の結果を図29に示す。8インチウェハ5枚の面内の寸法測定結果である。パターンサイズは140nmラインを計測した。その結果，全測定点において，3σで4nmの範囲に入っていることが確認された。また，マイクロバブルによる現像欠陥も発生していない[11]。

　現像工程はリソグラフィーの最終工程であり，すべてのエラー成分が集積する工程でもある。現像を制することはリソグラフィーを制するとも言えるのである。

現像の寸法面内分布

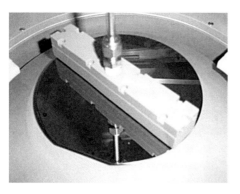

図28 ソフトインパクトノズルによる現像（ノズルの外観写真）

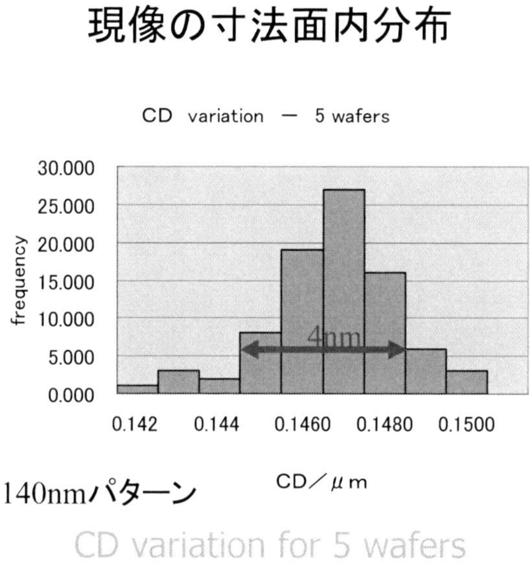

図29 ソフトインパクトノズルによる現像結果（ウェハ面内の現像均一性）

文　　献

1) R. Dammel, Short course notes, SPIE's 1992 Symposium on Microlithography, **SC-12**, Chapter 2, p.91 (1992)
2) GCA Corp. IC system group, Wafertrac Application Note, pp.1-4 (1983)
3) F. H. Dill, W. P. Hornberger, P. S. Hauge and J. M. Shaw, *IEEE Trans. Electron Dev.*, **ED-22**, (7), 445-452 (1975)
4) A. Sekiguchi, C. A. Mack, Y. Minami and T. Matsuzawa, *Proc. SPIE*, **2725**, 49-63 (1997)
5) 関口淳, 扇子義久, 松澤敏晴, 南洋一, 電子情報通信学会論文誌 C-2, **J79-C-II** (5), 176-182 (1996)
6) 関口淳, 松澤敏晴, 南洋一, 電子情報通信学会論文誌 C-2, **J 78-C-II** (12), 554-561 (1995)
7) 関口淳, 南洋一, 松澤敏晴, 武澤亨, 宮川久行, 電子情報通信学会論文誌 C-2, **J77-C-II** (12), 555-563 (1994)
8) C. A. Mack 著, 松澤敏晴訳, Inside PROLITH 日本語版, pp.100-103, リソテックジャパン (1997)
9) L. Mader and C. Friedrich, *Proc. SPIE*, **3334**, 739-746 (1998)
10) A. Sekiguchi, C. A. Mack, Y. Minami and T. Mastuzawa, *Proc. SPIE*, **2725**, 49 (1996)
11) C. A. Mack, M. J. Maslow, R. Carpio and A. Sekiguchi, Olin Microelec. Materials Inter Face '97 Proc., 203 (1997)

第2章 密着強化処理（シランカップリング処理）の最適化技術

河合　晃*

1　はじめに

　固体表面の濡れ性制御は，疎水化処理と親水化処理に主に分けられる。疎水化処理として，シランカップリング処理やフッ素プラズマ処理が代表的であり，親水化処理は酸素プラズマ処理が有効である。シランカップリング処理後の表面安定性も高く，実用的なプロセスとして，微粒子の分散，微細パターンの付着性，およびウェットプロセスでの浸透制御に用いられる。ここでは，フォトレジストの付着・密着性に大きく関わるシランカップリング処理について述べる。一般に，表面エネルギーの分散および極性成分解析によって，物質の表面特性を表せる。シランカップリング処理は，基板表面の極性成分を低下させる作用がある。すなわち，基板表面に存在するOH基などの親水基を疎水基（親油基）に置換する。特に，コーティング膜の液中での安定性にシランカップリング処理は有効である。液中での濡れ付着解析には拡張係数が有効である。また，シランカップリング処理は真空系を必要としないため，設備は比較的簡略であり，汎用性の高い表面改質処理として位置付けられる。ここでは，シランカップリング剤として，半導体LSIプロセスや液晶パネルおよび太陽電池パネル作製に実績を有するヘキサメチルジシラザン（HMDS：Hexamethyldisilazane，$C_6H_{19}NSi_2$）を主体に解説する。

2　HMDSによる表面疎水化処理[1,2]

　HMDSは無色透明で無害の液体であり，少し刺激性の臭気があるが取り扱いは比較的容易である。しかし，水分との反応性は高く，保存には注意を要する。化学的性質は表1に示すとおりである。プロセス上重要となる沸点は126℃である。HMDSのシランカップリング反応は，図1のように，シリコン酸化膜表面の親水基であるOH基を，疎水基である$3CH_3$-SiO基へ置換する働きである。通常は，カップリング反応を促進させるため，HMDSを蒸気あるいはガス状にして基板上に供給する。HMDSを液体のままで高分子膜に散布するとゲル化反応を生じ，基材を損傷させる恐れがある。また，図1のように，シランカップリング反応過程においてアンモニアが発生する。アンモニアは，人体に有害だけでなく装置腐食を引き起こすため，排ガス処理を十

---

*　Akira Kawai　長岡技術科学大学大学院　教授
　電気電子情報工学専攻　電子デバイス・フォトニクス工学講座

表1 ヘキサメチルジシラザン(HMDS)の
化学的性質

HMDS（Hexamethyldisilazane）：	
外観	無色透明
分子量	161.4
比重	0.774（25℃）
沸点	126℃
蒸気圧	1733 Pa
爆発範囲	0.8〜16.3 vol%
溶解性	水に難溶，アセトン・MEK に可溶
反応性	通常保管で安定
安全性 皮膚	軽度の刺激
吸入	頭痛・吐き気

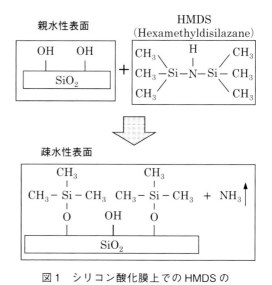

図1 シリコン酸化膜上でのHMDSのシランカップリング反応

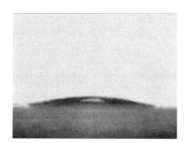 

(a)未処理基板(11度)　　(b) HMDS処理(85度)

図2 シランカップリング処理による濡れ性変化

分に行う必要がある。また，水分の影響を強く受けるため，処理プロセス中の湿度管理が重要となる。これらは，処理装置の構成において大きく影響する。このように，固体表面の疎水性および親水性の評価には，液体の濡れ性を表す接触角法が有効である。また，表面処理を定量評価するためには，表面エネルギー γ（mJ/m^2）が適している。

図2は，シランカップリング処理による接触角の変化を示している。純水の接触角はシリコン酸化膜などの親水性表面では低くなるが，シランカップリング処理による疎水化によって高くなることが分かる。また，カップリング処理を行った表面の化学結合状態を調べるには，FT-IRやESCAなどの化学分析手法が有効である。図3は，FT-IR-ATR法で測定したシリコン酸化膜表面の解析結果を示している。シランカップリング処理に基づく疎水基に起因したピークが得られている。シランカップリング処理した試料の保存は，乾燥窒素および乾燥空気中の密閉容器，

第2章　密着強化処理（シランカップリング処理）の最適化技術

あるいは減圧チャンバー内が好ましい。これらの保存条件であれば，半日程度は表面特性を維持できる。1日以上経過すると徐々に親水性へ劣化していくので注意が必要である。

3　HMDS処理プロセスの最適化[1,3]

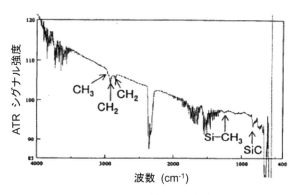

図3　FT-IR-ATR法により解析した
HMDS処理後の疎水基

実用化レベルでのシランカップリング処理（以下，HMDS処理）では，バブリング方式などの気化プロセスが採用されている。これは，シリコン半導体ウェハおよび液晶用ガラス基板の大面積化に伴い，迅速で均一性の高い処理が求められるためである。また，気化プロセスは，HMDSの消費量を抑える上でも効果的である。HMDS処理の性能を効果的に引き出すには，気化方法，カップリング処理温度，処理時間，単分子化処理などの主なプロセスを最適化することが必要である。図4は，HMDS処理の代表的なプロセスフローを示している。このフローは，現在の半導体処理プロセスで実際に用いられており，処理装置構成に大きく影響する。主な処理パラメータは，HMDS処理時間および温度，カップリング処理促進用の熱処理などである。通常，これらは厳密にコントロールされている。処理表面の評価には，純水の接触角測定を用いる。図5は，HMDSの飽和蒸気処理を目的とした基本ユニットを示している。密閉容器中でHMDS溶液を自然蒸発させて飽和蒸気雰囲気を作り，近傍に設置した基板を処理する。HMDS蒸気が外部に漏れないように局所排気機能も有している。このシステムにより，処理時間は長くなるが，基板表面の単分子化処理が行える。シランカップリング反応は表面の単分

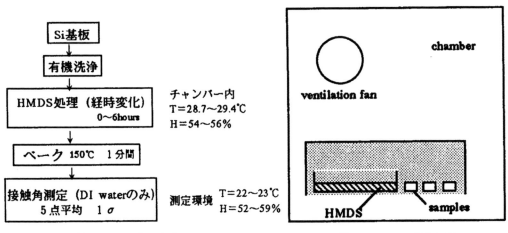

図4　HMDS処理条件フロー　　　　図5　HMDSの蒸気処理

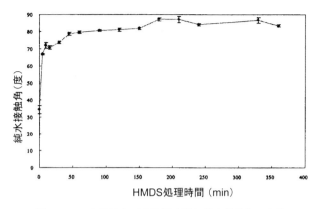

図6 HMDS 蒸気中での処理時間と純水接触角の変化

子層で十分であり，過剰な処理は逆効果となる。

図6は，HMDS処理時間に伴う純水接触角の変化を示している。サンプルは代表的な半導体基板であるシリコンウェハを用いている。処理前のシリコンウェハの接触角は35度程度であるが，わずか数分のHMDS処理で接触角は70度まで増加し，その後，6時間かけて85度まで徐々に増加し飽和していく。実プロセスでは，数分間のHMDS処理時間で十分な効果が得られる。図7は，HMDS処理後の熱処理温度および時間依存性を示してい

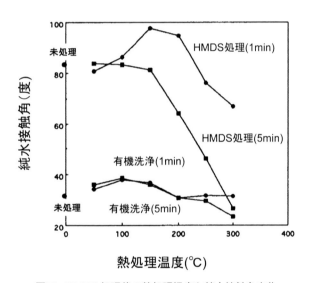

図7 HMDS 処理後の熱処理温度と純水接触角変化

る。比較として，有機洗浄処理のみのシリコン基板のデータも示している。処理温度は50～300℃であり，処理時間は1分および5分間である。熱処理前の接触角は，有機洗浄後で35度であるが，HMDS処理後では85度となる。有機洗浄のみの場合は，熱処理温度の増加に伴い，接触角は徐々に低下している。これは，シリコン基板表面に薄い酸化膜が形成されることによって，純水の濡れ性が増加することを示している。一方，HMDS処理後に実施した約120℃で1分間の熱処理によって，接触角は100度近くとなり最大を示している。よって，HMDS処理後の熱処理温度に最適値が存在する。この熱処理温度は，HMDSの沸点に近いことが特徴的である。HMDSの沸点近くで熱処理することで，試料表面に過剰に残存していたミスト状のHMDSを気化し除去できる。これにより，シリコン酸化膜表面に，単分子のシランカップリング層が形成できる。しかし，さらに高温の熱処理を行うと，疎水基の熱分解が生じるため，その効果は低減す

第2章 密着強化処理（シランカップリング処理）の最適化技術

るとともに，熱酸化膜の成長が促進し純水接触角は低下してくる。また，5分間の熱処理では，接触角の最大値が見られず，有機洗浄と同程度まで接触角が減少している。これも，過剰な熱処理でシリコン酸化膜の成長が促進したことが理由である。以上のように，HMDS処理後の熱処理温度と時間には，疎水化処理の品質に大きく影響を受けるため，プロセス装置の構成には十分な検討が必要となる。

4　HMDS処理装置

図8は，実用化されているHMDS気化器の原理図を示している。気化方式には，バブリング方式と減圧方式がある。どちらも耐腐食性の高いSUSチャンバーを用いる。チャンバーの容量は，10～100L仕様のものが多い。タンクの断面積が蒸発面積となるため，液面高さの管理は重要となる。表2には気化方式の特徴をまとめている。比較のために，初期に用いられていたHMDS原液の滴下スピン方式も記載している。HMDSの処理量を抑え，単分子層のHMDS処理を行うには，減圧方式が有利である。実用機では，処理効率を上げるためバブリング方式が採用されている。また，表3には，HMDS処理シーケンスの特徴をまとめている。また，HMDSはバイトンなどのシール材料を膨潤させるため注意を要する。耐薬品性の高い

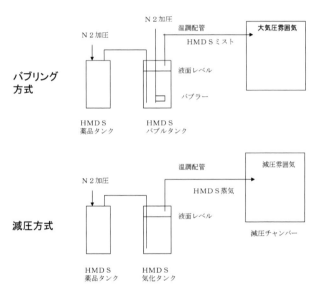

図8　HMDSの気化方式

表2　HMDS気化方式

方式	HMDS使用量	HMDSガス濃度	装置構造	特徴
バブリング	比較的多い	N₂バブル量に依存する。ミスト状態（結露しやすい）大量の供給が可能である。	加圧構造 バブラーや液面管理が必要	チャンバー減圧とは独立して，HMDSを供給できる。
減圧	少ない	液面の面積に依存する。ガス化のため結露しにくい。時間当たりの供給量が少ない	減圧構造 比較的簡単	加熱併用 チャンバーの減圧と同一にできる。
滴下スピン（参考）	かなり多い	原液散布のため高濃度	簡単	消費量が多い

表3 HMDS処理ユニットでのシーケンス比較

	長所	短所	共通
大気圧仕様	・装置構造が簡単 ・小型化	・HMDS均一性の低下 ・処理時間が増大 ・HMDS消費量大	・SUS材 ・テフロン ・高温配管 ・結露防止
減圧仕様	・HMDS均一性が向上 ・HMDS消費量の低減 ・短時間処理が可能 ・単分子膜化が容易	・チャンバーが減圧仕様 ・減圧ユニットが必要 ・全体の処理時間が増加	
改良仕様 (超音波+ガス化)	・構造が簡略 ・高温配管不要 ・制御性の増大	・HMDS使用量が多い?	

カルレッツなどのパッキンを使用する必要がある。図9には，代表的なHMDS処理装置のユニット構成を示している。これらの処理シーケンスには，処理速度，処理均一性，装置の小型化などの条件が反映されている。脱水ベークは，基板表面に吸着している水蒸気ミストを蒸発させることを目的とし，シーケンスの最初に行う。単分子化ベークは，カップリング反応を促進させ余剰なHMDSミストの除去を目的としている。気化器で発生させたHMDS蒸気を，効率良く基板全面に暴露させるには，蒸気流れのコンダクタンスを高めるように，配管径や減圧による圧力差を設計する必要がある。ユニットを減圧系に設計すると，ガスの平均自由行程が高くなり処理均一性を向上させることができる。図10は処理チャンバー内の処理シーケンスを示している。HMDS蒸気の処理前後には，チャンバー内をN_2あるいは乾燥空気(DA)で

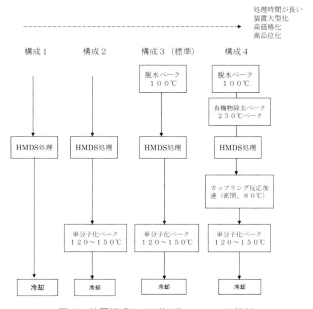

図9 装置構成および処理ユニットの比較

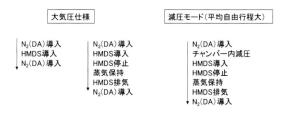

図10 処理チャンバー内のシーケンス

第2章 密着強化処理（シランカップリング処理）の最適化技術

置換する。これにより残存するアンモニアガスを除去できる。

5 HMDS処理によるレジスト密着性と付着性制御[4,5]

シランカップリング処理は，一般に，基板の表面エネルギーの極性成分を低下させる。このため，基板上に付着したレジスト膜や微粒子などの溶液中での密着性を改善できる。これは，拡張係数Sによる円モデルで説明できる。図11は，HMDS処理を行ったシリコン基板の表面エネルギー成分図を示している。25秒までの短い処理であるが，HMDS処理に伴ってシリコン基板の極性成分が減少する。そして，レジスト材料の成分値へ近づいていく。図12は拡張係数Sに基づく円モデル表示をしている。HMDS処理により，基板とレジストとの成分値を直径とする円が縮小していく様子が分かる。これにより，純水の成分値は円から離れており，HMDS処理し

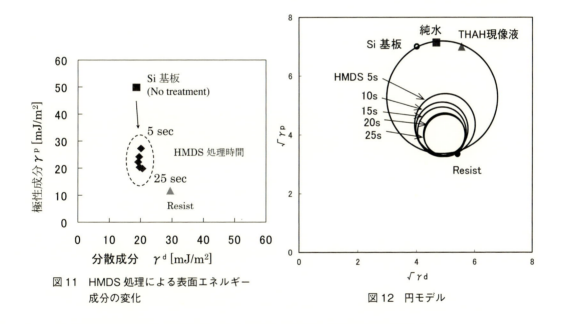

図11 HMDS処理による表面エネルギー成分の変化

図12 円モデル

表4 カップリング処理時間とエネルギー変化

HMDS処理	γ^p (mJ/m^2)	γ^d (mJ/m^2)	γ (mJ/m^2)	W_a (mJ/m^2)	S (mJ/m^2)
Si 0 [sec]	49.9	18.6	68.5	95.1	0.04
5 [sec]	27.2	20.1	47.3	84.3	14.1
10 [sec]	24.2	19.4	43.6	81.4	16.1
15 [sec]	22.3	19.2	41.5	79.8	17.6
20 [sec]	19.9	20.5	40.4	79.6	19.7
25 [sec]	20.4	19.7	40.1	79.0	19.2
Resist	11.7	29.4	41.0		

たシリコン基板とレジスト膜との界面へ
は，純水が浸透しなくなることが分かる。
表4および図13には，拡張係数Sの値を
示している。比較のために付着仕事Waも
示している。HMDS処理時間の増加に伴
い，拡張係数Sは正の値で増加すること
が分かる。すなわち，シランカップリング
処理することで，界面への水の浸入を防止
できる（密着性）ため，塗膜の耐久性に大
きく効果がある。図14は微細高分子パ
ターンの剥離状況の電子顕微鏡写真を示し
ている。これは，パターン現像時のリンス
中に基板界面への純水の浸透によって生じ
た剥離不良である。この基板にHMDS処

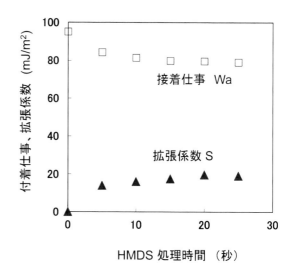

図13　HMDS処理による拡張係数と接着仕事の変化

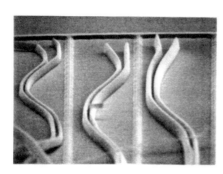

（　0.3〜0.5 μm　L/S　）

図14　レジストパターン剥離

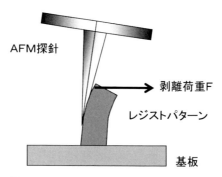

図15　AFMを用いたレジストパターンの付着力解析（DPAT法）

第2章 密着強化処理（シランカップリング処理）の最適化技術

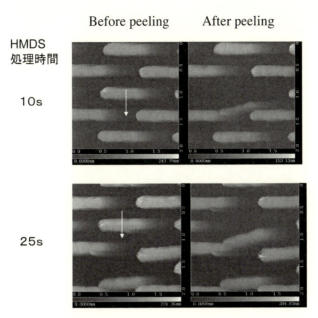

図16 HMDS処理前後の微細レジストパターンの
剥離実験

理を行うと，このようなパターン剥離が改善されて，密着性が向上することとなる。

このように，シランカップリング処理による表面エネルギーの低下に伴い，基板とコーティング膜との密着力は改善する。しかし，コーティング膜と基板の界面付着力は低下することとなる。ここで，密着力と付着力との定義の違いに触れておく。一般的に，密着力は溶液などの界面浸入を防ぐシーリング能力である。付着力は界面を形成する2表面間の引き合う力である。図13に示したよう

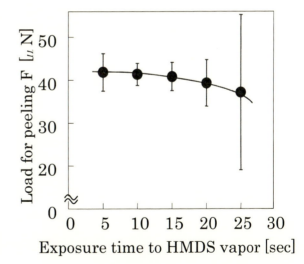

図17 HMDS処理時間とレジストパターンの
付着力との関係

に，シランカップリング処理では，液体中での固体間の密着性（拡張係数S）は改善されるが，基板上の固体の付着力（付着仕事Wa）は低下させる。逆に，酸素プラズマ処理のように，固体と基板との物理的な付着力は高くするが，溶液に対する界面の密着性は低くなる場合もある。ここでは，図15に，原子間力顕微鏡（AFM）を用いた微細レジストパターンの付着力の測定方法

を示している．AFM を用いることで，このような微細パターンの剥離力（N）を定量化することができる．図16には，実際に AFM の探針を用いて，直接剥離させたレジストパターン像を示している．この場合の HMDS 処理時間は10秒から25秒間である．微小なレジストパターンが慎重に剥離されている様子が確認できる．そして，図17は，HMDS 処理時間とレジストパターンの付着力との関係を示している．HMDS 処理時間の増加に伴い，パターンの付着力は低下することが分かる．このように，大気中でのレジストパターンと基板間の付着力は，HMDS 処理によって弱められることが実験的に確認できる．

6 おわりに

シランカップリング処理剤として HMDS に注目し，密着および付着特性などを概説した．特に，実際の半導体 LSI，液晶パネルおよび太陽電池パネル製造工場で適用されている装置およびプロセスに注目した．シランカップリング処理により，基板の表面エネルギーの極性成分が低下し，レジスト膜との密着性は向上する．しかし，レジスト膜と基板との接着力は低下する．ここでは，コーティング膜の安定性コントロールにおいて，シランカップリング処理の有効性を示した．

文　　献

1) A. Kawai, J. Kawakami, *J. Photopolymer Sci. and Technol.*, **20**, 815-816 (2007)
2) A. Kawai, T. Abe, *J. Photopolymer Sci. and Technol.*, **14**, 513-518 (2001)
3) A. Kawai, J. Kawakami, *J. Photopolymer Sci. Technol.*, **16**, 665-668 (2003)
4) A. Kawai, D. Inoue, *J. Adhes. Soc. Technol.*, **39**, 255-258 (2003)
5) A. Kawai, J. Kawakami, *J. Photopolymer Sci. and Technol.*, **20**, 815-816 (2007)

第3章 露光装置の進展の歴史と技術革新

宮崎順二[*]

1 露光装置の歴史

半導体の進化はムーアの法則で知られるように，2年毎に最小寸法が0.7倍に，その集積度は2倍になってきた。この微細化の進展においてリソグラフィー技術，なかでも露光装置の進化の果たしてきた役割は大きい。

露光装置は，当初コンタクトプリンターから始まり，等倍露光のミラープロジェクションアライナー，そして，1980年台前半からステッパー，そして2000年台以降はスキャナーと呼ばれる縮小投影露光装置が広く使われるようになった[1,2]。

投影露光装置の解像力は一般に下記のレーリーの式で表される。

$$R = k1^* \lambda / NA \tag{1}$$

Rは解像力，λは露光波長，NAは光学系の開口数，k1はプロセスファクター

露光装置の進展は，NAの大口径化と短波長化により進んできた。図1には各年代のステッパー／スキャナーの波長とNAの進展を示した。

NAは初期のNA=0.25からNA=1.35へ，波長は436 nmから193 nmへと進化してきた。さらには13.5 nmへと短波長化への開発が進められている。本章では，縮小型投影露光装置の開発の歴史と最新の装置状況について述べる。

2 ステッパー

1980年代前半までミラープロジェクションアライナーが広く使われていたが，その解像力，重ね合わせ精度が限界に達した1980年代後半よりステッパーが広く使われるようになった。ステッパーとはステップアンドリピート型縮小投影露光装置のことで，マスク上のパターンが1/4

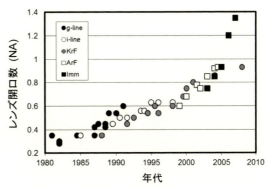

図1 ステッパー，スキャナーの露光波長とNAの移り変わり

---

[*] Junji Miyazaki エーエスエムエル・ジャパン㈱
テクノロジーデベロップメントセンター ディレクター

〜1/5に縮小されてウエハに投影される。また一度に露光されるエリアは15×15〜22×22 mm程度と小さく、これをステージを移動させながらウエハ全面に露光を繰り返す方式である。ステッパーの概略構成を図2[3)]に示した。

光源は当初超高圧水銀ランプが用いられ、初めは436 nmのg線が、その後、1990年頃より、より短波長である365 nmのi線が用いられるようになった。超高圧水銀ランプのg線、i線の波長はスペクトル幅が広いため、

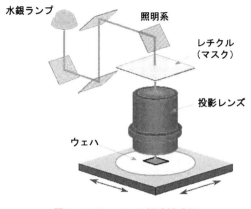

図2　ステッパーの概略構成図

色収差を補正する必要があり、複数の硝材を用いて色収差を補正した光学系が用いられる。開口数NAは、当初0.25〜0.3程度であったが、徐々に高NAが進み、最終的に0.60程度まで高NA化された。

ステッパーの重要な要素技術として、光学系と共に精密な重ね合わせ技術がある。半導体リソグラフィーでは、下層のレーヤに上層のレーヤを重ねて露光する。そのため、下層レーヤに予めアライメント用のマークを形成しておき、このマークの位置を計測して上層レーヤを正確に重ねて露光する重ね合わせ露光が行われる。高い重ね合わせ精度を得るため、露光ステージは干渉計を用いて高精度に位置決めされる。また高精度なアライメントマークの位置計測も重要である。

i線露光は、半導体製造工程において高い解像性を必要としない、イオン注入工程などに現在でも広く使われている。

その後、より短い波長を高出力で得られる光源として、超高圧水銀ランプに変わってエキシマレーザ光源が開発された。エキシマレーザとはExcited Dimerが語源で、ハロゲンガスと不活性ガスの励起二量体を利用したレーザである。1980年代後半より露光機用光源として開発が進められ、1990年代後半より広く使われるようになった。

光源の波長は当初KrFを用いた248 nmが用いられたが、その後、より微細な工程にはArFを用いた193 nmが用いられるようになった。

この波長域では一般的な光学ガラスは、十分な透過率を得ることができないため、石英のみを用いた色収差補正をしない光学系が用いられる。そのため、エキシマ光源は元々400 pm程度のスペクトル幅を持つが、1 pm以下に狭帯域化して使用される。

3　超解像技術による微細化

微細化は高NA化、短波長化と共に、プロセスファクターk1の改善によっても進展してきた。特に、1990年台半ばより、位相シフトマスクや変形照明と呼ばれる超解像技術が広く使われる

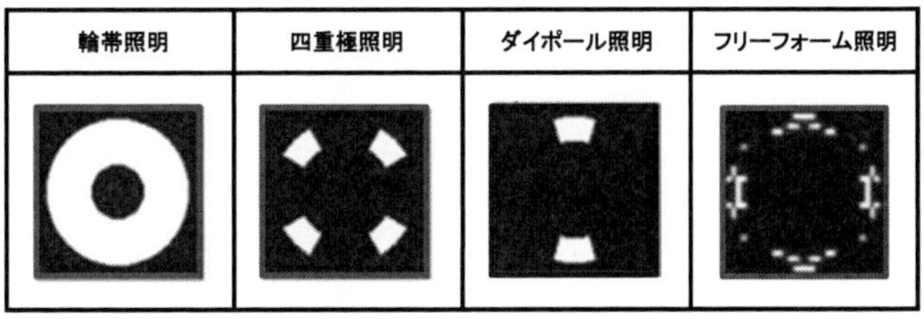

第 3 章　露光装置の進展の歴史と技術革新

図 3　超解像技術で適用される変形照明の例

ようになった。

　位相シフトマスクは，マスク上の位相を 180 度反転させた層を設けることで解像性を改善する手法である。大きく渋谷-レベンソン型（Alternate PSM），ハーフトーン型位相シフトマスク（Attenuated PSM）[4] の 2 種類があるが，ハーフトーン型位相シフトマスクが広く用いられている。

　変形照明とは，0 次光を斜めに入射する斜入射照明の原理を利用して，高次回折光の片側のみを瞳に取り込むことで解像性を改善する手法である。照明形状はパターンに合わせて輪帯，4 重極，2 重極などが用いられる。これをさらに進歩させたものとして，フリーフォーム照明[5] も用いられるようになっている。図 3 には代表的変形照明形状を示した。

4　スキャナー方式の登場と液浸露光による超高 NA 化

　さらに 1990 年代後半より更なる高 NA 化のためスキャナーと呼ばれるステップアンドスキャン方式の露光機が開発され，2000 年以降のウエハ径の 300 mm 化に伴い，この方式が主流となった。露光フィールドを一括露光するステッパーではレンズの大口径化が困難となり，高 NA と露光フィールド両立が難しくなる。そこで，図 4 に示したように露光領域を 26 mm 幅のスリット形状として，露光領域の長辺方向 32〜33 mm をスキャンして露光し，これをステッパーと同様にウエハ上を移動しながら繰り返す方式が開発された[2]。これにより投影レンズ上の口径を小さく保ちながら露光フィールドを 6 インチレチクルで可能な最大領域まで拡大することができスループットを改善することが可能となった。

　さらに 2000 年代前半には，ArF 露光装置の NA は 0.8 を超えて，実現可能な限界である NA＝0.93 に近づいてきた。ArF の波長を用いて更なる高 NA 化を実現する方法として，レンズとウエハの間を液体（水）で満たす液浸露光が 2002 年に BurnLin[6] らによって提案され，開発が進んだ。レンズとウエハの間を水で満たす方法としては，図 5 に示したようなシャワーまたはローカルフィルと呼ばれる方式が取られる[7]。これはレンズとウエハの間をフードで囲われた領域にのみに水を満たし，常時この水を循環させる方法である。開口数 NA は $NA = n^{*}\sin\theta$ で表される。ここで n は媒体の屈折率，$\sin\theta$ は，ウエハから見たレンズからの光の広がり角度である。空気中では n＝1 であるため，NA は 1 以上の値ととることができない。一方水の屈折率は

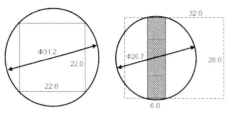
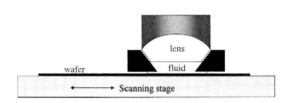

図4 投影レンズのレンズ径と
露光フィールドの関係

図5 液浸ノズルの原理図，ローカル
フィル／シャワー方式

n = 1.44 であるため，1.44 倍の NA を達成することができ，実際に NA = 1.35 まで実用化されている。これにより解像力は大きく改善し，38 nm ハーフピッチ以下のパターンまで解像することが可能となった[8]。

5 最新の液浸露光装置

ここでは最新の液浸露光装置に装備される機能とその性能について述べる。

図6に示したように NA が 1.1 を超える投影レンズでは，従来型の屈折光学系を用いたレンズではレンズ径が非常に大きくなり，その製造が困難になる。そこで新たにレンズとミラーを組み合わせた反射屈折光学系が用いられるようになった。これにより水を用いた限界である NA = 1.35 までの高 NA 化が実現した[9]。また結像性能，重ね合わせ精度を改善する新たな技術が適用されている。

スキャナーの高スループット化により，レンズヒーティングの制御が重要な開発課題となってきた。また，NA = 1.35 の結像ではマスクの遮光膜の厚みによる 3D 効果も無視できなくなる。そこで，高次のレンズ収差まで自由な形状に制御できる収差制御システムが開発された[10]。図7に示したように，収差はレンズの瞳面付近のレンズエレメントに装備されるレンズ内部を局所的に加熱，冷却する機構により制御される。この機構を用いることで，レンズヒーティングの影響やマスク 3D の影響を従来の半分以下に抑えることができるようになった。

照明形状を露光装置上に形成する方法として，従来は回折光学素子（Diffractive Optical Element；DOE）が用いられていた。近年は更なる微細化に対応するため，照明形状はより設計パターンに合わせて最適化されるようになり，SMO（Source Mask Optimization）と呼ばれるコンピュータを用いて照明とマスクパターンを同時に最適化する手法を使い完全に自由な任意形状の照明（FreeForm 照明）が使用されるようになった[7]。このような FreeForm 照明を露光装置上で自由に形成することが可能なプログラマブル照明機構（FlexRay）が搭載されるようになった[11]。FlexRay 照明では，図8に示すようにマイクロミラーアレー素子を用いて所定の照明形状を形成している。

従来型のステージは，干渉計を用いてステージの横方向から位置を計測していたが，300 mm

第3章　露光装置の進展の歴史と技術革新

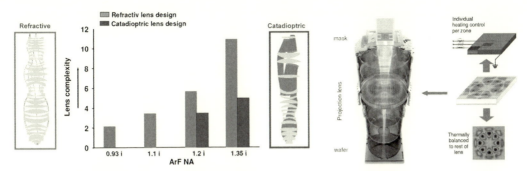

図6　高NA化によるレンズ製造技術の複雑化

図7　プログラマブルレンズ収差補正機能（FlexWave）

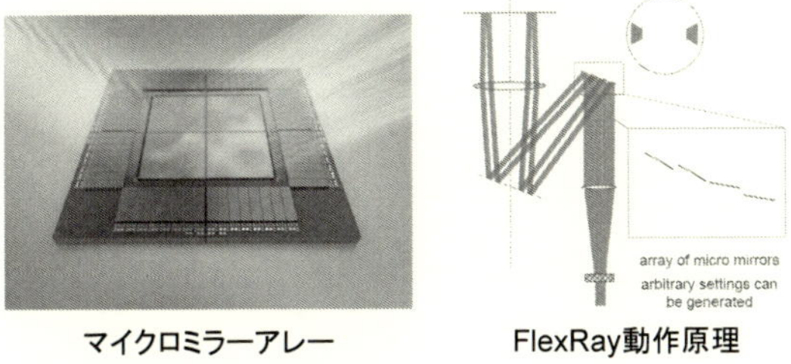

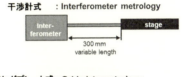

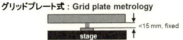

図8　マイクロミラーを用いたプログラマブル照明（FlexRay）

図9　ステージ位置計測方法の原理

径のウエハを駆動するため，干渉計とステージ距離が大きくなってしまう。そのため，空気の温度変動などの揺らぎが大きくステージの精度向上には限界があった。そこで，図9に示したようにグリッドプレートを用いてステージ上方または下方から位置を測定するエンコーダタイプの計測方法が開発された[12]。これにより空気の距離をステージから～15mm程度に抑えることができ，ステージの精度が大きく改善された。

これらの新規機技術に合わせて，更なるレンズ収差の改善，ステージの平坦性の改善などにより，最新の液浸スキャナーでは，ウエハ面内の寸法均一性は，40 nmLSパターン，孤立ラインパターンで0.6 nmを達成している。また重ね合わせ精度は，同一装置内では1 nm以下を達成し，他の装置とマッチングを行った場合でも1.7 nm以下を達成している。またこれらの精度と同時に250枚／時以上のスループットを達成している[13]。

6　EUVリソグラフィーの開発と最新状況

より高い解像力を達成するために，さらに短い露光波長として，13.5 nmのEUV光による露光方式が1986年に木下らによって提案された[14]。その後2006年にフルフィールド（33×26 mm），NA＝0.25の試作露光機がベルギーのIMECとニューヨーク州立大学アルバニー校の

二ヶ所の研究機関に導入されたころより，EUVリソグラフィーの実用化に向けた開発が本格的に始まった[15,16]。

13.5 nm の EUV 光は，ほとんどの物質に吸収されるという特徴を持つ。このため透過型のレンズを用いることができず，すべての光学系がブラッグ反射によるミラーで構成されている。反射膜には，Mo と Si を多層に積層したものが用いられる。また EUV 光は空気にも吸収されてしまうため，装置内は基本的に真空である。EUV 露光装置の構成の概要を図10に示す[17]。

装置内が真空であることが従来型の露光装置とは大きく異なり，真空中でのステージ位置制御や熱制御，また各種部材からのアウトガス対策などの技術が新たに必要となる[18]。

EUV 露光装置の一般的な光学系の例を図11に示した[19]。照明系，投影系，そしてレチクルもすべて反射光学系となっている。

投影光学系は複数枚のミラーのみを組み合わせたデザインのものが使われている。光学系の NA は，量産機では NA = 0.33 となっている。

ミラー表面の面精度は収差やフレアの原因となるが，EUV はその波長が ArF の 1/14 と短くなるため，非常に高い面精度

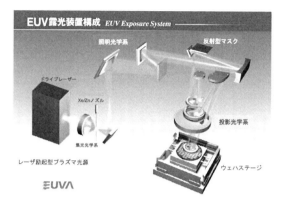

図10　EUV 露光装置の概略構成図

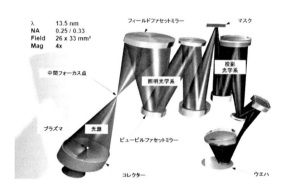

図11　反射光学系を用いた EUV 露光装置の光学系デザイン例

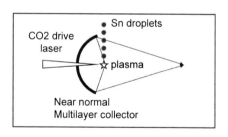

図12　LPP EUV 光源の概略構成図

で仕上げる必要がある。直径 200 mm 程のミラーの全面を 70～100 pm 以下の精度で仕上げる必要があり非常に高い技術が必要となる。照明系は，液浸露光装置と同じく，マイクロミラーを用いて，照度の低下無しに，自由な照明形状を作成することができるようになっている。

EUV リソグラフィーの実用化においてキーとなる技術が高出力 EUV 光源である。EUV 光源としては，錫 (Sn) のドロップレットにレーザを照射する LPP (Laser Produced Plasma) 方式が一般的となっている。

第3章 露光装置の進展の歴史と技術革新

図12にLPP光源の概略構成図を示した[20]。LPP光源は高繰り返し（50〜100 kHz）CO_2ドライブレーザをSnドロップレットに照射し，そこで得られたプラズマからのEUV光を大口径コレクタミラーで集光し中間集光点（Intermediate Focus；IF）から露光装置内部に導入される。

最新の光源はプリパルス技術の適用によりドロップレット形状の最適化が進み，変換効率が5%を超えるようになり，200W以上の出力が達成されている。400W以上の高出力化とより安定した稼動に向けた開発が進められている[21]。

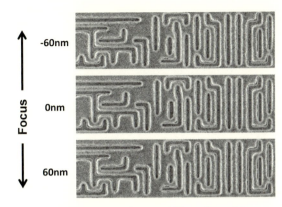

図13 EUVにより形成したロジック配線の例

最新の装置では，13nmLS寸法均一性が0.3nm，液浸装置に対して1.8nmの重ね合わせ精度を達成している[22]。図13には，EUV光で露光したデバイスパターンの一例を示した[23]。10nmロジック相当の2次元パターンが焦点深度100nm以上の範囲で形成できている。生産性に関しても，スループット>100枚／時，4週間平均の稼働率で90%以上を達成している。7nmノードのロジックでの量産適用を目指して開発が進められている。

文　　　献

1) 高橋一雄，露光装置技術発展の系統化調査，技術の系統化調査報告書 第6集，117-169，国立科学博物館（2006）
2) 亀山雅臣，光リソグラフィの技術進化 —相変化プロセス一般化の試み—，Working Paper WP#13-11，一橋大学イノベーション研究センター（2013）
3) JNB, No.028, 2003年7月29日発行
4) J. Miyazaki *et al.*, Denki Kagaku, **63** (6), 499 (1995)
5) R. Socha, *Proc. SPIE*, **5853**, 180 (2005)
6) B. J. Lin *et al.*, *Proc. SPIE*, **4688**, 11-24 (2002)
7) J. Mulkens *et al.*, *JM3*, **3** (1), 104-114 (2004)
8) J. D. Klerk., *Proc. SPIE*, **6520**, 65201Y (2007)
9) R. Garreis *et al.*, 3rd International Symposium on Immersion Lithography (2006)
10) F. Staals *Proc. SPIE*, **7973**, 79731G (2011)
11) 宮崎順二，OplusE 2010年9月号，1038（2010）
12) 宮崎順二，SEMI FORUM JAPAN（2010）

13) R. D. Graaf, *et al.*, *Proc. SPIE*, **9780**, 978011 (2016)
14) 木下博雄ほか, 第47回応用物理学会学術講演会予稿集, p322 (1986)
15) A. Veloso *et al.*, *IEDM Tech. Dig.*, 861 (2008)
16) A. Veloso *et al.*, *IEDM Tech. Dig.*, 301 (2009)
17) 技術研究組合極端紫外線露光システム技術開発機構資料より
18) H. Meiling *et al.*, *Proc. SPIE*, **4688**, 52 (2002)
19) O. Conradi *et al.*, 2011 Int. Symp on EUVL (2011)
20) 宮崎順二, Semi Technology Seminar (2011)
21) A. A. Schafgans *et al.*, *Proc. SPIE*, **10143**, 101431I (2017)
22) M. V. D. Kerkhof *et al.*, *Proc. SPIE*, **10143**, 101430D-1 (2017)
23) E. V. Setten *et al.*, 2014 Int. Symp on EUVL (2014)

最新フォトレジスト材料開発と
プロセス最適化技術

2017年9月20日　第1刷発行

監　　修	河合　晃	（T1057）
発 行 者	辻　賢司	
発 行 所	株式会社シーエムシー出版	
	東京都千代田区神田錦町1-17-1	
	電話 03(3293)7066	
	大阪市中央区内平野町1-3-12	
	電話 06(4794)8234	
	http://www.cmcbooks.co.jp/	
編集担当	上本朋美／門脇孝子	

〔印刷　倉敷印刷株式会社〕　　　　　　　　　　　Ⓒ A. Kawai, 2017

落丁・乱丁本はお取替えいたします。

本書の内容の一部あるいは全部を無断で複写（コピー）することは，法律で認められた場合を除き，著作者および出版社の権利の侵害になります。

ISBN978-4-7813-1263-7　C3043　¥82000E